转型发展系列教材

建筑工程制图与识图

（含建筑设备工程识图）

主　编 ‖ 张大文　王晓梅　荣　琪

副主编 ‖ 刘　超　李俊芳　节忠伟
杨梦溪

西南交通大学出版社
·成都·

图书在版编目（C I P）数据

建筑工程制图与识图：含建筑设备工程识图 / 张大文，王晓梅，荣琪主编. —成都：西南交通大学出版社，2020.9（2022.9 重印）
转型发展系列教材
ISBN 978-7-5643-7621-5

Ⅰ. ①建… Ⅱ. ①张… ②王… ③荣… Ⅲ. ①建筑制图－识图－高等学校－教材 Ⅳ. ①TU204.21

中国版本图书馆 CIP 数据核字（2020）第 169228 号

转型发展系列教材
Jianzhu Gongcheng Zhitu yu Shitu
(Han Jianzhu Shebei Gongcheng Shitu)
建筑工程制图与识图
（含建筑设备工程识图）

主　编 / 张大文　王晓梅　荣　琪
责任编辑 / 姜锡伟
助理编辑 / 王同晓
封面设计 / 严春艳

西南交通大学出版社出版发行
（四川省成都市金牛区二环路北一段 111 号西南交通大学创新大厦 21 楼　610031）
发行部电话：028-87600564　028-87600533
网址：http://www.xnjdcbs.com
印刷：四川森林印务有限责任公司

成品尺寸　185 mm × 260 mm
总印张　16　总字数　390 千
版次　2020 年 9 月第 1 版　印次　2022 年 9 月第 2 次

书号　ISBN 978-7-5643-7621-5
套价　46.50 元

课件咨询电话：028-81435775
图书如有印装质量问题　本社负责退换

转型发展系列教材编委会

总　序

教育部、国家发展改革委、财政部《关于引导部分地方普通本科高校向应用型转变的指导意见》指出：

“当前，我国已经建成了世界上最大规模的高等教育体系，为现代化建设作出了巨大贡献。但随着经济发展进入新常态，人才供给与需求关系深刻变化，面对经济结构深刻调整、产业升级加快步伐、社会文化建设不断推进特别是创新驱动发展战略的实施，高等教育结构性矛盾更加突出，同质化倾向严重，毕业生就业难和就业质量低的问题仍未有效缓解，生产服务一线紧缺的应用型、复合型、创新型人才培养机制尚未完全建立，人才培养结构和质量尚不适应经济结构调整和产业升级的要求。

贯彻党中央、国务院重大决策，主动适应我国经济发展新常态，主动融入产业转型升级和创新驱动发展，坚持试点引领、示范推动，转变发展理念，增强改革动力，强化评价引导，推动转型发展高校把办学思路真正转到服务地方经济社会发展上来，转到产教融合校企合作上来，转到培养应用型技术技能型人才上来，转到增强学生就业创业能力上来，全面提高学校服务区域经济社会发展和创新驱动发展的能力。”

高校转型的核心是人才培养模式，因为应用型人才和学术型人才是有所不同的。应用型技术技能型人才培养模式，就是要建立以提高实践能力为引领的人才培养流程，建立产教融合、协同育人的人才培养模式，实现专业链与产业链、课程内容与职业标准、教学过程与生产过程对接。

应用型技术技能型人才培养模式的实施，必然要求进行相应的课程改革，我们编写的“转型发展系列教材”就是为了适应转型发展的课程改革需要而推出的。

希望教育集团下属的院校，都是以培养应用型技术技能型人才为职责使命的，人才培养目标与国家大力推动的转型发展的要求高度契合。在办学过程中，围绕培养应用型技术技能型人才，教师们在不同的课程教学中进行了卓有成效的探索与实践。为此，我们将经过教学实践检验的、较成熟的讲义陆续整理出版。一来与兄弟院校共同分享这些教改成果，二来希望兄弟院校对于其中的不足之处进行指正。

让我们携起手来，努力增强转型发展的历史使命感，大力培养应用型技术技能型人才，使其成为产业转型升级的“助推器”、促进就业的“稳定器”、人才红利的“催化器”！

汪辉武

2016 年 6 月

前　言

本书根据高等学校工程管理和工程造价学科专业指导委员会指导精神，按照工程管理和工程造价本科指导性专业规范规定，采用现行制图标准，结合参编院校的教师近年来工程制图的教学实践和教改成果编制而成。本书知识信息量大、涉及面广，能够满足工程管理和工程造价专业教学所需，为学生学习后续课程、进行生产实习、完成毕业设计提供必要条件。

全书共分 11 章，主要内容包括制图基本知识和基本技能，点、线、面、体的投影，轴测投影，工程形体制图，房屋建筑各专业图识读（含建筑施工图、结构施工图、给水排水施工图、通风空调工程施工图、消防工程施工图、建筑电气工程施工图）。

本书在对专业图样识读内容进行处理时，强调建筑设备分专业图样与土建工程图样并重，为后续学习建筑设备安装工程计量计价等课程时，能突破“准确列出计量对象”这一难点奠定坚实基础。本书在对基础理论知识进行处理时，基于空间想象力的培养优先于知识原理传播的原则，按照学习工程制图与识图的认知规律，循序渐进、螺旋上升的思路组织教学内容。以空间想象力逐渐提升为主线组织教学内容，夯实制图基础，提高学生识读工程专业图的识图能力。本书在对实践实训进行处理时，精选实践练习素材，加强学生对各知识点的理解和掌握；关注实践拓展，对重要的知识点利用图例进行详细解析，结合工程实践进行训练。

本书编者长期从事画法几何与工程制图的一线教学，编写分工如下：第 1 章，张大文；第 2 ~ 5 章，王晓梅；第 6 章，荣琪；第 7 章，节忠伟；第 8 章，杨梦溪；第 9 ~ 10 章，刘超；第 11 章，李俊芳。

在书稿形成过程中，广泛借鉴了相关教材、文献资料和教改成果，在此谨向这些文献的作者表示诚挚的谢意；西南交通大学出版社的编辑也给予了大力的协助，在此，表示感谢。由于内容涉及建筑各专业，加之时间仓促，本书定有不足之处，广大读者在使用过程中如发现问题欢迎及时向我们反馈，以收持续改进之效，不胜感激！

张大文

2020 年 5 月

目　录

第1章 绪 论

内容提要

- 建筑工程制图与识图课程概述
- 投影的基本知识

1.1 建筑工程制图与识图课程概述

1.1.1 工程制图发展概况

古老且应用广泛的工程图学，主要研究解决空间几何问题，绘制和阅读工程图样。工程图样是包括建筑工程在内的工程与产品信息的载体，是表达设计思想、进行技术交流的语言，是工程技术部门的一项重要技术文件。

人类从远古走到现代，与“图”结下了不解之缘。在文字还没有形成之前，“图”就成为了信息保存、传播、互通的重要视觉语言，其直观、生动，深受人们喜爱。公元1103年我国宋代将作监李诫编著的《营造法式》中的建筑图样就基本符合几何规则，但在当时并未形成画法理论。1798年，法国著名工程师、画法几何之父加斯帕·蒙日（Gaspard Monge，1746～1818年）在解除了保密令之后出版的《画法几何学》全面总结了当时该领域的研究成果，提出用多面正投影图表达空间形体的理论，为画法几何奠定了理论基础。此后各国学者又在投影变换、轴测图及其他方面不断提出新的理论和方法，工程图学日趋完善。到了计算机高度普及的21世纪，人们已经很少使用手工绘制图样，取而代之的是计算机制图，“程序”替代了“手工”，但是基于“画法几何”的基本原理依旧没有改变，在未来社会仍将影响着人们的创作和表达。

为协调各个国家制图标准，国际上制订了相关的国际标准，供各个国家制订或修订制图标准时参考。我国在1956年，由原国家基本建设委员会批准了《单色建筑图例标准》，建筑工程部设计总局发布了《建筑工程制图暂行标准》。建筑工程部于1965年批准颁布了《建筑制图标准》，又经1973、1986、1988、2001、2010、2017年的修订，修改补充成当前实施的《房屋建筑制图统一标准》等标准。

如今，计算机绘图逐渐广泛地应用到各个领域。所谓计算机绘图，就是计算机图学（Computer Graphics，CG），在绘图自动化的基础上，又实现了计算机辅助设计（Computer Aided Design，CAD）。从20世纪80年代开始，计算机辅助设计在世界上就得到了推广应用，目前，我国在建筑工程领域中，计算机辅助设计已经普及。

当前在大型工程项目中，设计、施工、运营和生命期管理等建筑信息模型（Building Information Modeling，BIM）的应用，正在迅速推进。

1.1.2 本课程内容及要求

课程的内容可分制图基础、建筑工程专业图和建筑工程设备专业图三部分。

（1）制图基础要求学生贯彻、执行国家标准中有关建筑制图的基本规定，掌握绘制点、线、面、体及其几何关系的投影理论基础，掌握绘制和阅读组合体、工程形体投影图的画法、读法和尺寸注法，掌握徒手绘图、仪器绘图、计算机软件绘图的方法。

（2）建筑工程专业图要求学生知悉有关专业的一些基本知识，了解土木建筑专业图的内容和图示特点，遵守有关专业制图标准的规定，初步掌握绘制和阅读专业图样的方法。

（3）建筑工程设备施工图要求学生掌握图示内容、图示方法和图示特点，掌握专业制图的有关标准规定和表达方法，掌握绘制和阅读建筑设备施工图的基本方法。

1.1.3 本课程培养目标

价值塑造：本课程努力营造全过程育人的课程环境，一切制图工作向价值创造聚焦，一切资源向价值创造流动，所教授的知识点适应网络时代的新情况和新形势，从而建立积极的价值观，进而培育创新应用型人才。

能力生成：通过空间转换的训练和形体表达，生成形体构型创造能力，以及培养岗位胜任能力。

（1）获取信息能力的生成：主要是培养学生主动获取建筑工程的概况、节点详图、构造详图、建模信息等能力。

（2）分析和综合能力的生成：主要是培养学生应用正投影法、工程形体表达法等基本理论对建筑施工图、结构施工图和设施图等图样进行识图、制图和建模的能力。

（3）表达能力的生成：主要是通过课程任务、习题，培养学生解决问题的思路和能力。

知识获取：课程安排充分结合专业培养方案的要求、课程特点以及学生未来的工作方向，将画法几何与工程图样、理论与实践紧密结合，坚持识图专业能力与制图能力的同步提高，坚持最新的教学研究与实践成果的及时匹配。本课程要求同学们获得下述领域的相关技能。

（1）正投影法的基本理论及其应用。

（2）对空间形体的形象思维能力，创造性构型设计能力。

（3）制图的基本知识与基本技能以及有关标准与规定。

（4）学生使用绘图仪器徒手绘制工程图样和阅读工程专业图的能力。

（5）工程意识和标准化意识。

（6）认真负责的工作态度和严谨细致的工作作风。

1.1.4 本课程的特点与学习方法

本课程是一门实践性较强且与工程实践有密切联系的课程，因此，学生应在按要求理解掌握投影法的基本理论、加强实践性教学环节的同时，认真地完成一定数量的习题和作业，包括上机操作的习题。通过习题和作业，贯彻制图标准的基本规定、了解初步的专业知识、训练手工绘图和计算机绘图的操作技能，与培养对三维形状和相关位置的空间逻辑思维和形象思维能力、培养绘图和识读建筑工程专业图的能力、培养学生掌握科学思维方法，紧密地结合起来。

1.2 投影的基本知识

1.2.1 投影法的概念

光线照射物体而产生影子，随着光线的距离和角度改变，影子的大小和位置也随之改变。人们通过自然现象的启发，经过长时间的实践总结出了物体的投影规律，将其运用到工程图中，得到投影图。

光线穿过物体向选定的 P 投影面投射，并在该投影面上得到投影的方法称为投影法。投影的形成过程如图 1.1 所示。

物体要形成投影必须具备以下三个要素：投射中心、投射线、投影面，称它们为投影三要素。

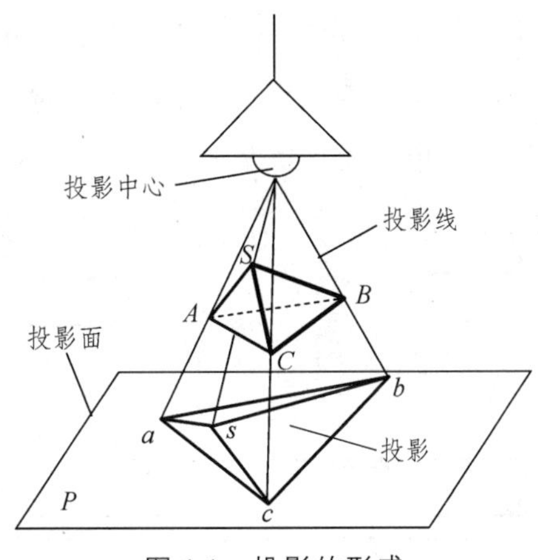

图 1.1 投影的形成

1.2.2 投影法的分类

根据投射线形式的不同，将投影法分为中心投影法和平行投影法。

1. 中心投影法

投射线从投射影中心发射对物体做投影的方法叫中心投影法，所得的中心投影称作为透视图。中心投影法是投影法的一类，投射线都汇交于一点，如图 1.2（a）。

中心投影法特点：

（1）如平行移动物体（几何元素），即改变元素与投射中心或投影面之间的距离、位置，则其投影的大小也随之改变。度量性较差。

（2）在投射中心确定的情况下，空间的一个点在投影面上只存在唯一一个投影。

2. 平行投影法

如果把中心投影法的投射中心移至无穷远处，则投射线成为相互平行的直线，如图 1.2（b）所示。

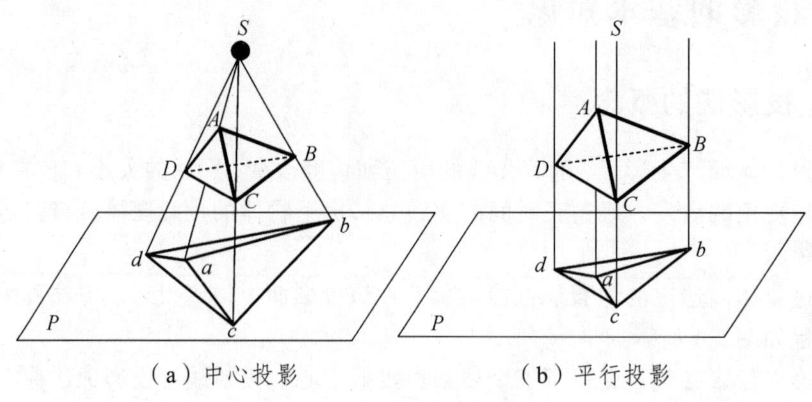

（a）中心投影　　（b）平行投影

图 1.2　投影的分类

根据投射线与投影面的关系，将平行投影法分为斜投影法和正投影法。如图 1.3 所示，投射线倾斜于投影面，称为斜投影法；投射线与投影面垂直时，称为正投影法。工程图样大多数采用正投影法。正投影法更简单，而且角度唯一。

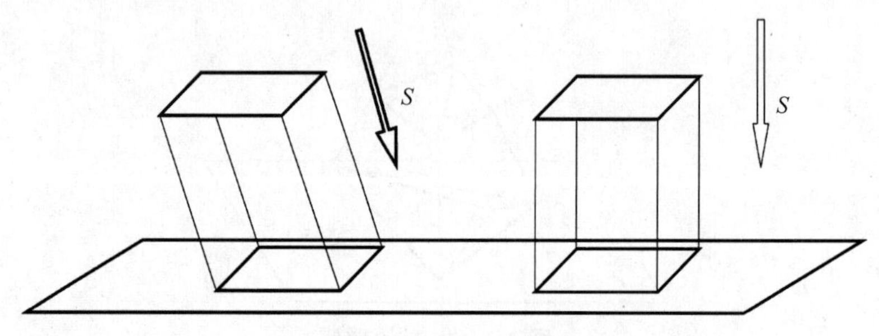

图 1.3　平行投影的分类

平行投影法的性质：

（1）类似性（相仿性）：一般情况下，平面形的投影都要发生变形，但投影形状总与原形相仿。所以点的投影仍然是点，直线的投影一般还是直线，平面图形的投影一般是原图形的类似形。

（2）真实性（实形性）：当元素平行于投影面时，其投射反映元素的真实性。当直线平行于投影面时，其投影反映实长；当平面平行于投影面时，其投影反映实形。

（3）积聚性：当直线平行于投射方向时，直线的投影为点；当平面平行于投射方向时，其投影为直线。

（4）定比性：若点在直线上，则点的投影必在直线的同面投影上。若点将直线分为两段，则两段的实长之比等于其投影长度之比。如图 1.4 中，$AC : CB = ac : cb$。

（5）平行性：若空间两直线互相平行，则其同面投影也互相平行（投影重合为其特例）。二平行线段的空间实长之比等于其投影长度之比。如图 1.5 中，$AB : CD = ab : cd$。

（6）从属性：若点在直线上，则该点的投影一定在该直线的投影上。

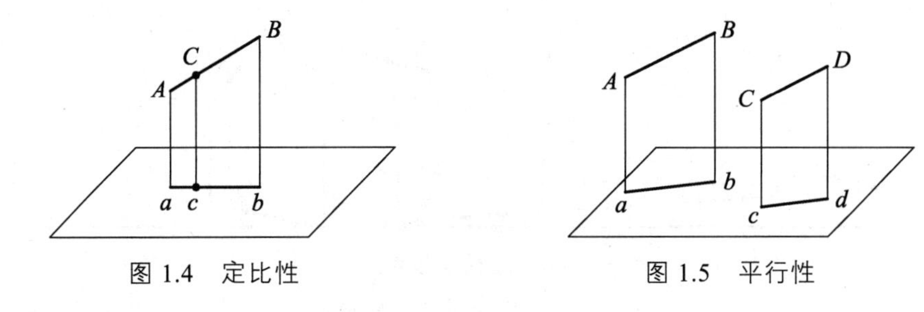

图 1.4　定比性　　　　图 1.5　平行性

1.2.3　工程上常用的四种投影图

工程中常用的投影图有多面正投影图、轴测投影图、标高投影图和透视投影图。如图 1.6 所示。

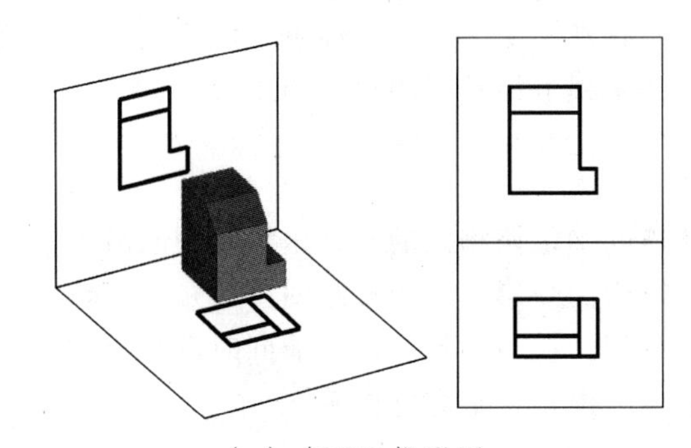

（a）多面正投影图

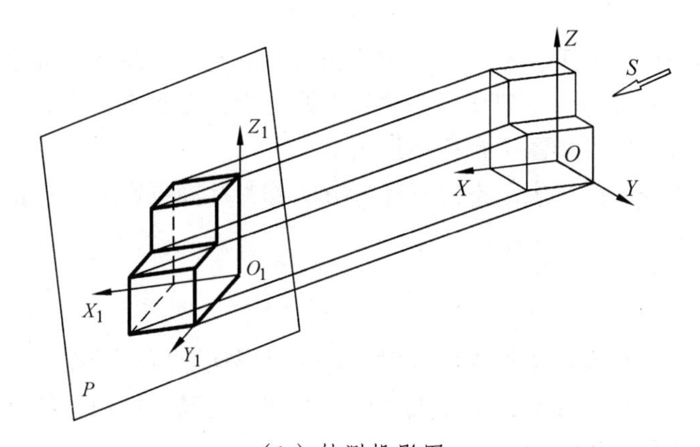

（b）轴测投影图

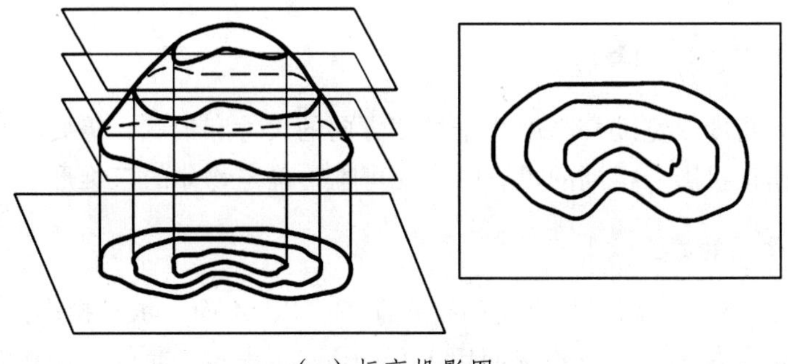

（c）标高投影图

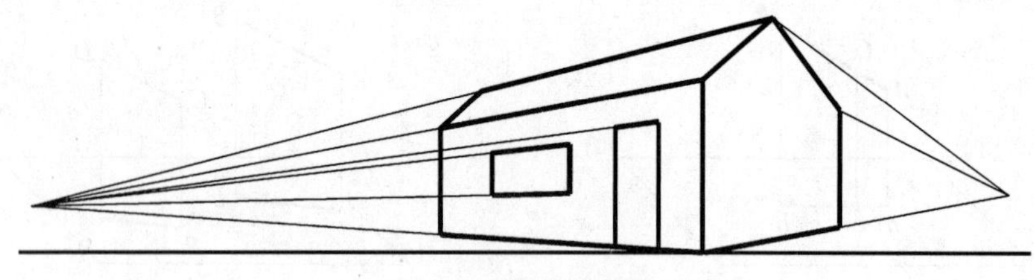

（d）透视投影图

图 1.6　工程中常用的投影图

1. 多面正投影图

由物体在两个互相垂直的投影面上的正投影，或在两个以上的相邻垂直的投影面上的正投影所组成，然后按照一定规则展开得到的投影图，称为多面正投影图。

正投影图为平面图样，直观性差，没有立体感；但绘图简便，能很好地反映形体的实际形状和大小，便于度量，是工程上最常用的投影图。

2. 轴测投影图

用平行投影法将物体连同确定该物体的直角坐标系一起沿不平行于任一坐标平面的方向投射到一个投影面上，所得到的图形，称作轴测图。

轴测图是一种单面投影图，在一个投影面上能同时反映出物体三个坐标面的形状，并接近于人们的视觉习惯，形象、逼真，富有立体感。

3. 标高投影图

标高投影图是一种单面正投影图，多用来表达地形及复杂曲面，假想用一组高差相等的水平面切割地面，将所得的一系列交线（称等高线）投射在水平投影面上，并用数字标出这些等高线的高程而得到的投影图（常称地形图）。

用水平投影加注高度数字表示空间形体的方法称为标高投影法，所得到的单面正投影图称为标高投影图。

4. 透视投影图

透视投影图是按中心投影法将物体投射在单一投影面上所得的图形。透视投影图有很强的立体感，形象逼真，与拍摄的照片和人的肉眼看到的情况很相似，特别适用于画大型建筑物的直观图。其缺点是作图费时，不易度量。

1.2.4　三面正投影图

三维物体具有长度、宽度、高度 3 个维度方向的尺寸和形状，需要将物体向三个两两互相垂直的投影面作正投影，得到的投影图，便可唯一确定物体的三维形状。

1. 三面投影体系的建立

如图 1.7 所示，三个两两互相垂直的投影面 H、V、W 面。水平投影面用 H（horizontal）表示，简称水平面或 H 面；正立投影面用 V（vertical）表示，简称为正立面或 V 面；侧立投

影面用 W（width）表示，简称为侧面或 W 面。投影面的交线称为投影轴，分别为 X、Y、Z。三条轴也互相垂直，交于原点 O。这样三个投影面将空间分割成 8 个分角。将物体置于第一分角内，并使其处于观察者和投影面之间而得到的正投影的方法，称为第一角画法。我国普遍采用第一角画法，必要时，允许使用第三分角画法。

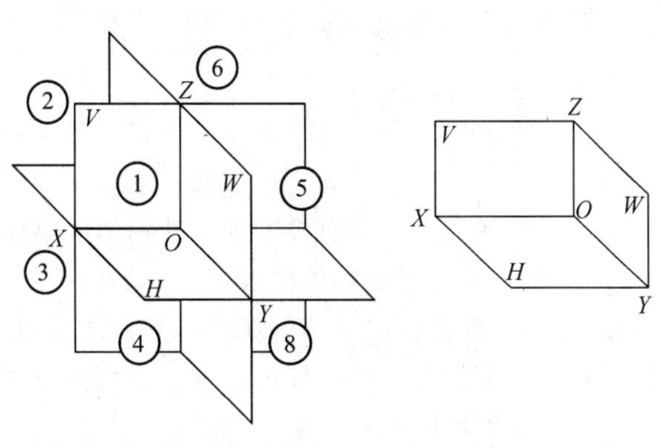

图 1.7　三面投影体系建立

2. 三面投影体系的展开

如图 1.8 所示，从上向下投影得到水平投影，从前向后投影得到正面投影，从左向右投影得到侧面投影。为了作图方便，通常将三维的投影体系展开成二维的。我们移去物体，保持 V 面不动，H 面连同水平投影绕 X 轴向下旋转 90°，W 面连同侧面投影绕 Z 轴向右旋转 90°。展开后，投影面边框一般不画，投影轴线也可以不画。三面投影图的位置为正面投影处于左上方，水平投影在正面投影的正下方，侧面投影在正面投影的正右方。

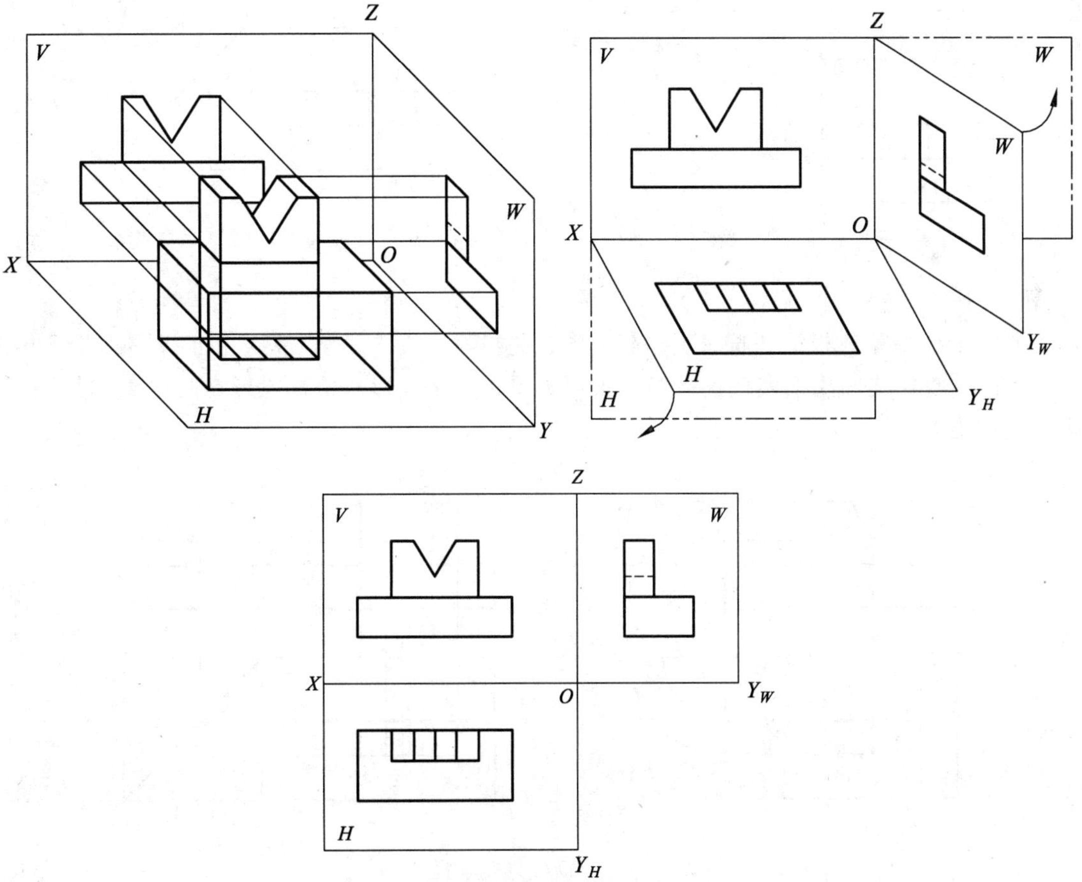

图 1.8　三面投影体系的展开

3. 三面投影的投影规律

（1）度量对应关系。

三面投影体系中，物体的 X 轴向尺寸（左右）称为长度，Y 轴向尺寸（前后）称为宽度，Z 轴向尺寸（上下）称为高度。在正面投影中反映物体的长度和高度，在水平投影中反映物体的长度和宽度，在侧面投影中反映物体的高度和宽度。如图 1.9 所示，水平投影和正面投影在 X 轴方向都反映物体的长度，它们的位置左右对正，即“长对正”；正面投影和侧面投影在 Z 轴方向都反映物体的高度，它们的位置上下应对齐，即“高平齐”；水平投影和侧面投影在 Y 轴方向都反映物体的宽度，它们的宽度要相等，即“宽相等”。

（2）位置对应关系。

如图 1.10 所示，空间物体有上下、左右、前后 6 个方位，但在三面投影图中，每个投影面上的投影反映 6 个中的 4 个方位。水平面投影反映左右、前后关系，侧面投影反映前后、上下关系，正面投影反映上下、左右关系。

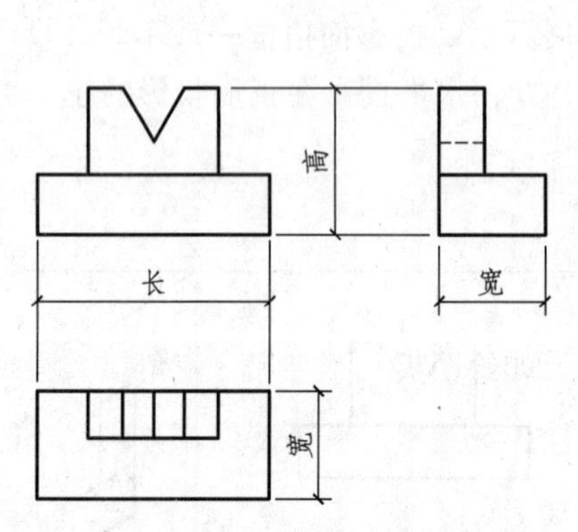

图 1.9　三面投影图度量对应关系

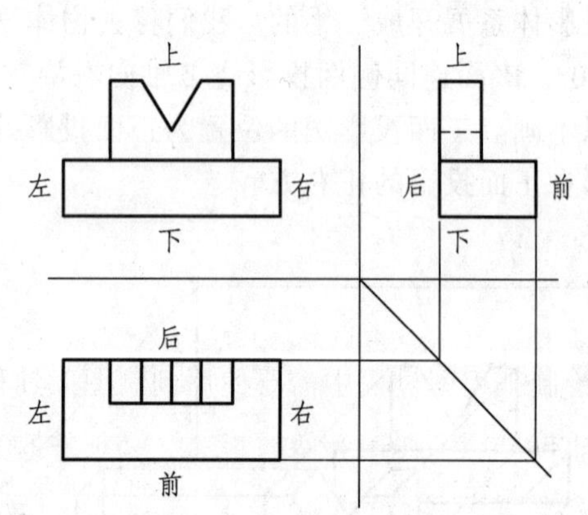

图 1.10　三面投影图位置对应关系

（3）作图方法。

如图 1.11 所示，根据“长对正、高平齐、宽相等”的“三等”关系和正投影法，画出三面投影图。投影之间用细实线连接表示投影关系，水平投影和侧面投影之间用 45°斜线或圆弧线进行连接。

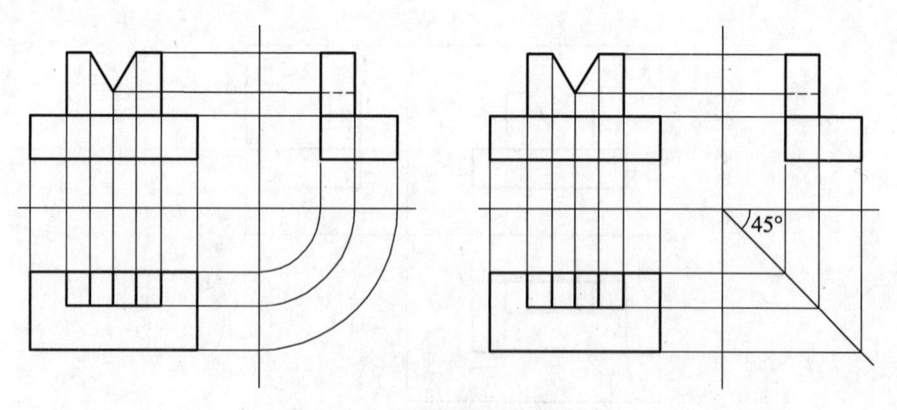

图 1.11　三面投影图作图方法

第 2 章　制图基本知识和基本技能

内容提要

- 绘图工具和仪器的使用方法
- 有关制图标准的基本规定
- 几何作图
- 绘图的步骤和方法

2.1　绘图工具和仪器的使用方法

2.1.1　制图工具和仪器

在绘制工程图过程中需要使用到制图工具和仪器，如绘图板、丁字尺、三角板、圆规、分规、比例尺、墨线笔和曲线板等。必须掌握工具特性，熟练掌握其正确使用方法，才能保证图样的质量。

1. 绘图板

绘图板用来固定图纸，绘图板要求表面光滑平整、软硬合适，因此不能用图钉固定图纸。绘图板的两边为工作边与丁字尺配合使用，如图 2.1 所示。绘图板规格如表 2.1 所示，绘图常用 A1 或 A2 号大小的绘图板。

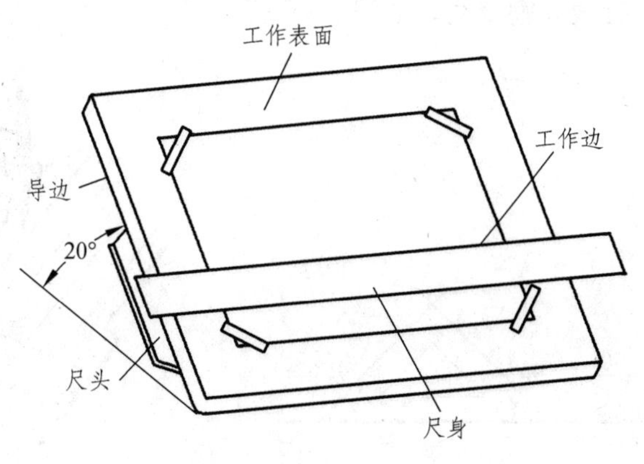

图 2.1　绘图板、丁字尺、图纸

表 2.1　绘图板尺寸表

序号	图板号	尺寸/mm
1	A0	900×1 200
2	A1	600×900
3	A2	450×600

2. 丁字尺

丁字尺由带刻度的尺身和不带刻度的尺头构成，用来确定水平线。绘图时将尺头紧贴绘图板边缘，称为导边。左手大拇指按住尺身，其余四指扶住尺头，固定丁字尺不晃动，沿导边上下推动到需要位置。自上至下，由左向右，绘制水平线，如图 2.2 所示。丁字尺和三角板配合使用，可绘制竖直线和绘制 15°倍角。

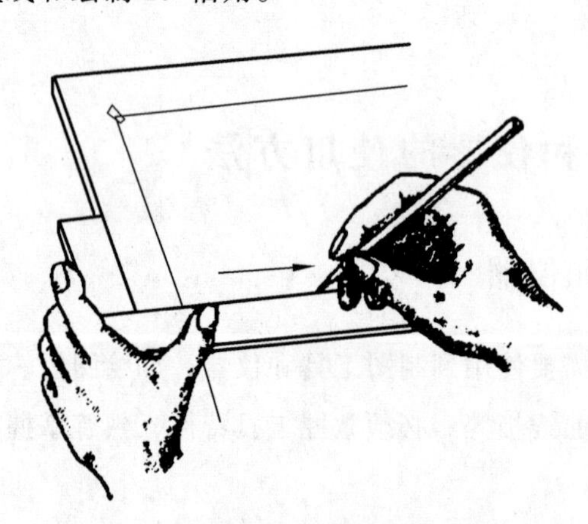

图 2.2　利用丁字尺绘制水平线

3. 三角板

常用的是 45°等腰直角三角板和 30°、60°的直角三角板。一般是用透明的有机玻璃制成，上面有刻度。三角板一条直角边紧贴丁字尺尺身，另一条边辅助绘制竖直线，由左至右，从上向下绘制垂直线。三角板与丁字尺配合使用能够绘制与水平方向成 15°整数倍角的斜线，还可以绘制已知线的平行线和垂直线。如图 2.3 所示。

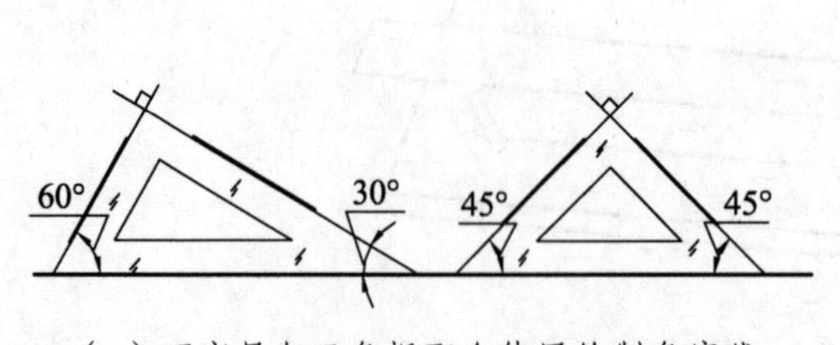

（a）丁字尺与三角板配合使用绘制角度线

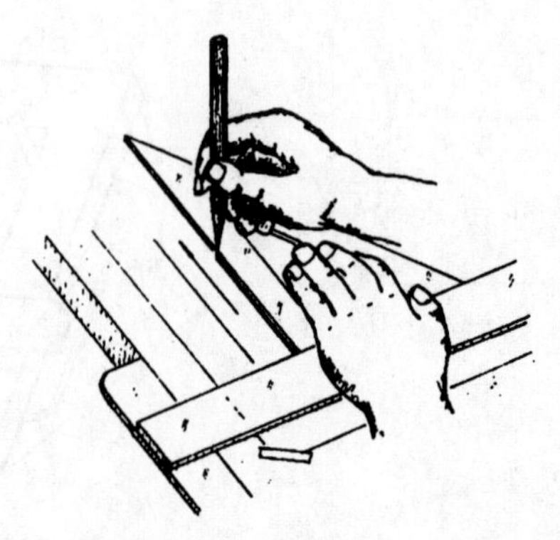

（b）丁字尺与三角板配合绘制垂直线

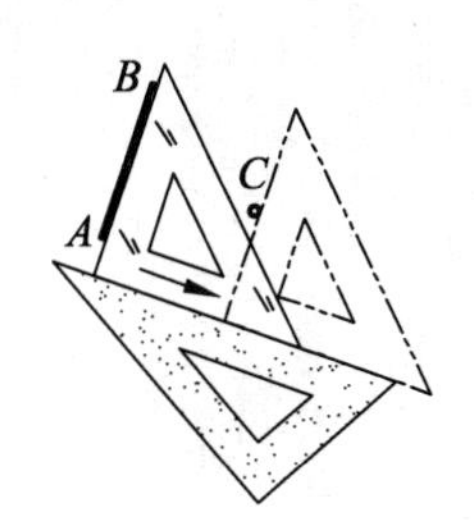

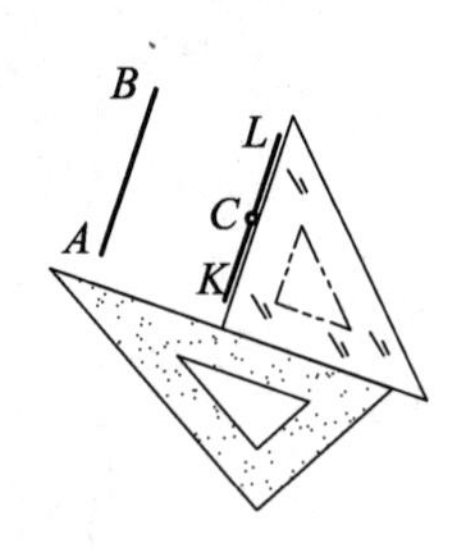

（c）三角板配合使用绘制平行线

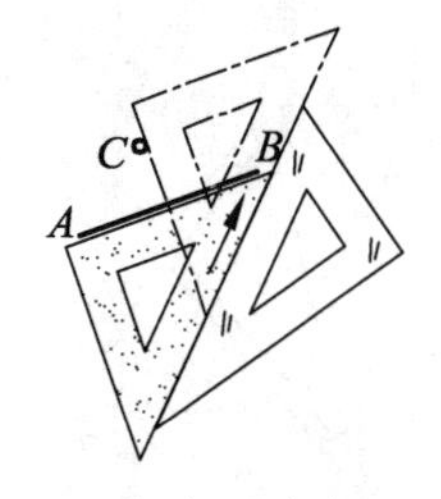

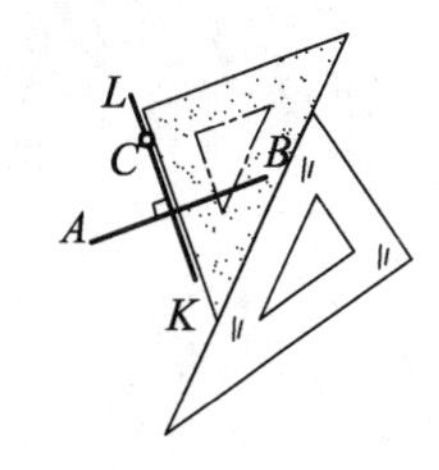

（d）三角板配合使用绘制垂直线

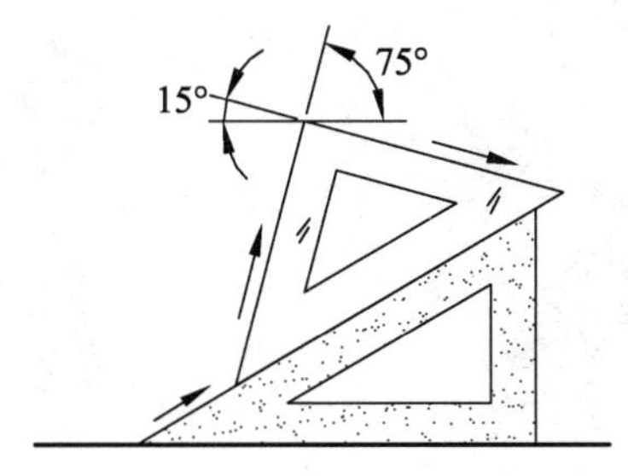

（e）丁字尺和三角板配合使用绘制 15°倍角

图 2.3 丁字尺与三角板配合使用

4. 圆规和分规

圆规是画圆及圆弧的主要工具。圆规的使用方法如图 2.4 所示。

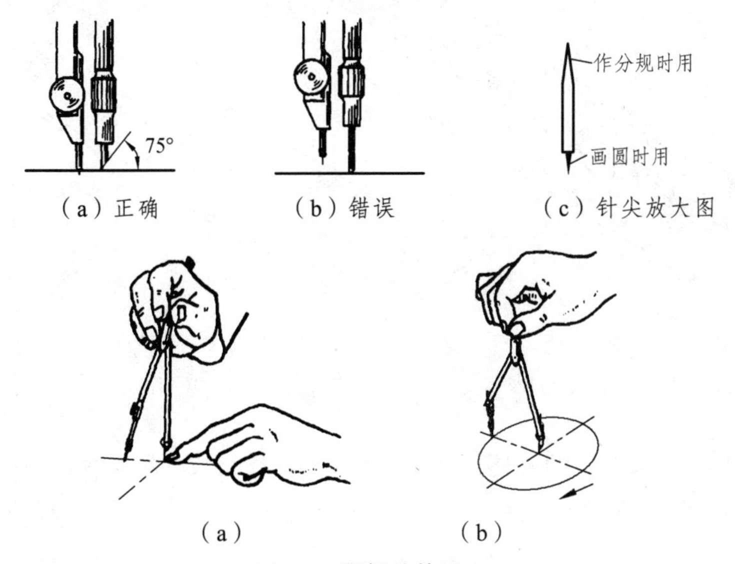

（a）正确　（b）错误　（c）针尖放大图

（a）　（b）

图 2.4 圆规的使用

分规的形状与圆规相似，两腿均是尖锥形钢针，用来量取线段的长度，也可以用来等分直线段或圆弧。分规的使用方法如图 2.5 所示。

5. 比例尺和曲线板

比例尺是用来放大或缩小图形所用的绘图工具，上面刻有不同比例。常用的比例尺外形是三棱柱形或直尺，如图 2.6 所示。

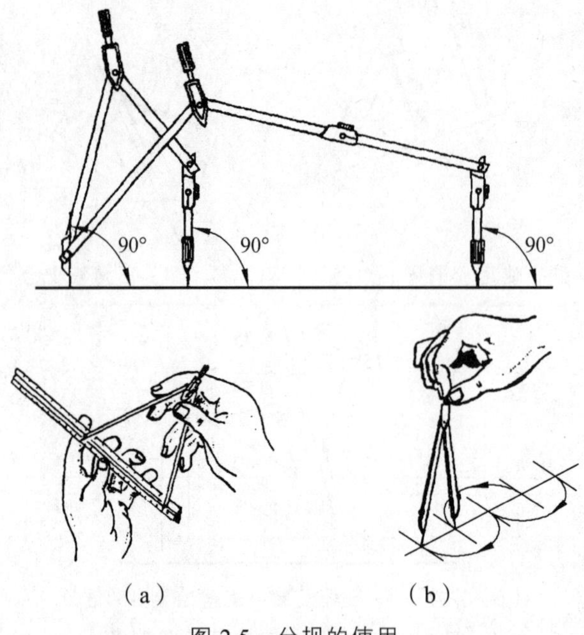

（a）　　　　（b）

图 2.5　分规的使用

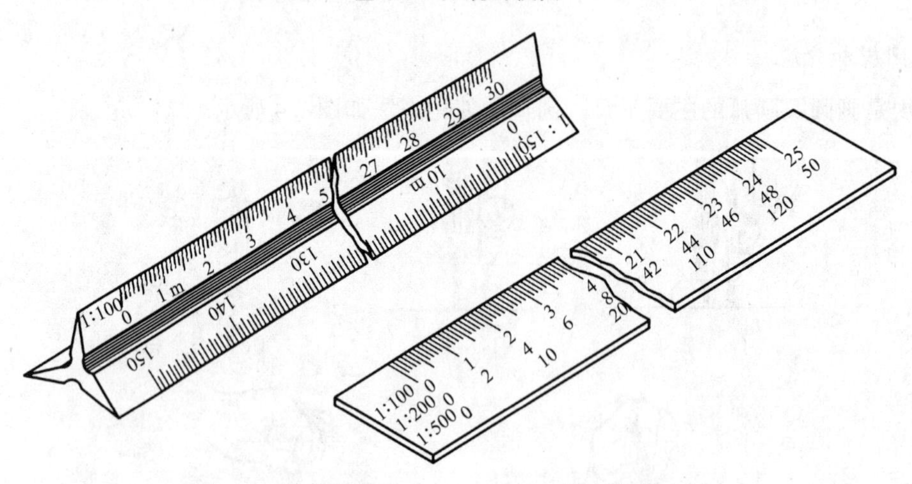

（a）三棱比例尺　　　　（b）比例直尺

图 2.6　比例尺

曲线板是绘制非圆曲线的工具，由不同曲率的曲线组成，用曲线板将一系列点依次相连成光滑曲线，如图 2.7 图所示。

（a）复式曲线板

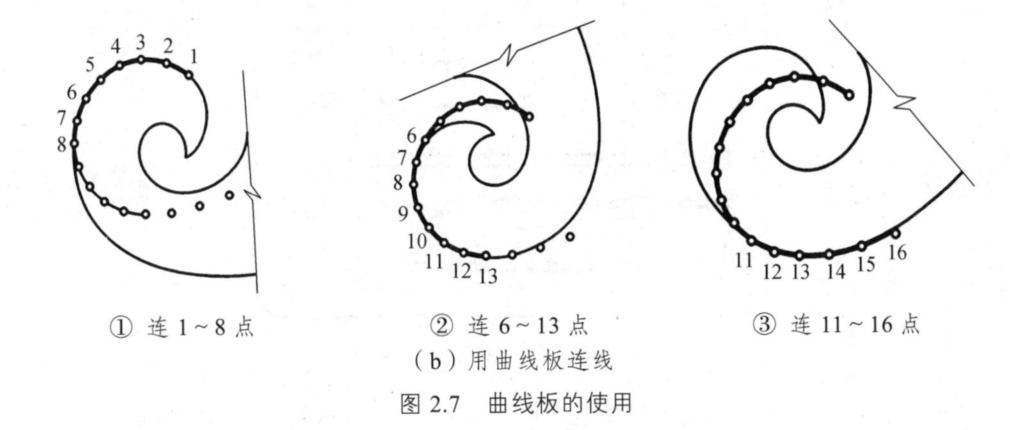

（b）用曲线板连线

图 2.7　曲线板的使用

6. 绘图墨线笔

墨线笔是用来描图的绘图工具，有鸭嘴笔和针管笔。使用时，注意笔杆向右偏约 20°，画线速度要均匀。鸭嘴笔的使用方法如图 2.8 所示；针管笔的针管有不同的粗细规格，可以用来画不同线宽的墨线，如图 2.9 所示。

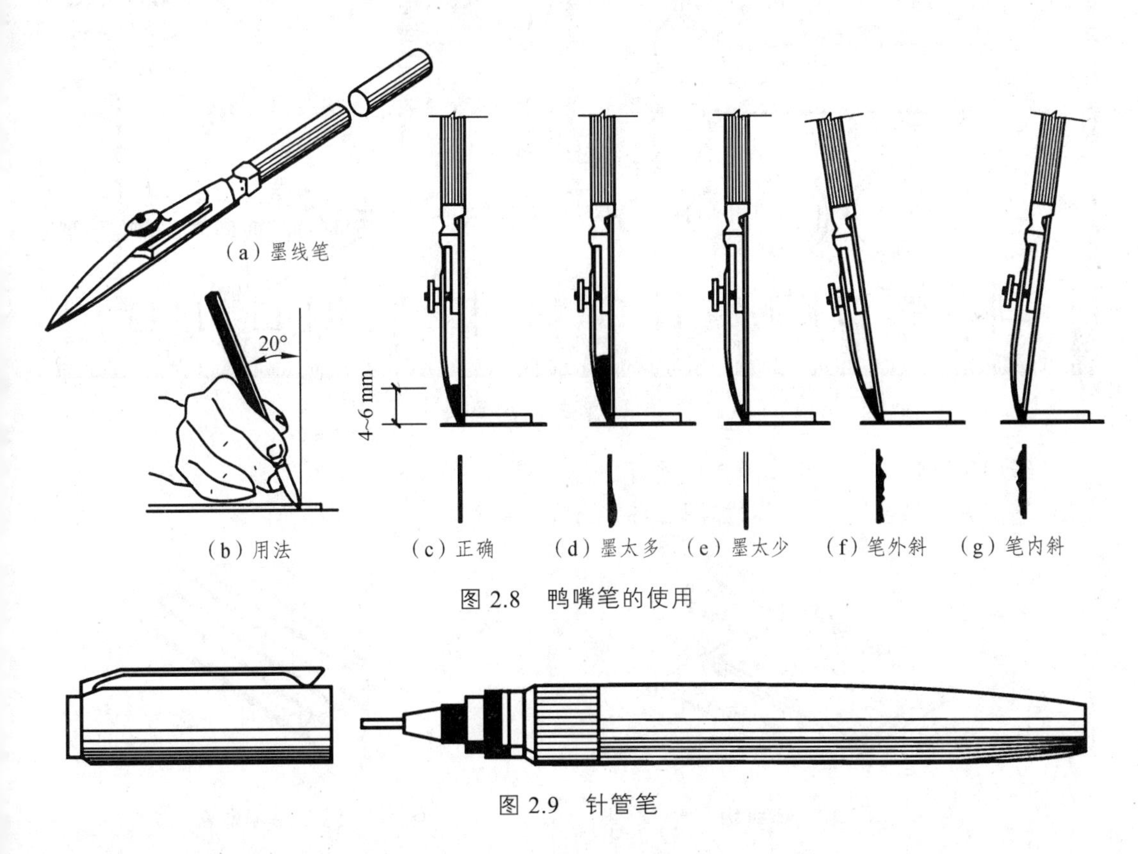

图 2.8　鸭嘴笔的使用

图 2.9　针管笔

7. 其他制图工具

擦图片是用来修改图线的，其材质为不锈钢或塑料，如图 2.10 所示。

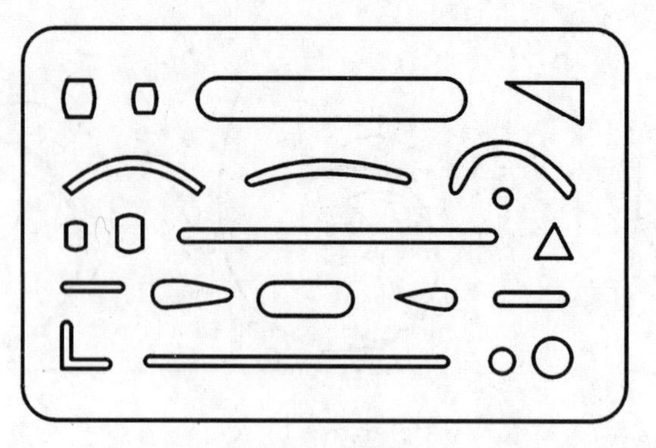

图 2.10　擦图片

制图模板根据专业类型不同，模板也不同，如图 2.11 所示的建筑制图模板。

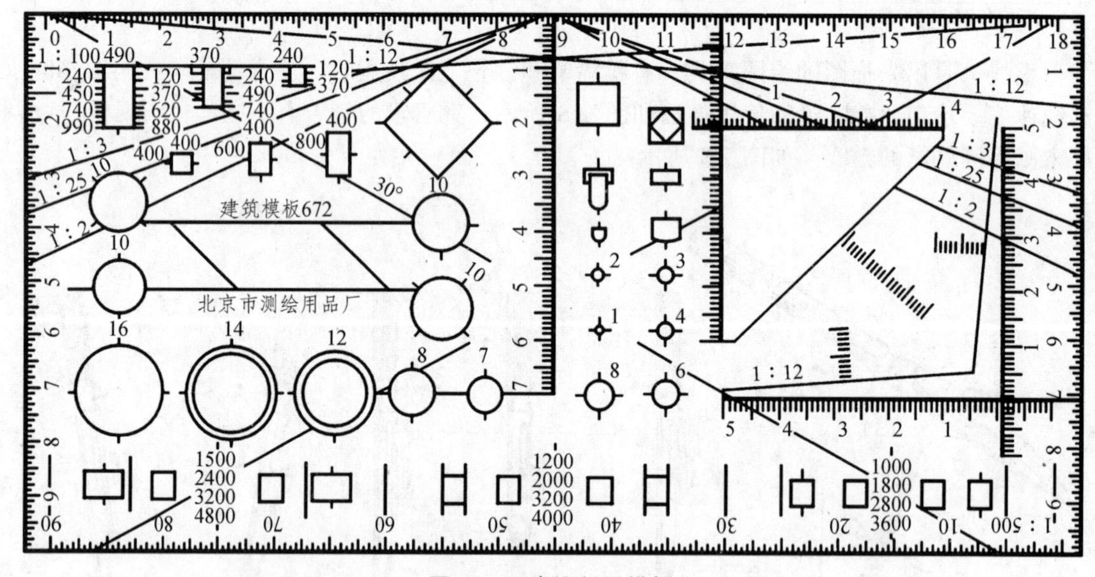

图 2.11　建筑制图模板

砂纸用于磨铅笔，形状如图 2.12 所示。
排笔用来清除橡皮屑，形状如图 2.13 所示。

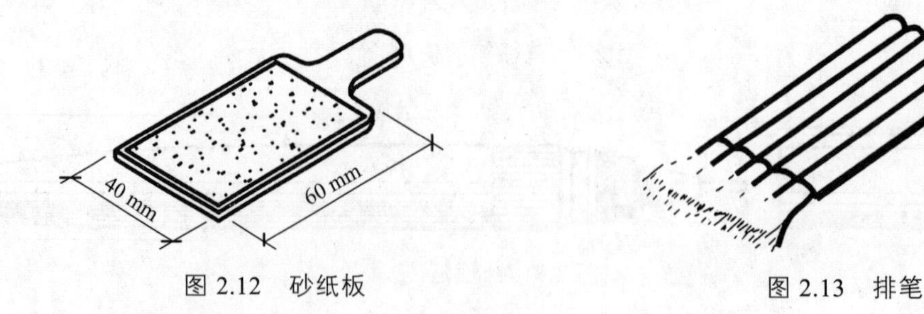

图 2.12　砂纸板

图 2.13　排笔

2.1.2　制图用品

工程制图除必备的制图工具和仪器外，还需要必要的图纸、绘图铅笔、橡皮擦等制图用品。

1. 图　纸

图纸有绘图纸和描图纸。绘图纸要求纸质洁白坚韧，反复擦拭不起毛。描图纸即硫酸纸，用于墨线笔描图，复制蓝图，要求透明度好。

2. 铅　笔

铅笔种类多，铅笔规格通常以 H 和 B 来表示，“H”是英文“hard”（硬）的首字母，表示铅笔芯的硬度，它前面的数字越大，表示它的铅芯越硬，颜色越淡。“B”是英文“black”（黑）的首字母，代表石墨的成分，表示铅笔芯质软的情况和写字的明显程度，它前面的数字越大，表明颜色越浓、越黑。画底稿一般用 HB 铅笔，注写文字及加深图线一般用 B 铅笔。铅笔的使用方法如图 2.14 所示。

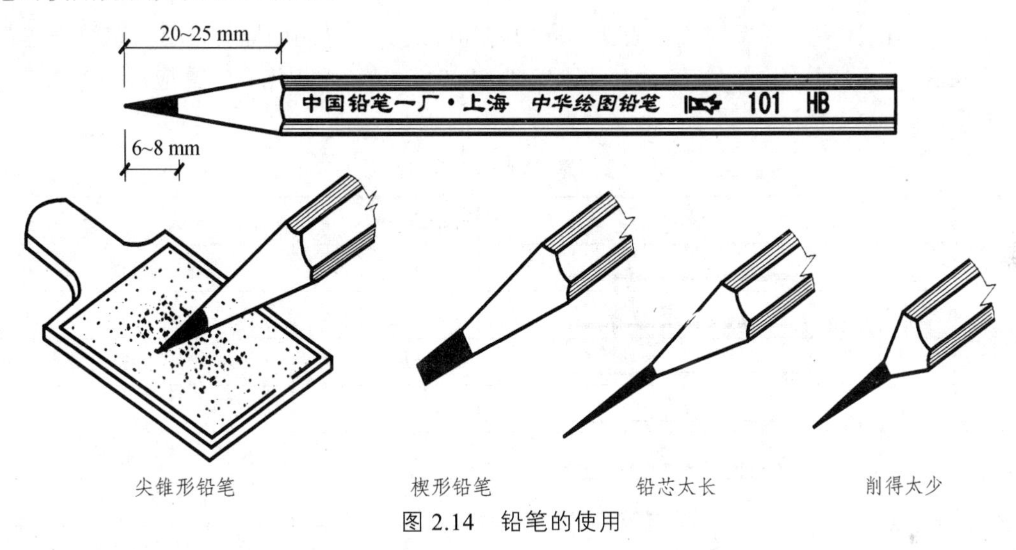

尖锥形铅笔　　楔形铅笔　　铅芯太长　　削得太少

图 2.14　铅笔的使用

3. 橡皮擦

橡皮按照软硬来分，铅笔图用软质橡皮修整，墨线图用硬质橡皮修整，如图 2.15 所示。

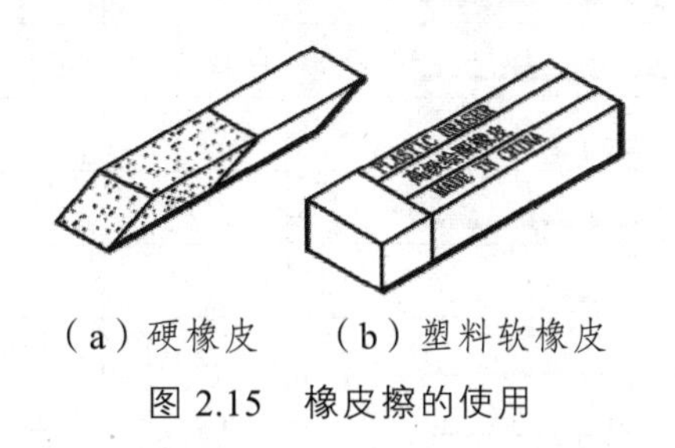

（a）硬橡皮　（b）塑料软橡皮

图 2.15　橡皮擦的使用

2.2　制图标准的基本规定

2.2.1　建筑制图国家标准

工程图样就是工程师的语言，为便于技术交流、统一画法，国家对建筑工程图样的格式、内容和表达方法等规定统一的标准，由中华人民共和国住房和城乡建设部编制了相关的建筑制图标准。如《房屋建筑制图统一标准》(GB/T 50001—2017)、《总图制图标准》(GB/T 50103—2010)、《建筑制图标准》(GB/T 50104—2010)、《建筑结构制图标准》(GB/T 50105—2010)、《给水排水制图标准》(GB/T 50106—2010)、《暖通空调制图标准》(GB/T 50114—2010)等。这些标准对图幅、字体、图线、比例、尺寸标注、代号、图例、工程图样画法等项目都做了要求。对于建筑制图，主要按照《房屋建筑制图统一标准》(GB/T 50001—2017)要求，除此之外，还应遵循国家现行相关标准的规定。

2.2.2 图　线

1. 线型和线宽

建筑工程图样中，用不同线型表达不同内容和层次。在绘制图样时，要求熟练操作各种线型的画法。《房屋建筑制图统一标准》(GB/T 50001—2017)规定，制图应选用如表 2.2 所示的线型。

表 2.2　建筑制图中常用图线

名称		线型	线宽	一般用途
实线	粗		b	主要可见轮廓线
	中粗		$0.7b$	可见轮廓线
	中		$0.5b$	可见轮廓线、尺寸线、变更云线
	细		$0.25b$	图例填充线、家具线
虚线	粗		b	见各有关专业制图标准
	中粗		$0.7b$	不可见轮廓线
	中		$0.5b$	不可见轮廓线、图例线
	细		$0.25b$	图例填充线、家具线
单点长画线	粗		b	见各有关专业制图标准
	中		$0.5b$	见各有关专业制图标准
	细		$0.25b$	中心线、对称线、轴线等
双点长画线	粗		b	见各有关专业制图标准
	中		$0.5b$	见各有关专业制图标准
	细		$0.25b$	假想轮廓线、成型前原始轮廓线
折断线	细		$0.25b$	断开界线
波浪线	细		$0.25b$	断开界线

图样是由不同形式、不同粗细的线条所组成。绘图时，应根据图样的复杂程度与比例大小，先确定基本线宽 b，再选用表 2.3 中相应的线宽组。图线宽度 b 按照图样的类型及尺寸大小在下列数系中选择，该数系的公比为 $1:\sqrt{2}$，常用线宽数系有 0.13 mm、0.18 mm、0.25 mm、0.35 mm、0.50 mm、0.70 mm、1.0 mm、1.4 mm。在同一张图纸内，相同比例的各图样，应选用相同的线宽组。

表 2.3　线宽组

线宽比	线宽组			
b	1.4	1.0	0.7	0.5
$0.7b$	1.0	0.7	0.5	0.35
$0.5b$	0.7	0.5	0.35	0.25
$0.25b$	0.35	0.25	0.18	0.13

注：① 需要微缩的图纸，不宜采用 0.18 mm 及更细的线宽；
② 同一张图纸内，各不同线宽中的细线，可统一采用较细的线宽组的细线。

2. 图线的画法

图线的画法要求：相互平行的图例线，其净间隙或线中间隙不宜小于 0.2 mm；虚线、单点长画线或双点长画线的线段长度和间隔，宜各自相等；当在较小图形中绘制单点长画线或双点长画线有困难时，可用实线代替；单点长画线或双点长画线的两端，不应是点，点画线与点画线或其他图线交接时，应是线段交接；虚线与虚线或其他图线交接时，应是线段交接；虚线为实线的延长线时，不得与实线连接；图线不得与文字、数字或符号重叠、混淆，不可避免时，应首先保证文字等的清晰。如图 2.16 所示。

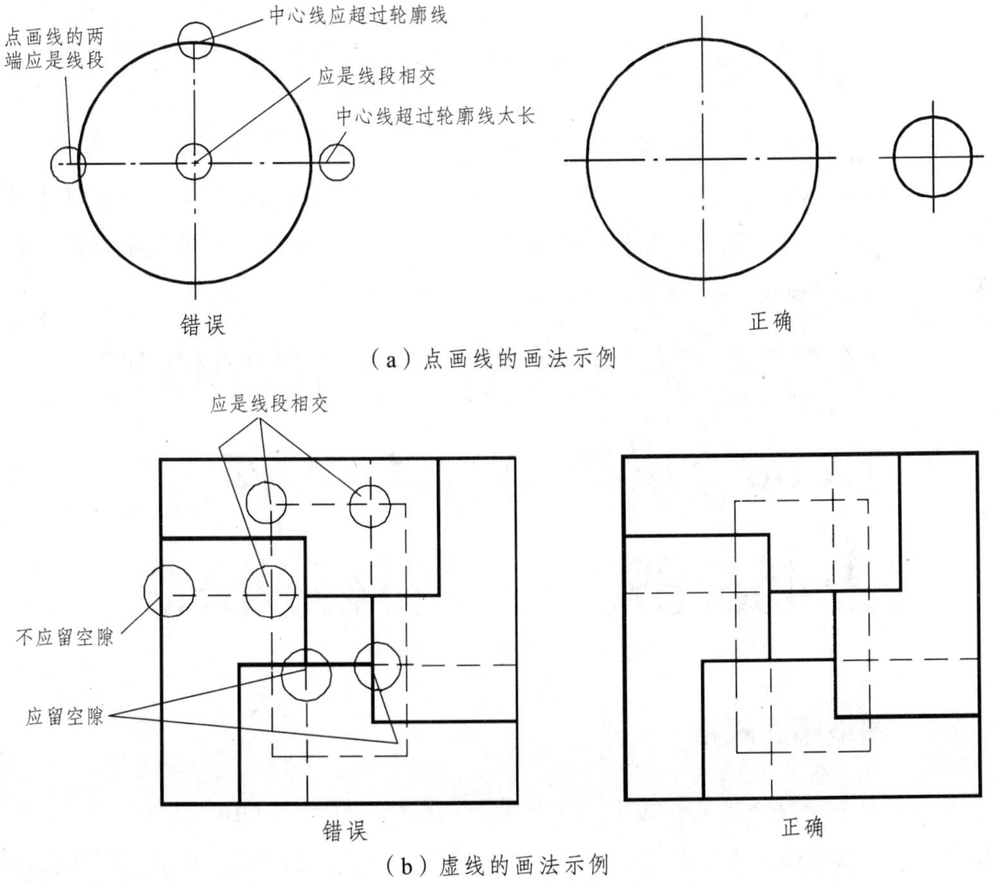

（a）点画线的画法示例

（b）虚线的画法示例

图 2.16　图线的画法

2.2.3　字　体

图纸上所需注写的文字、数字或符号等，均应笔画清晰、字体端正、排列整齐。标点符号也要清楚正确。按照《技术制图字体》（GB/T 14691—1993）中规定的字体，并保证排列整齐、字体端正、笔画清晰、注意间隔。字体高度的尺寸系列为 1.8 mm、2.5 mm、3.5 mm、5 mm、7 mm、10 mm、14 mm、20 mm，字体高度代表字体的号数。

（1）汉字。

工程字体宜采用长仿宋体或黑体。汉字的高度不小于 3.5 mm，字宽一般为字高的 $1/\sqrt{2}$ 倍。工程字体的特点是笔画挺直、起落顿挫、均匀整齐。如图 2.17 所示。

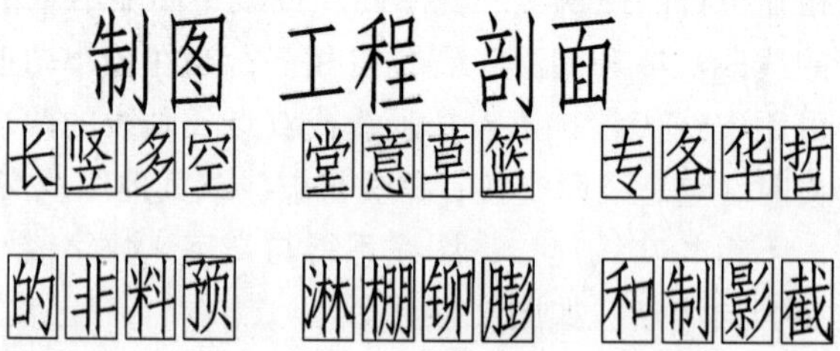

制图　工程　剖面

长竖多空　堂意草篮　专各华哲

的非料预　淋棚铆膨　和制影截

图 2.17　长仿宋体示例

（2）字母和数字。

图样及说明中的拉丁字母、阿拉伯数字及罗马数字，宜采用单线简体或 ROMAN 字体。拉丁字母、阿拉伯数字与罗马数字，如需写成斜体字，其斜度应是从字的底线逆时针向上倾斜 75°。斜体字的高度与宽度应与相应的直体字相等。拉丁字母、阿拉伯数字与罗马数字的字高，应不小于 2.5 mm。字母和数字示例如图 2.18 所示。

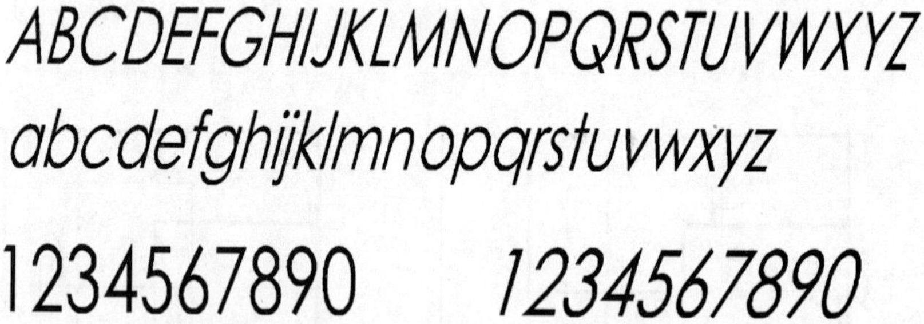

ABCDEFGHIJKLMNOPQRSTUVWXYZ

abcdefghijklmnopqrstuvwxyz

1234567890　*1234567890*

图 2.18　字母和数字示例

2.2.4　图纸幅面规格

图纸幅面规格是指图纸大小规格。《房屋建筑制图统一标准》（GB/T 50001-2017）对图纸幅面做了规定。图纸幅面采用表 2.4 所示尺寸。图纸分为横式和立式，横式以图纸长边作为长，立式以图纸短边作为长。A0 ~ A3 图幅宜采用横式，必要时可以采用立式。

表 2.4　图纸幅面规格　　　　单位：mm

尺寸 幅面	A0	A1	A2	A3	A4
$b \times l$	841×1189	594×841	420×594	297×420	210×297
c	10			5	
a	25				

注：表中 b 为幅面短边尺寸，l 为幅面长边尺寸，c 为图框线与幅面线间宽度，a 为图框线与装订边间宽度。

图纸幅面如需要加长，按《房屋建筑制图统一标准》(GB/T 50001—2017) 中规定加长。

工程图纸上有标题栏，标题栏应包括工程名称、图名、图纸编号、日期、设计单位，以及设计人、绘图人、校核人、审定人的签字等栏目。图 2.19 所示横式幅面，图 2.20 所示立式幅面，图 2.21 所示标题栏。

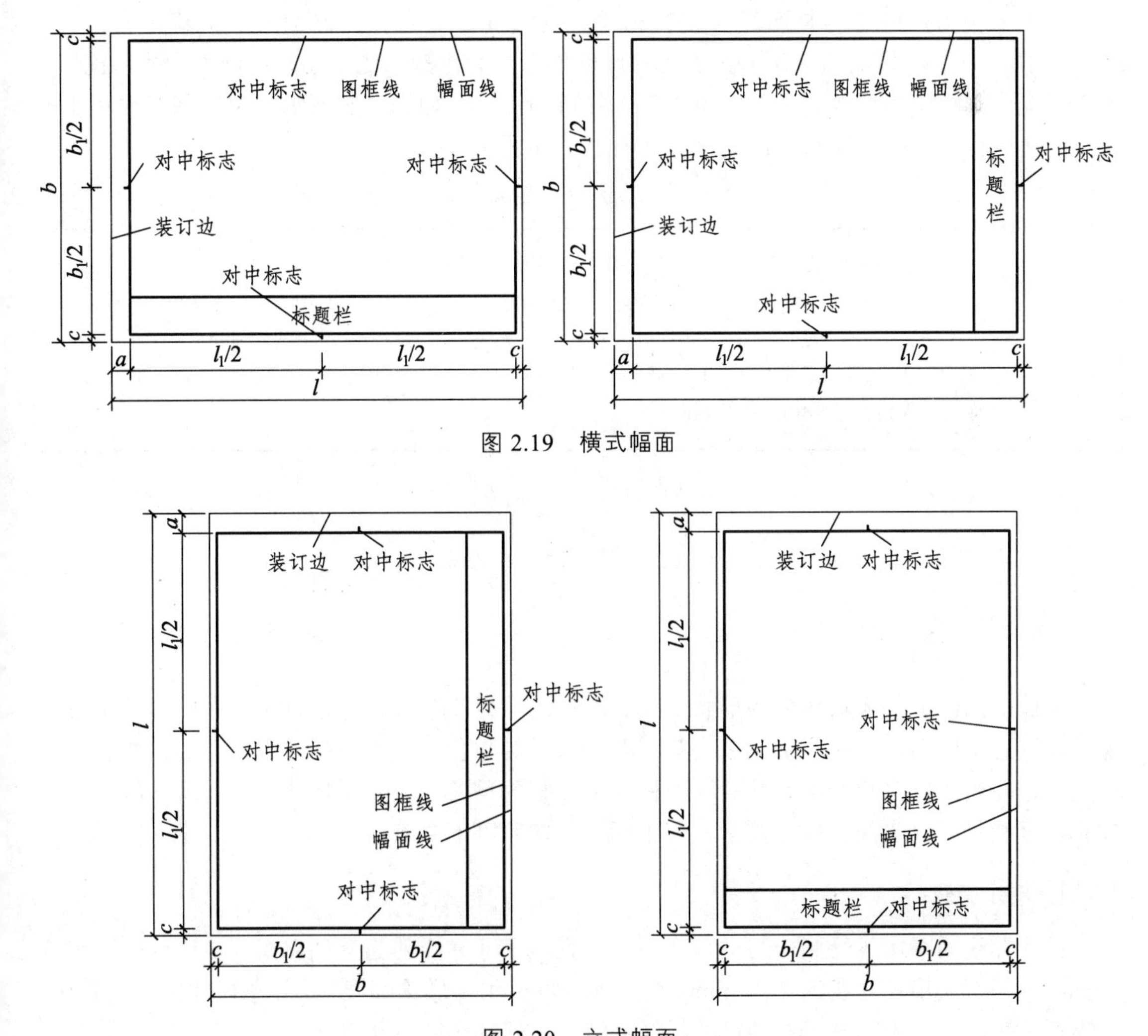

图 2.19　横式幅面

图 2.20　立式幅面

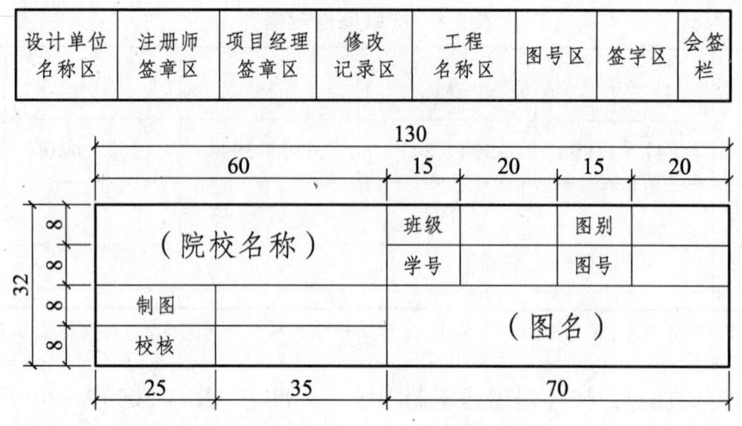

图 2.21　工程图纸标题栏和制图作业标题栏

2.2.5　比例、图名

建筑工程图样的比例是图线与实物相对应的线性尺寸之比。比例大小指其比值大小。1∶1 的比例称为原值比例，比值大于 1 的比例称为放大比例，比 1 小的比例称为缩小比例。绘图时优先选择常用比例，必要时也允许选择可用比例，如表 2.5 所示。比例一般注写在标题栏的比例栏中，同时注写在图名下方或右方，如图 2.22 所示。

表 2.5　绘图所用比例

常用比例	1∶1、1∶2、1∶5、1∶10、1∶20、1∶50、1∶100、1∶150、1∶200、1∶500、1∶1 000、1∶2 000、1∶5 000、1∶10 000、1∶20 000、1∶50 000、1∶100 000、1∶200 000
可用比例	1∶3、1∶4、1∶6、1∶15、1∶25、1∶30、1∶40、1∶60、1∶80、1∶250、1∶300、1∶400、1∶600

平面图　　*B—B*
1∶100　　1∶10

图 2.22　图名比例的注写

2.2.6　尺寸标注

图样上的图形仅表示物体的形状，大小通过尺寸标注来表达。建筑制图中的尺寸单位，除标高及总平面图以“m”为单位，其他以“mm”为单位。图样中标注的尺寸数值是物体真实大小，与绘图比例及准确度无关。图样一个完整的尺寸，应包括尺寸界线、尺寸线、尺寸起止符号和尺寸数字四个尺寸要素，使用原则应按照以下要求。

1. 尺寸界线

尺寸界线用细实线绘制，与被标注图线垂直。尺寸界线的起始端应离开被注轮廓不小于 2 mm，另一端超出尺寸线约 2 ~ 3 mm。尺寸界线可以用图形轮廓线代替。总尺寸的尺寸界线，应靠近所指部位，中间分尺寸的尺寸界线可稍短，但其长度应相等。

2. 尺寸线

尺寸线用细实线绘制，与被标注的图线平行，尺寸线与尺寸界线垂直相交，不超过尺寸界线。尺寸线不能与图线重合，图线不得作为尺寸线，互相平行的尺寸线，小尺寸应离轮廓线较近，大尺寸应离轮廓线较远。靠近轮廓线尺寸线距图样最外轮廓线之间距离不小于10 mm，平行排列的尺寸线的间距要均匀宜为 7 ~ 10 mm。

3. 尺寸起止符

建筑制图中的尺寸起止符用中粗斜短线和实心箭头表示。尺寸线与尺寸界线垂直时用斜短线，斜短线的倾斜方向与尺寸界线成顺时针 45°角，长度为 2 ~ 3 mm。图样中标注直径、半径、角度、弧度可用箭头，标注样式如图 2.23 所示。

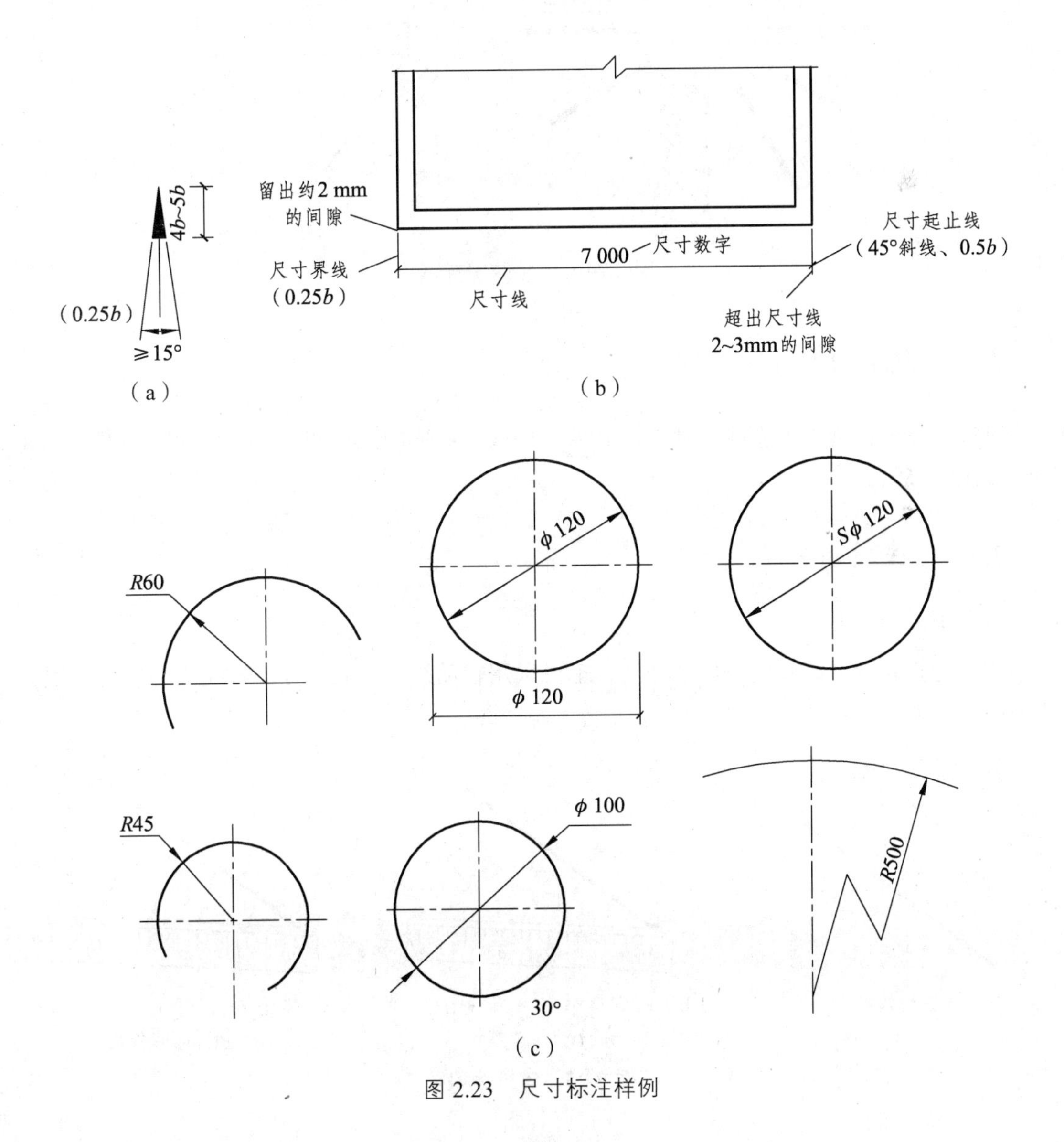

图 2.23　尺寸标注样例

4. 尺寸数字

线性尺寸数字注写在尺寸线上方，位置不够可引出标注，尺寸数字前的符号表示不同类型的尺寸。如ϕ表示直径，R 表示半径，SR 表示球体半径。尺寸数字的注写位置及字头方向可按照图 2.24 所示形式。若尺寸数字在 30°斜线区中，可将尺寸断开，水平注写数字；也可用引出线引出，水平书写数字。尺寸数字注写在靠近尺寸线的上方中部，若没有足够的书写位置，可注写在尺寸界线的外侧，中间相等的尺寸数字可错开注写，也可以引出注写。

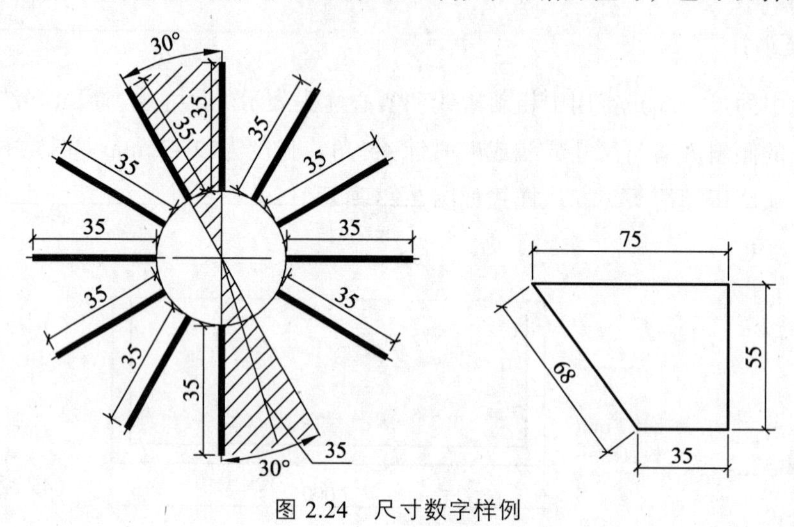

图 2.24 尺寸数字样例

2.3 几何作图

建筑工程图样基本由直线、圆弧和其他一些线所组成的几何图形，要求应掌握基本几何图形的作图方法。

2.3.1 线段等分

1. 等分已知线段

等分已知线段可以利用分规试分法，也可以用辅助线法。五等分已知线段 AB 的作图方法如图 2.25 所示。

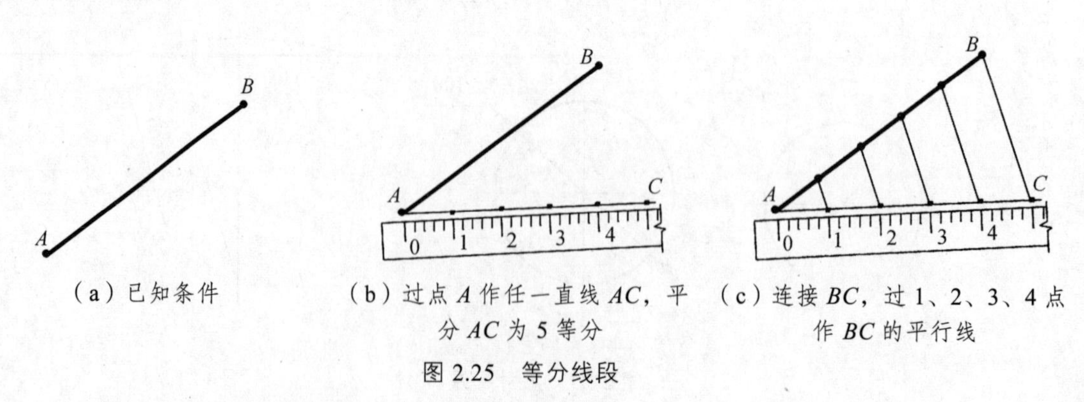

(a) 已知条件

(b) 过点 A 作任一直线 AC，平分 AC 为 5 等分

(c) 连接 BC，过 1、2、3、4 点作 BC 的平行线

图 2.25 等分线段

2. 等分已知两平行线之间的距离

四等分两平行线 AB、CD 之间的距离的作图方法如图 2.26 所示。

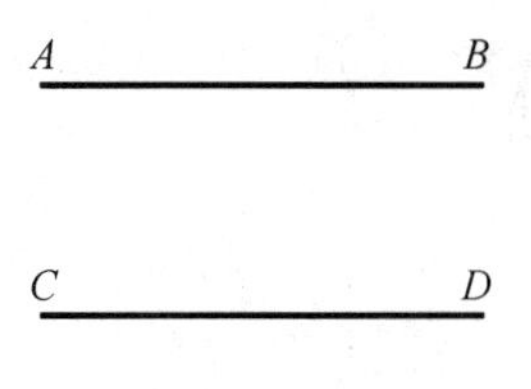

（a）已知条件

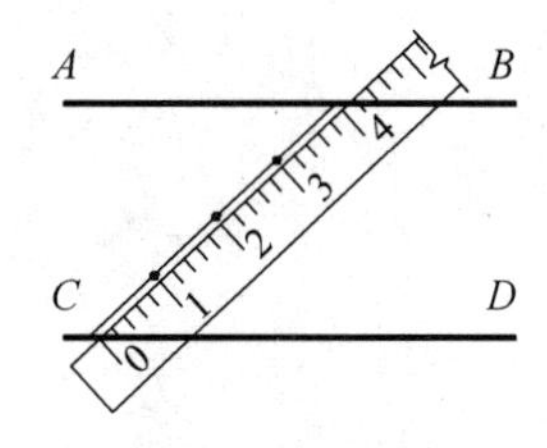

（b）将 0 刻度落在 CD 线上，转动直尺，使 4 刻度落在 AB 上

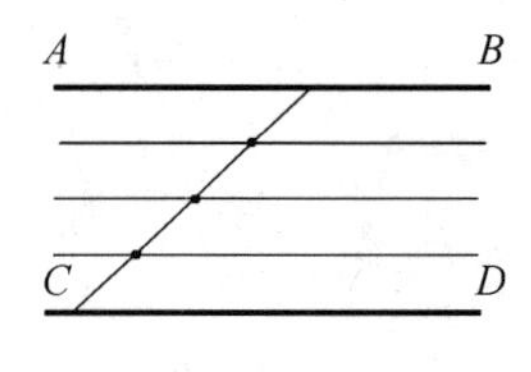

（c）过 1、2、3 点作 AB 或 CD 的平行线，整理图线

图 2.26　等分两平行线间距离

2.3.2　正多边形的绘制

正多边形可以等分外接圆的圆周后作出，也可以用绘图工具按几何作图方法作出。这里以内接五边形的作图过程为例，如图 2.27 所示。

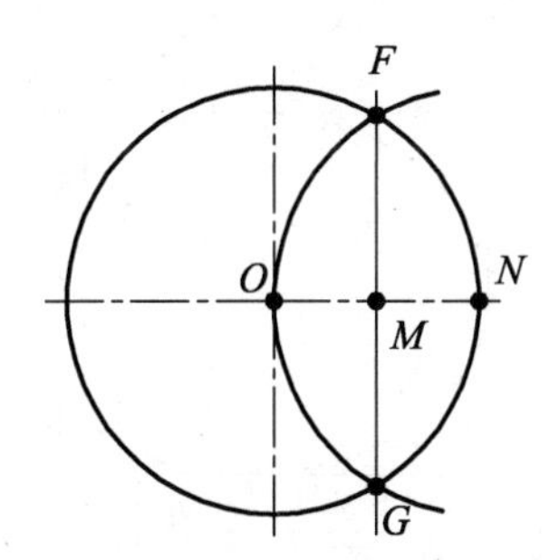

（a）已知圆 O，取半径 ON 的中点 M

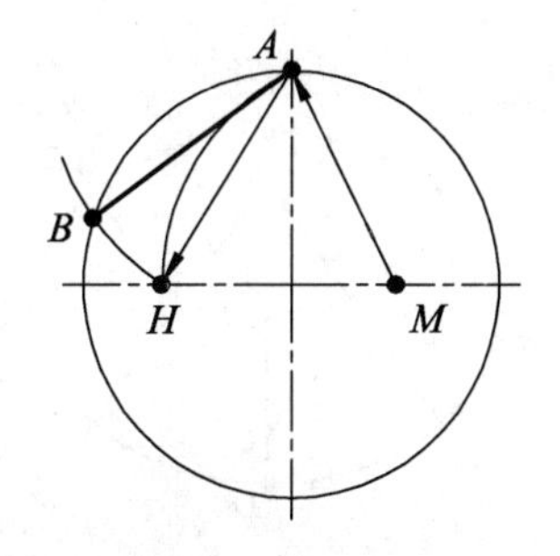

（b）以 M 为圆心，MA 为半径作弧，交于 H，以 AH 为半径作弧，交于 B，以 AB 长度在圆周上截得各等分点

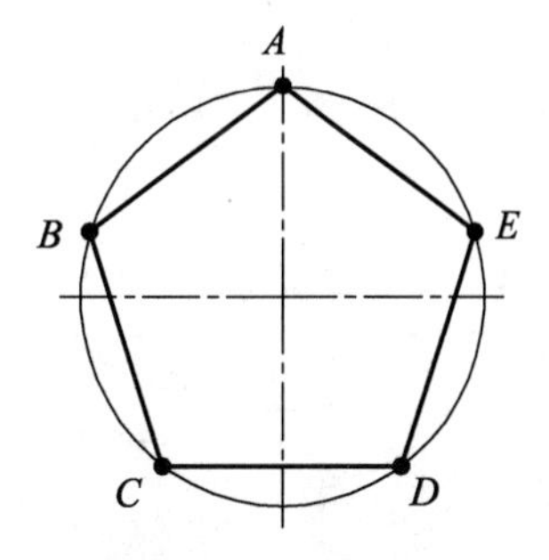

（c）连接各等分点，清理图面、加深图线

图 2.27　内接正五边形作图

2.3.3　圆弧连接

画几何平面图形，会遇到圆弧连接的问题。以某个指定半径的圆弧作光滑连接，则该圆弧称为连接弧，这种连接方式称为圆弧连接。在制图的过程中，画好连接弧的关键是：准确地作出连接弧的圆心和切点。圆弧连接的几何作图方法如图 2.28 所示。

2.3.4　椭圆的画法

利用已知椭圆的长、短轴，可以采用同心圆法、四心法和八点法作椭圆。

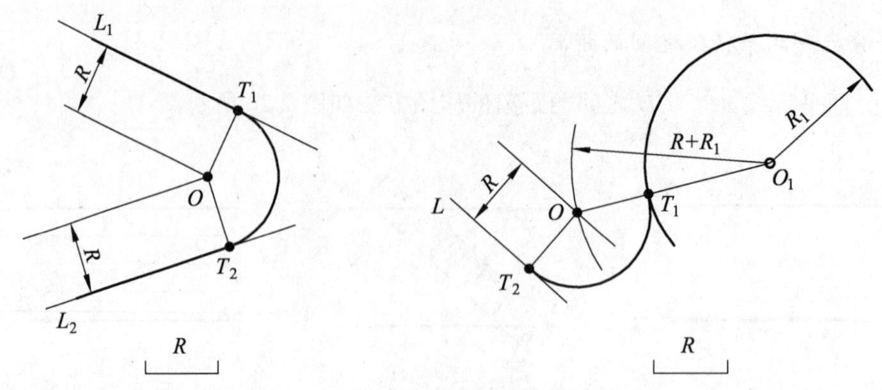

（a）用半径为 R 的圆弧连接两条已知直线　（b）用半径为 R 的圆弧连接弧直线和弧 R_1

图 2.28　圆弧连接

1. 同心圆法

以已知椭圆轴 AB、CD 为直径，作同心圆。过圆心作射线，将圆平均分 12 等分，过射线与大圆交点作竖直线，过射线与小圆交点作水平线，一系列水平线和一系列竖直线的交点即椭圆上的点，用曲线板依次光滑连接各点即为椭圆，如图 2.29（a）所示。

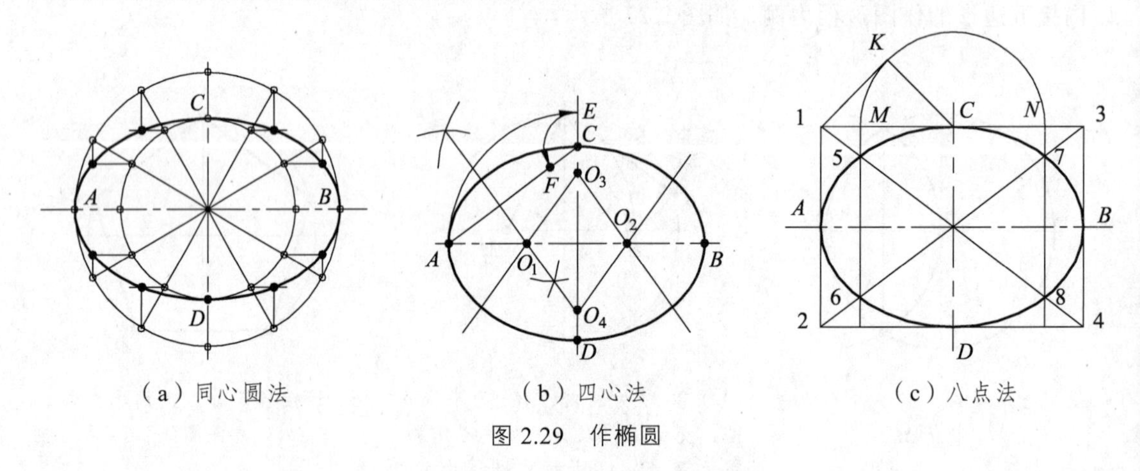

（a）同心圆法　（b）四心法　（c）八点法

图 2.29　作椭圆

2. 四心法

连接 AC，以 C 为圆心以 EC 为半径作弧交于 F 点，作 AF 的垂直平分线，平分线与长轴 AB 交于圆心 O_1，与短轴 CD 交于圆心 O_4。作 O_1 和 O_4 的对称点 O_2 和 O_3。连接 O_1 与 O_3、O_1 与 O_4、O_2 与 O_3、O_2 与 O_4，并延长这四条连线。分别以为 O_1、O_2 圆心，以 O_1A、O_2B 为半径画弧。分别以为 O_3、O_4 圆心，以 O_3D、O_4C 为半径画弧。四心圆弧组成近似椭圆，如图 2.29（b）所示。

3. 八点法

过长、短轴的端点 A、B、C、D 作椭圆外接矩形 1234，连接对角线。以 $1C$ 为斜边作 45° 等腰直角三角形 $1KC$。以 C 为圆心，CK 为半径作弧，交 14 于 M、N。自 M、N 作短轴的平行线，与对角线相交 5、6、7、8 点。用曲线板依次连接 A、5、C、7、B、8、D、6、A 作成椭圆，如图 2.29（c）所示。

2.4 绘图步骤和方法

1. 准备工作

绘图前工作应做好准备，布置好绘图环境。准备丁字尺、三角板、画板、图纸、铅笔、橡皮等绘图仪器和工具。保证绘图时图纸不被污损。

2. 绘图一般步骤

准备工作做好后，按下列步骤开始绘图：

（1）固定图纸。

用胶带将图纸四角固定，切勿用图钉。图纸应放在绘图板的偏左下部位，下部空间应能够自由用丁字尺，使图纸下边沿与尺身工作边平行。

（2）画图幅线、图框线及标题栏。

按照要求画图幅线、图框线及标题栏。

（3）画底稿。

综合布置图画，一张图纸上的图形及尺寸和文字说明应布置得当，周围留适当空白，各图形位置布置得均匀、整齐。画图时应先画轴线或中心线或边线定位，再画外部轮廓线及系部线。有圆弧连接时要根据尺寸分析，先画已知线段，再画连接线段。

（4）校对，修正。

画底稿用较硬铅笔，铅芯要削的尖一些，画出的图形细而淡。对底稿认真检查、校对，发现错误及时修正。

（5）铅笔加深或上墨。

用铅笔或墨线笔对图线进行加深，图线加深的顺序是：自上向下、自左向右依次画出同一线宽的图线。本着先细后粗、先曲后直、先小后大的原则。

（6）复核。

检查全图是否完整清晰，并清理图面，保证图纸干净整洁。

第 3 章　点、线、面、体的投影

内容提要

- ➢ 点的投影
- ➢ 直线的投影
- ➢ 面的投影
- ➢ 平面立体的投影
- ➢ 曲面立体的投影
- ➢ 平面与平面立体相交
- ➢ 平面与曲面立体相交
- ➢ 两立体相贯

3.1　点的投影

3.1.1　点在两投影面体系中的投影

如图 3.1 所示，投射线穿过空间点 *A* 向 *H* 面作垂直投射，投射线与 *H* 面交得点 *a*。由投影 *a* 作垂直于 *H* 面的投射线，则在该投射线上所有的点的投影都是 *a*。我们得出点的一个投影不能确定点的空间位置，但点的空间位置确定，点的投影是确定的。

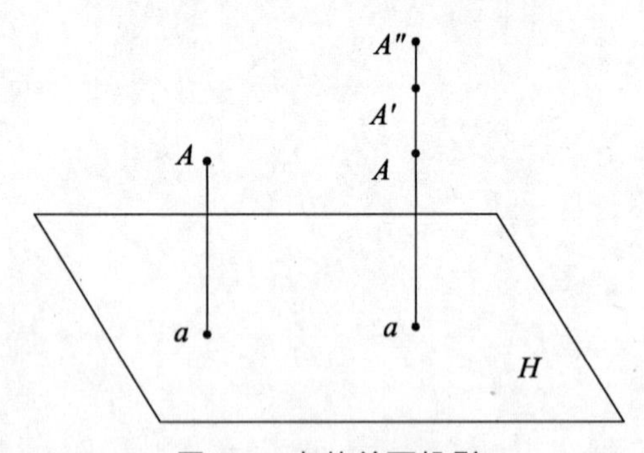

图 3.1　点的单面投影

如图 3.2 所示，作空间点 *A* 的 *H* 面投影 *a* 和 *V* 面投影 *a'*（点的水平投影和正面投影分别用点的大写字母符号相同的小写字母和小写字母右上角加一撇表示）。反之，由投影 *a* 作垂直 *H* 面的投射线，由投影 *a'* 作垂直 *V* 面的投射线，两条投射线相交得到 *A* 点的空间位置。因此得出：点的两个投影能唯一确定该点的空间位置。

如图 3.3 所示，根据点的两面投影展开特点，得出点在两面体系中的投影规律：

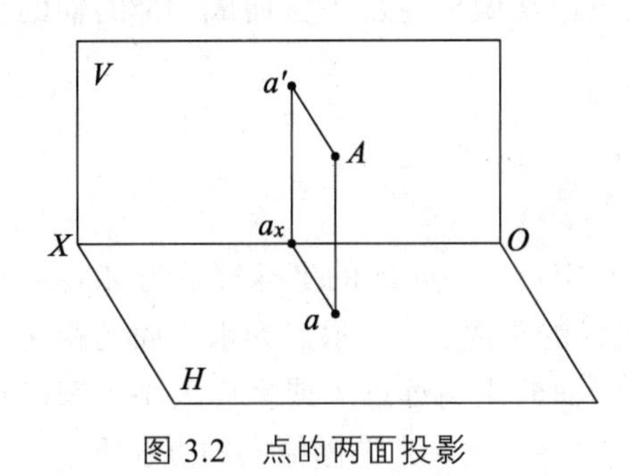

图 3.2　点的两面投影

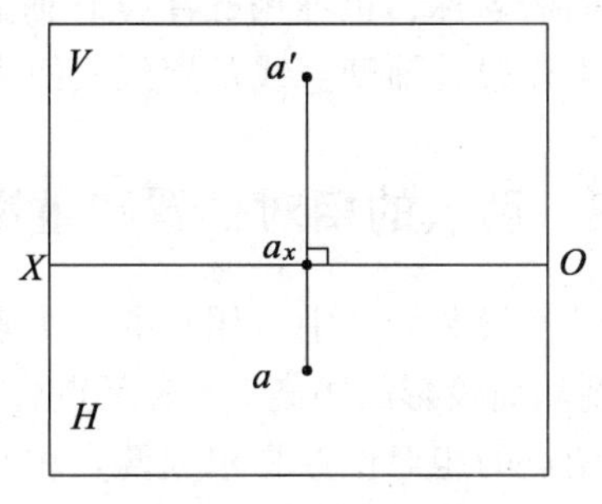

图 3.3　点的投影图

（1）点的两个投影的连线垂直于投影轴，即 $aa' \perp OX$。

（2）点的投影到投影轴的距离等于该点到另一投影面的距离，即：

$$a'a_x = Aa$$

$$aa_x = Aa'$$

3.1.2　点在三面投影体系中的投影

两个投影不能确定复杂物体的形状，所以需设置与水平面、正立面都垂直的侧立面 W。

如图 3.4（a）所示，作空间点 A 的水平投影 a、正面投影 a'和侧面投影 a''（点的侧面投影用和该点的大写字母符号相同的小写字母右上角加两撇表示）。过 A 点的投射线 Aa 平行于投影面 V、W；Aa'平行于投影面 H、W；Aa''平行于投影面 H、V。于是构成长方体 $Aa_xa'a_za''a_yO$。由长方体各边长关系得到：

$$Aa = a'a_x = a''a_y$$

$$Aa' = aa_x = a''a_z$$

$$Aa'' = aa_y = a'a_z$$

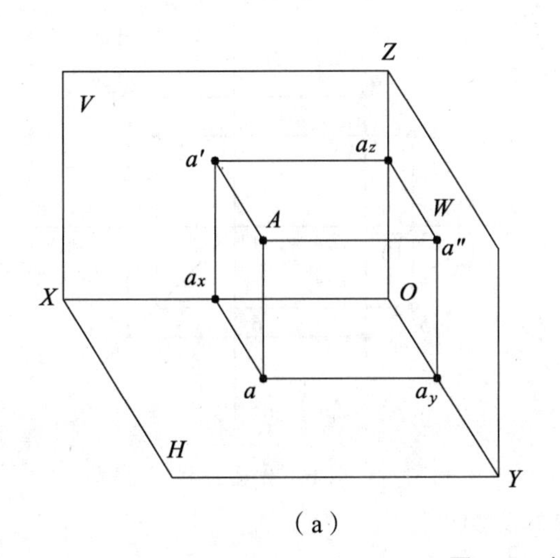

（a）

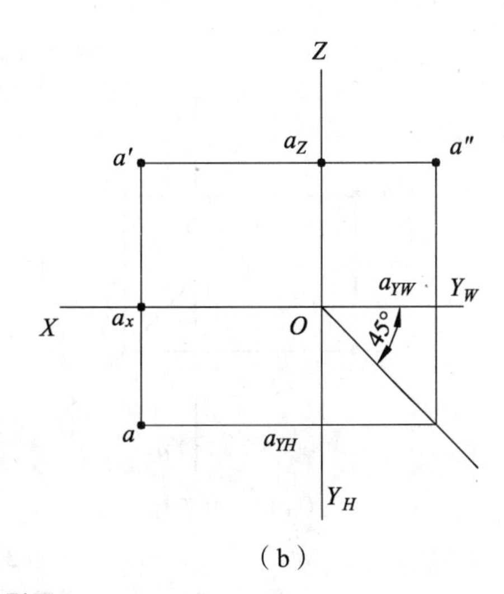

（b）

图 3.4　点的投影图

按照三面投影的展开方法得到如图 3.4（b），因投影面无限大，所以边框一般不画，不需注明投影面的名称，也不用标注投影轴上的点，但常做出与水平方向成 45°的辅助直线。投影轴、投影连线、辅助直线都用细实线表示。

3.1.3 两点的相对位置和重影点

点在三面投影体系中可用它的三个坐标来确定位置，点 A 的坐标表示为 $A(x, y, z)$，其中：x 表示点到侧面投影的距离，y 表示点到正面投影的距离，z 表示点到水平面的距离。

空间两点的相对位置是根据两点相对于投影面的距离远近（或坐标大小）来确定的。如图 3.5 所示，X 坐标值大的点在左；Y 坐标值大的点在前；Z 坐标值大的点在上。

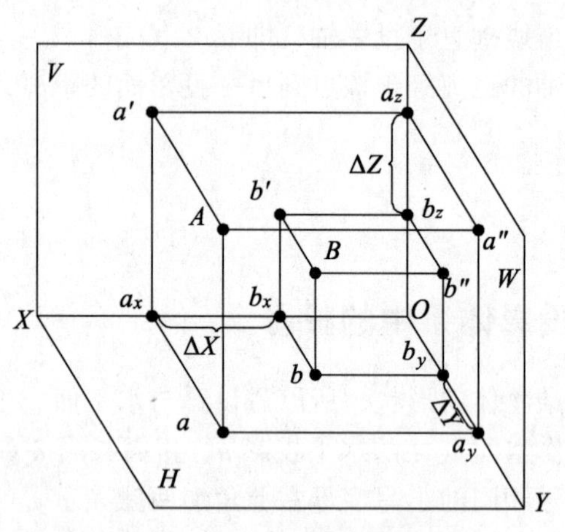

图 3.5 两点的相对位置

【例 3.1】 如图 3.6（a）所示，已知 A 点在 B 点的右方 10 mm、前方 6 mm、上方 8 mm，求 A 点的投影。

【解】 作图过程如图 3.6（b）所示。

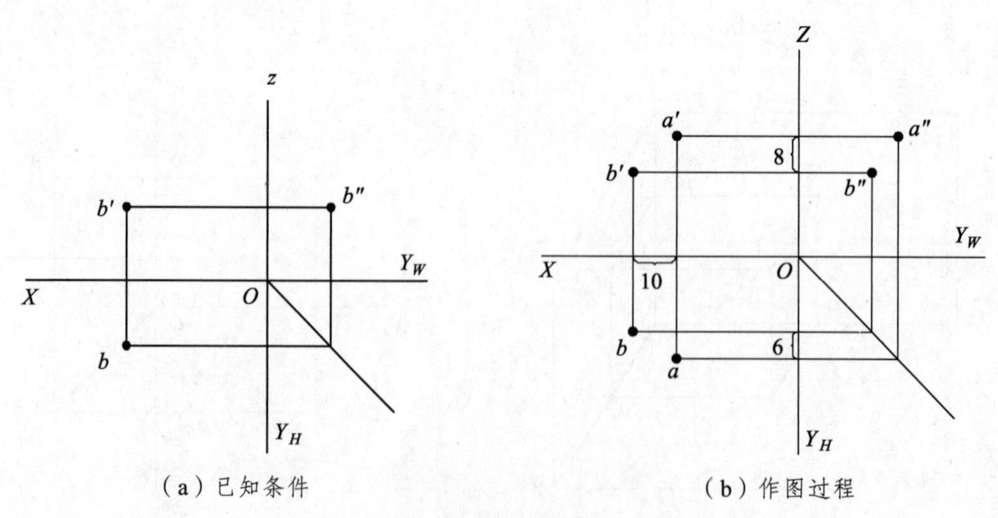

（a）已知条件　　（b）作图过程

图 3.6 点的投影图

如图 3.7 所示，若两空间点位于同一条垂直某投影面的投射线上，则这两点在该投影面上的投影重合，这两点称为该投影面的重影点。判断重影点的可见性时，需要看重影点在其他投影面上的投影。坐标值大的点投影可见，反之不可见。不可见的点的投影加括号表示。

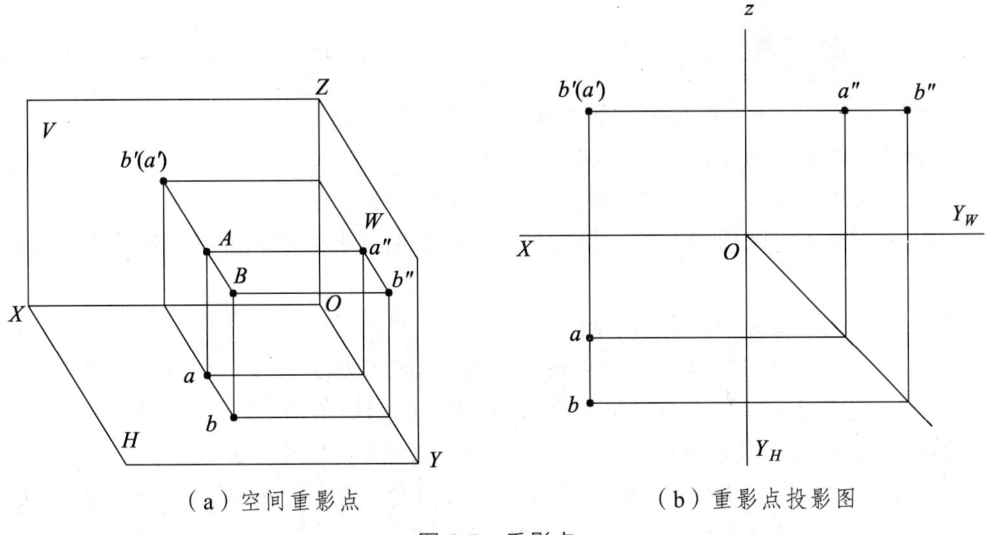

（a）空间重影点　　（b）重影点投影图

图 3.7　重影点

3.2　直线的投影

两点确定一条直线，也可以认为是点沿着同一个方向运动的轨迹。直线上两点之间的部分称为线段。本书中将直线和线段统称为直线。

3.2.1　直线的三面投影

空间中的两点确定一条直线，那么这两点的同面投影相连也就确定了一条直线的投影（粗实线）如图 3.8 所示。直线上两点的三面投影，将两点的同面投影相连，得到直线的三面投影。

直线的投影特性如图 3.9 所示：

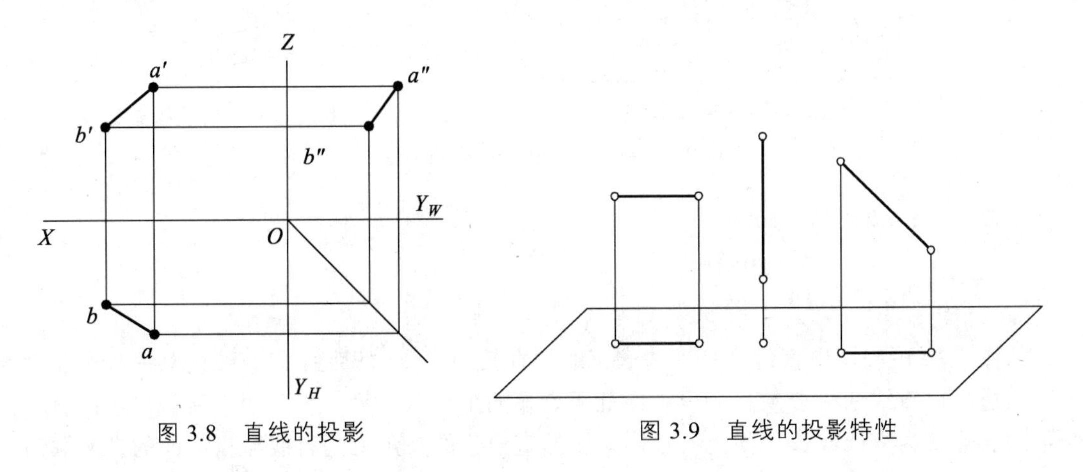

图 3.8　直线的投影　　图 3.9　直线的投影特性

（1）直线平行于投影面，其投影反映实长。

（2）直线垂直于投影面，其投影积聚成点。

（3）直线倾斜于投影面，其投影长度缩短。

3.2.2 一般位置直线

对三个投影面 H、V、W 都倾斜的直线称为一般位置直线。

一般直线的投影特性：

（1）三面投影 ab、$a'b'$、$a''b''$均倾斜于相应的投影轴。

（2）三面投影不反映直线实长，投影与相应的投影轴之间的夹角不反映直线对投影面倾角的真实大小。

一般位置直线的实长和倾角的求解方法：

如图 3.10 所示，在投影体系中，空间线段的实际长度称为实长。空间直线相对每个投影面都有倾角。直线与水平面的倾角用α表示，与正立面的倾角用β表示，与侧立面的倾角用γ表示。延长直线 AB 和投影 ab 相交于点 E，两条线夹角α，在直角三角形 BbE 平面上，过 A 作水平线 $AB_0 /\!/ ab$，则$\angle AB_0B$ 是直角，$\triangle AB_0B$ 是直角三角形。在直角三角形 AB_0B 中，直角边 $AB_0 = ab$；另一条直角边 $BB_0 = bB - aA$，就是 B 点和 A 点在 Z 轴上的坐标差ΔZ；斜边是直线 AB 的真长；斜边与 AB_0 的夹角是倾角α。同理，$\triangle AA_0B$ 和$\triangle AA_1B$ 也是直角三角形，$AA_0 = \Delta y$，$AA_1 = \Delta x$。

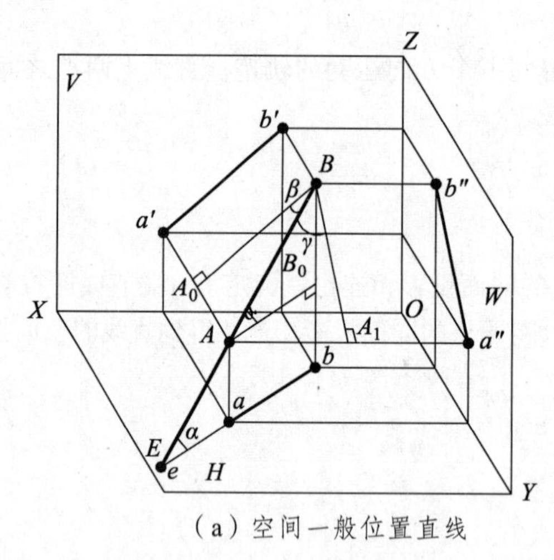

（a）空间一般位置直线

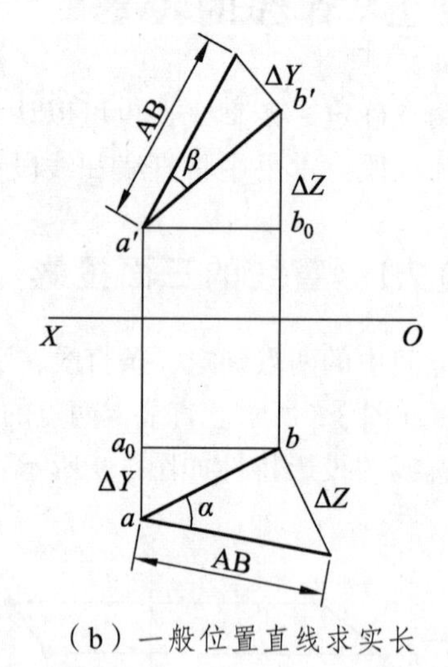

（b）一般位置直线求实长

图 3.10 一般位置直线求实长

由此可见：$ab = AB \cdot \cos\alpha$

$a'b' = AB \cdot \cos\beta$

$a''b'' = AB \cdot \cos\gamma$

从图 3.10 可归结出直角三角形法求直线的真长和倾角的思路：以直线的某一投影长度为一直角边，以直线两端点到这一投影面的距离差的坐标差为另一直角边，所做出来的直角三角形的斜边就为直线实长，斜边与投影长度的直角边的夹角就是直线与投影面的真实倾角。

3.2.3 投影面平行线

投影面平行线是指平行于某一投影面，倾斜于另外两个投影面的直线。直线平行 H 面称为水平线，直线平行 V 面称为正平线，直线平行 W 面称为侧平线。

表 3.1 列出了三种投影面平行线的投影和投影特性。

表 3.1 投影面平行线

名称	水平线	正平线	侧平线
直观图	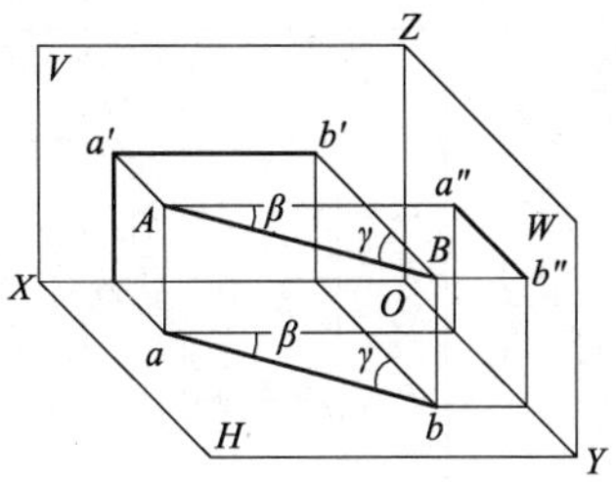	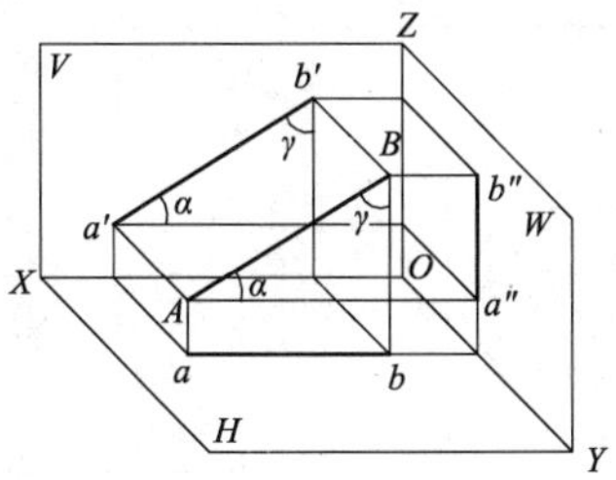	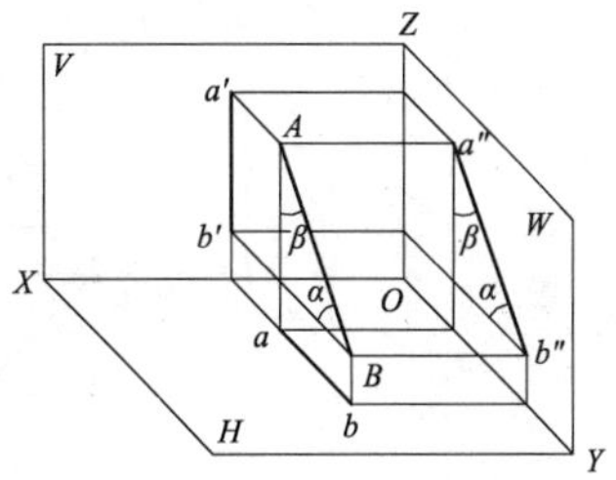
投影图	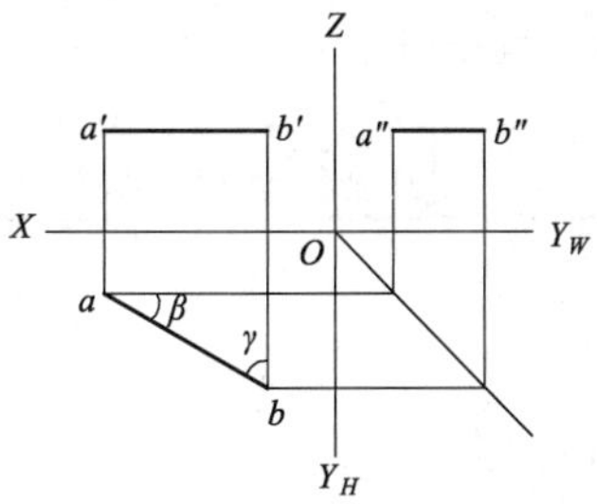	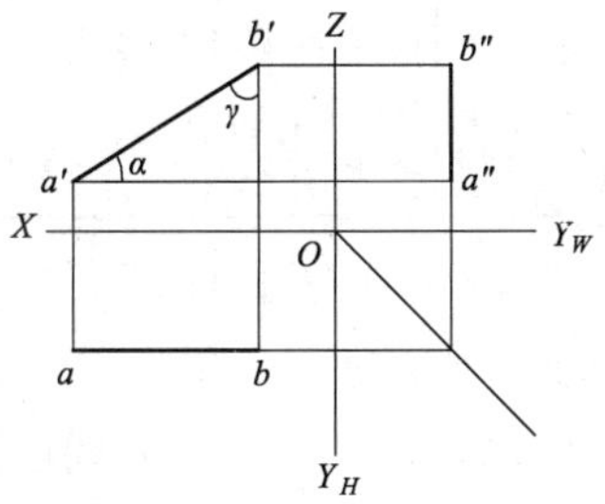	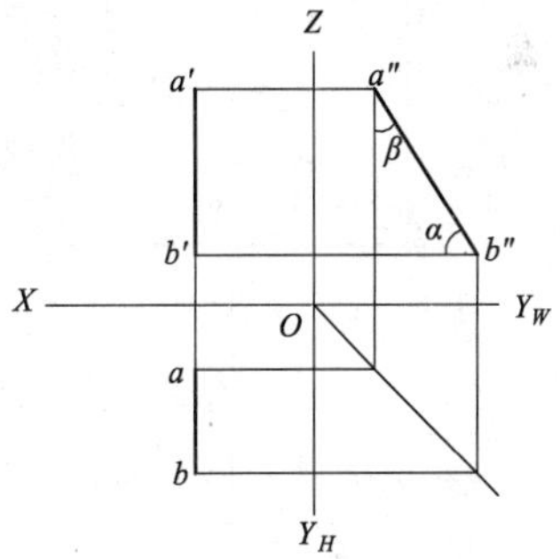
投影特性	AB 的水平投影反映实长，且反映倾角 β、γ 的真实大小，另两个投影不反映实长，但分别平行于 OX 轴和 OY 轴	AB 的正面投影反映实长，且反映倾角 α、γ 的真实大小，另两个投影不反映实长，但分别平行于 OX 轴和 OZ 轴	AB 的侧面投影反映实长，且反映倾角 α、β 的真实大小，另两个投影不反映实长，但分别平行于 OZ 轴和 OY_H 轴

由表 3.1 可归结出投影面平行线的投影特性：

（1）在所平行的投影面上的投影倾斜于投影轴，并反映线段的实长和对另外两投影面的倾角。

（2）另两个投影平行于相应的投影轴，相应的投影轴是直线所平行的投影面上的两条投影轴。

3.2.4 投影面垂直线

投影面垂直线是指垂直于某一投影面的直线。直线垂直于 H 面称为铅垂线，直线垂直于 V 面称为正垂线，直线垂直于 W 面称为侧垂线。

表 3.2 列出了三种投影面垂直线的投影和投影特性。

表 3.2　投影面垂直线

名称	铅垂线	正垂线	侧垂线
直观图			
投影图			
投影特性	AB 的水平投影积聚成一点，正面投影反映实长，且垂直于 OX 轴，侧面投影反映实长，且垂直于 OY_W 轴	AB 的正面投影积聚成一点，水平投影反映实长，且垂直于 OX 轴，侧面投影反映实长，且垂直于 OZ 轴	AB 的侧面投影积聚成一点，水平投影反映实长，且垂直于 OY_H 轴，正面投影反映实长，且垂直于 OZ 轴

由表 3.2 可归结出投影面垂直线的投影特性：

（1）在所垂直的投影面上的投影积聚为一点。

（2）另两个投影垂直于相应的投影轴，并反映线段的实长。

3.2.5　直线上的点

直线上的点的投影具有以下特性：

（1）从属性：若点在直线上，则点的投影必在直线的同面投影上，如图 3.11 所示。

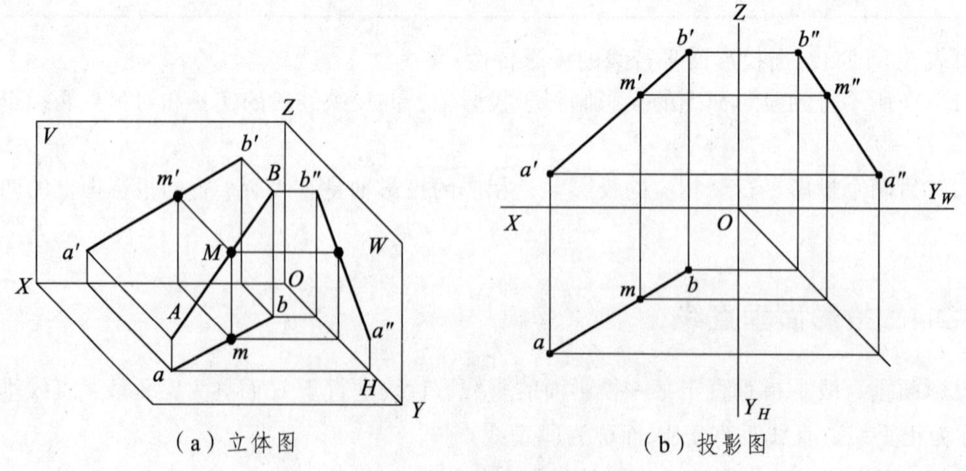

图 3.11　直线上的点

（2）定比性：若点将直线分为两段，则两段的实长之比等于其投影长度之比。如图 3.11 所示，$AM:MB=am:mb=a'm':m'b'=a''m'':m''b''$。

3.2.6 两直线的相对位置

空间中两直线的相对位置有三种：平行、相交、交叉。其中，平行两直线或相交两直线位于同一个平面上，称为共面直线；交叉两直线不在同一个平面上，称为异面直线。

1. 两直线平行

如图 3.12 所示，空间两直线平行，则他们的同面投影也互相平行。两平行直线投影特性：

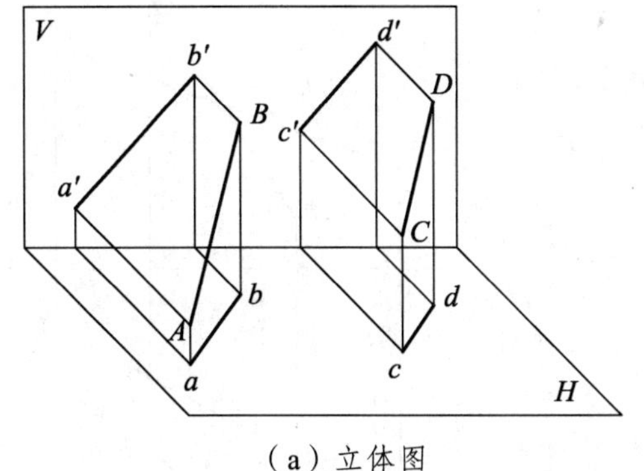

（a）立体图

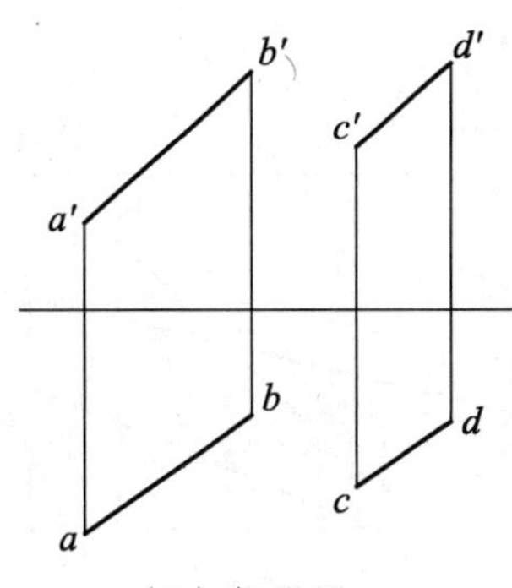

（b）投影图

图 3.12 两直线平行

（1）若空间两直线平行，则三对同面投影都平行；

（2）若两直线的同面投影都分别平行，则空间这两条直线必相互平行；

（3）平行两线段的投影长度之比等于其实长之比。

2. 两直线相交

如图 3.13 所示，两直线在空间相交，则各同面投影必相交，且交点符合点的投影规律。

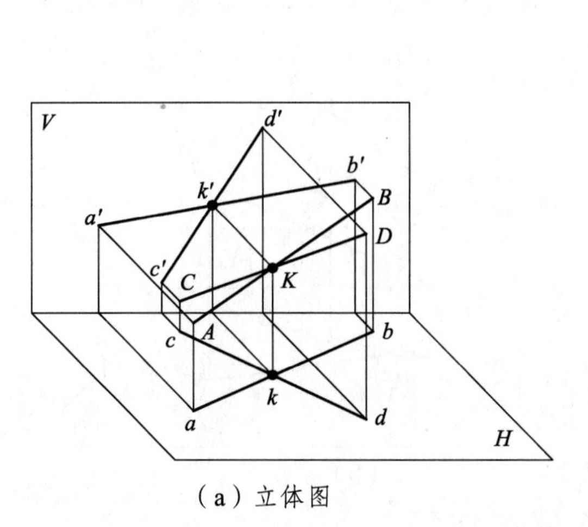

（a）立体图

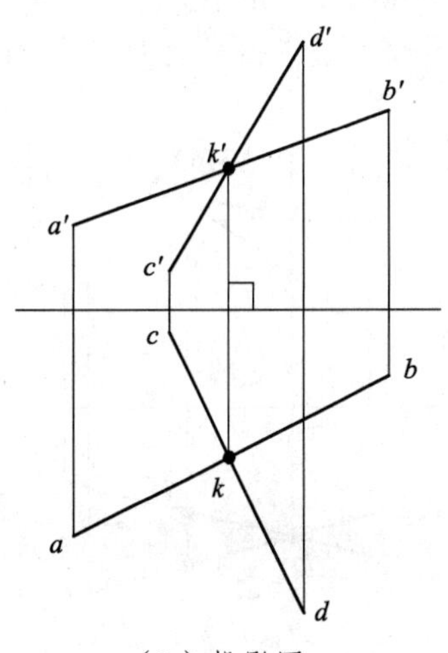

（b）投影图

图 3.13 两直线相交

两相交直线投影特性：

（1）若两直线的各同面投影均相交，且交点符合点的投影规律，则他们在空间中相交；

（2）若空间两直线相交，则三对同面投影都相交，且交点连线符合点的投影规律。

3. 两直线交叉

如图 3.14 所示，两直线在空间中既不平行又不相交称为交叉。

两交直线投影特性：

（1）若两直线在空间既不平行也不相交则为交叉；

（2）两交叉直线，它们的同面投影可能相交，但交点不符合点的投影规律。

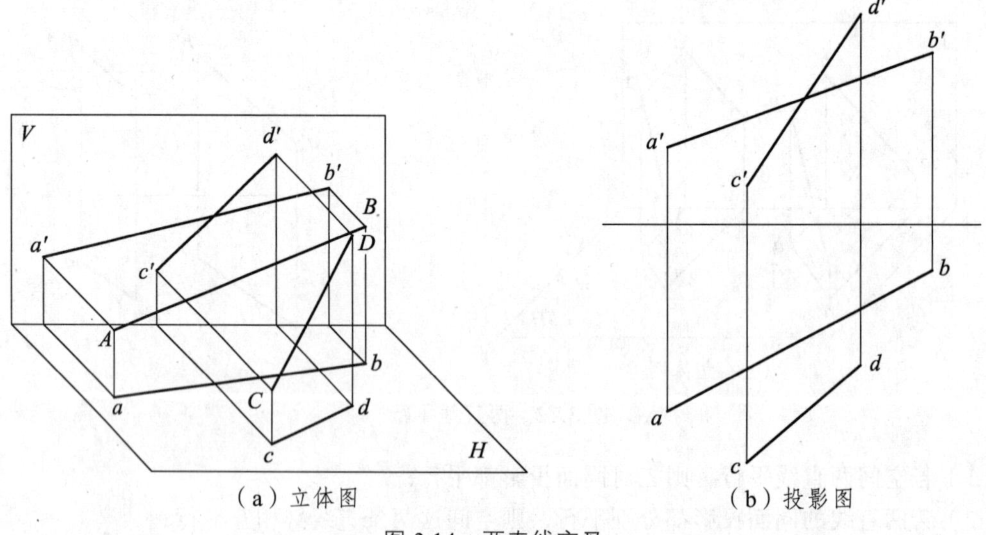

（a）立体图　　（b）投影图

图 3.14　两直线交叉

判断交叉两直线重影点的可见性：

如图 3.15 所示，Ⅰ、Ⅱ两点是 H 面的重影点，从 V 面投影可得Ⅰ点在Ⅱ点的上方为可见点，Ⅱ点在Ⅰ点的下方为不可见点，同理，判断Ⅲ、Ⅳ重影点及其可见性。交叉两直线的同面投影交点是该投影面上重影点的投影，根据投影关系可以判断出重影点的可见性。

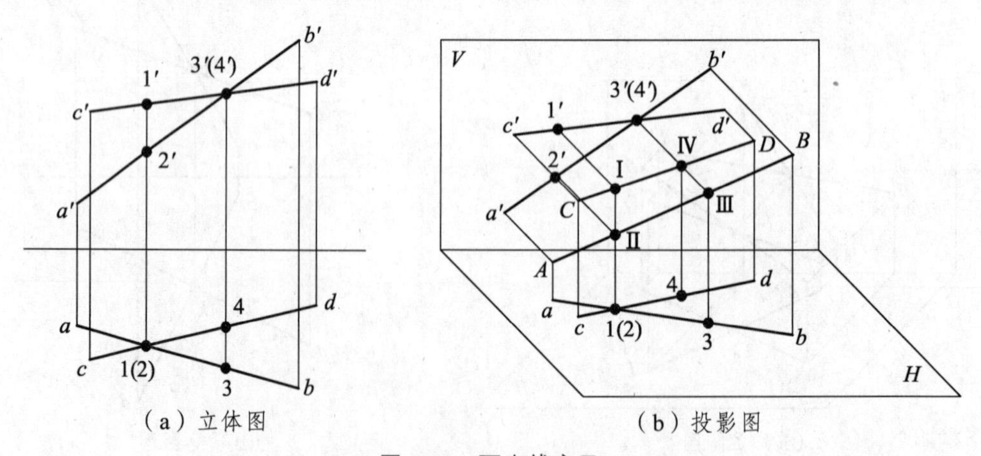

（a）立体图　　（b）投影图

图 3.15　两直线交叉

4. 两直线垂直

两直线垂直，其投影适用于直角投影法则：当互相垂直的两直线中至少有一条平行于某个投影面时，则它们在该投影面上的投影也互相垂直。

【例 3.2】 如图 3.16 所示，已知 AB 和 CD 垂直相交，AB 是水平线，BC 是一般位置线，推导证明 $ab \perp bc$。

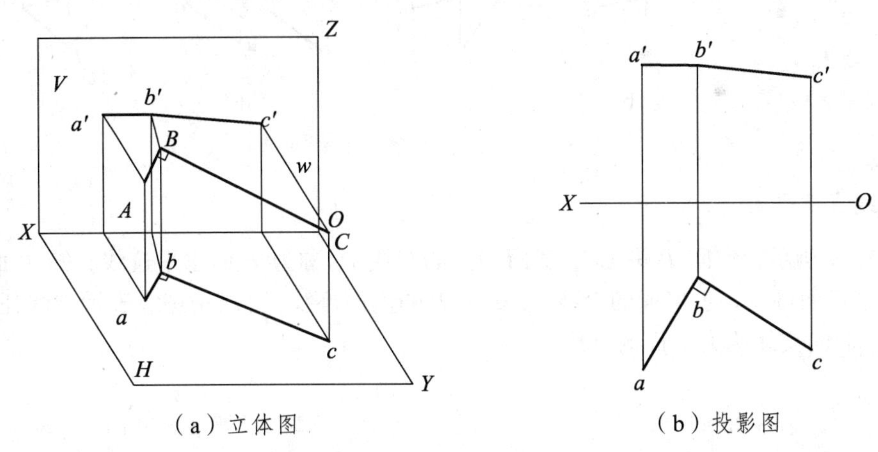

（a）立体图　　（b）投影图

图 3.16　直角投影法则

【解】 因为 $AB /\!/ H$，$Bb \perp H$，则

$$AB \perp Bb$$

又因为 $AB \perp BC$，$AB \perp Bb$，则

$$AB \perp BCcb$$

从 $ab \perp BC$，$AB \perp BCcb$

可得 $ab \perp BCcb$

故 $ab \perp bc$

直角投影法则，也适用于垂直交叉两直线。当垂直两直线之一为某投影面垂直线时，则另一直线为该投影面的平行线或另两投影面的垂直线。

3.3　平面的投影

3.3.1　平面的表示法

1. 几何元素表示平面

用几何元素表示平面有五种形式：

（1）如图 3.17（a）所示，不在同一直线上的三个点；

（2）如图 3.17（b）所示，一直线和直线外一点；

（3）如图 3.17（c）所示，相交两直线；

（4）如图 3.17（d）所示，平行两直线；

（5）如图 3.17（e）所示，任意平面图形。

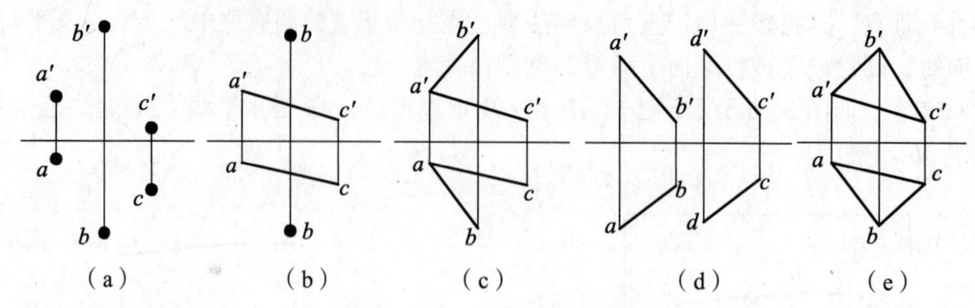

图 3.17　用几何元素表示平面

2. 迹线表示平面

如图 3.18 所示，空间 P 平面与 H 面相交的交线 P_H 称为 P 的水平迹线，与 V 面的交线 P_V 称为 P 是正面迹线，与 W 面的交线 P_W 称为 P 的侧面迹线。可以用迹线表示空间任一平面。平面与投影面的交线称为平面的迹线。

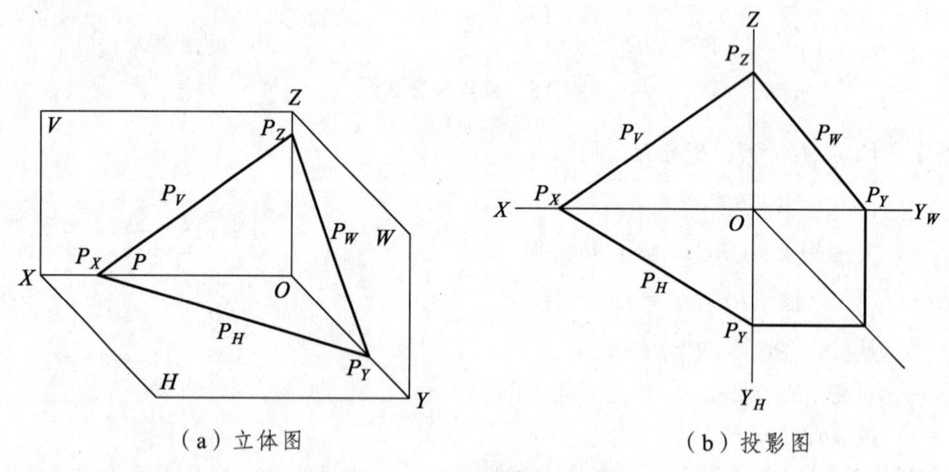

（a）立体图　　　（b）投影图

图 3.18　用迹线表示平面

3.3.2　各种位置平面的投影

1. 一般位置平面

一般位置平面：对三个投影面都倾斜的平面。如图 3.19 所示，平面的三面投影都不反映空间平面图形的实形，投影没有积聚性，投影面积比实形小。平面和投影面的夹角称为平面的倾角，平面与 H 面、V 面、W 面的倾角分别用 α、β、γ 表示。

2. 投影面垂直面

投影面垂直面指垂直于某一投影面，倾斜于另外两个投影面的平面。

投影面垂直面的投影特性综合分析情况具体见表 3.3，可得出在所垂直的投影面上的投影积聚为倾斜于投影轴的直线，并反映平面对另外两个投影面的倾角；另外两个投影为原图形的类似形。

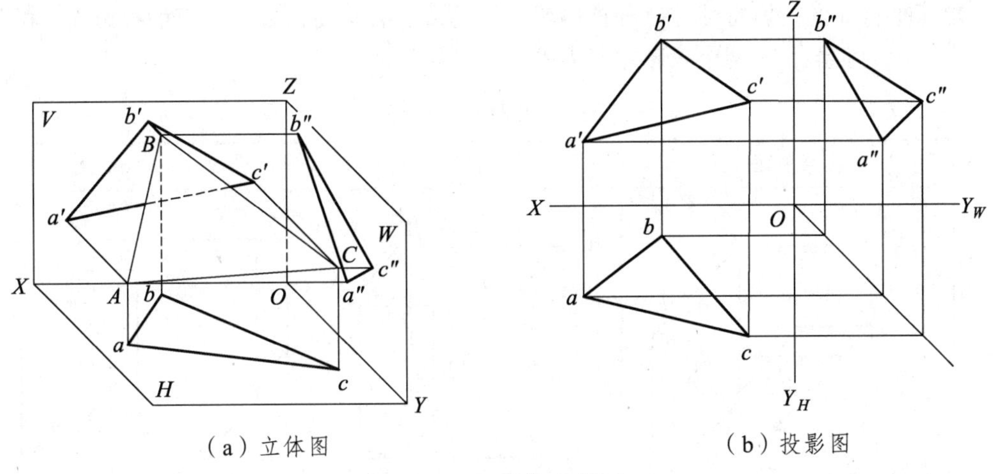

（a）立体图　　　　（b）投影图

图 3.19　一般位置平面

表 3.3　投影面垂面

名称	铅垂面	正垂面	侧垂面
直观图	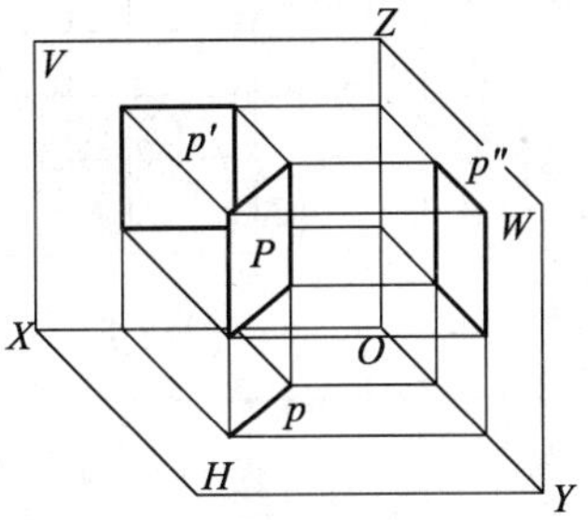	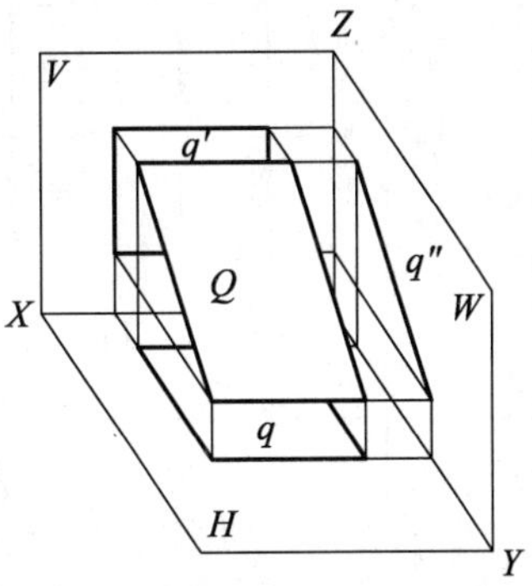	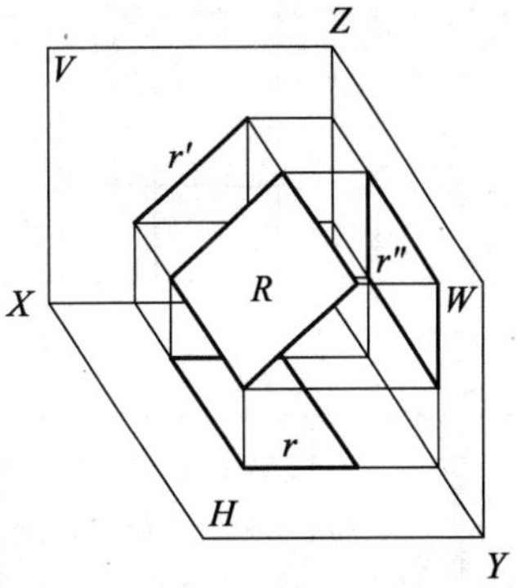
投影图	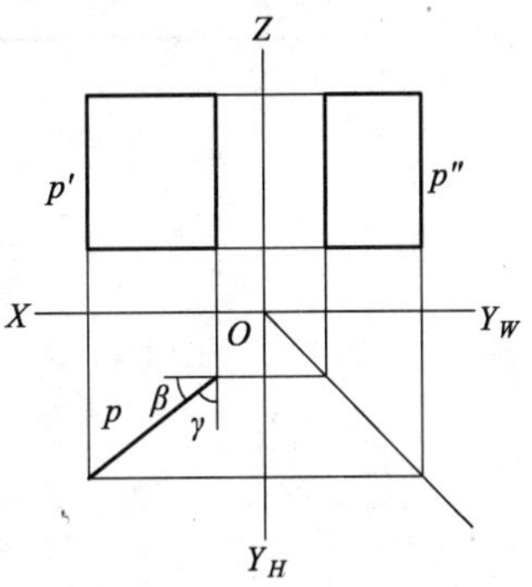	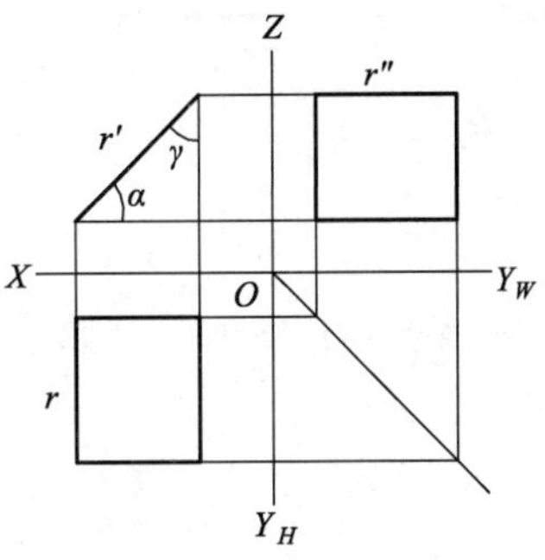	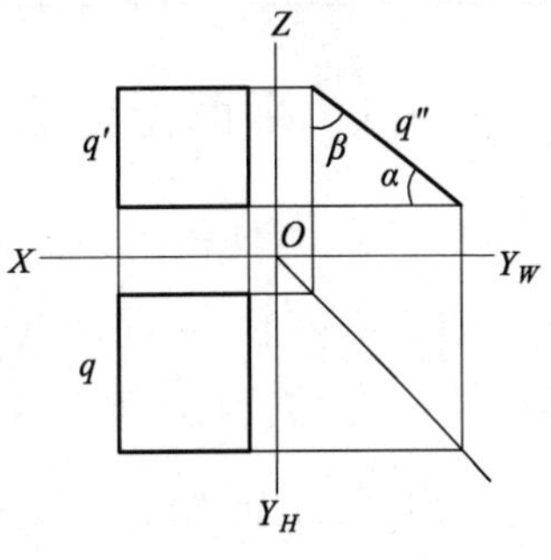
投影特性	铅垂面的水平投影积聚成直线，且反映β、γ倾角的真实大小，另两个投影为类似形	正垂面的正面投影积聚成直线，且反映α、γ倾角的真实大小，另两个投影为类似形	侧垂面的侧面投影积聚成线，且反映α、β倾角的真实大小，另两个投影为类似形

3. 投影面平行面

投影面平行面：平行于某一投影面，同时垂直于另外两个投影面的平面。

投影面平行面的投影特性综合分析情况具体见表 3.4，可得出在所平行的投影面上的投影反映平面图形的实形；另两个投影积聚为平行于投影轴的直线。

表 3.4 投影面平行面

名称	水平面	正平面	侧平面
直观图	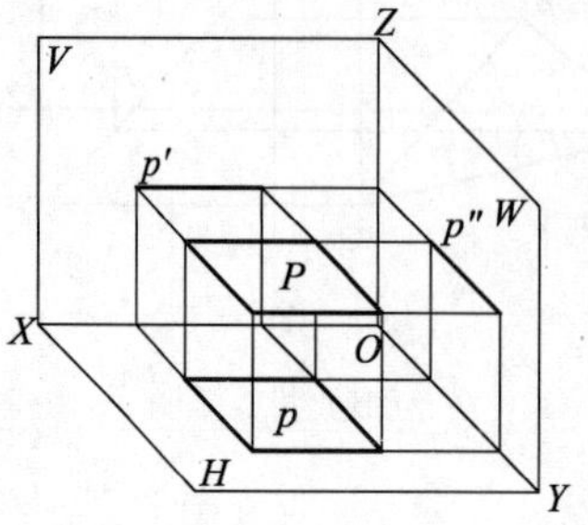	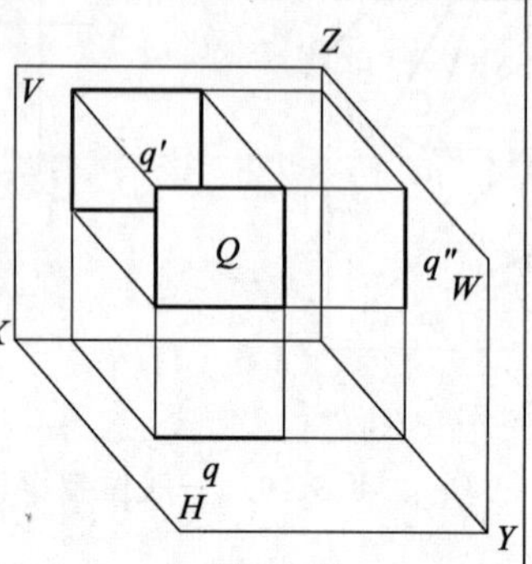	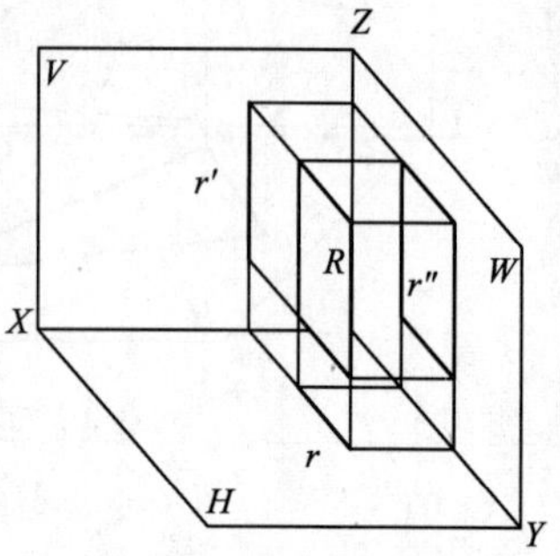
投影图	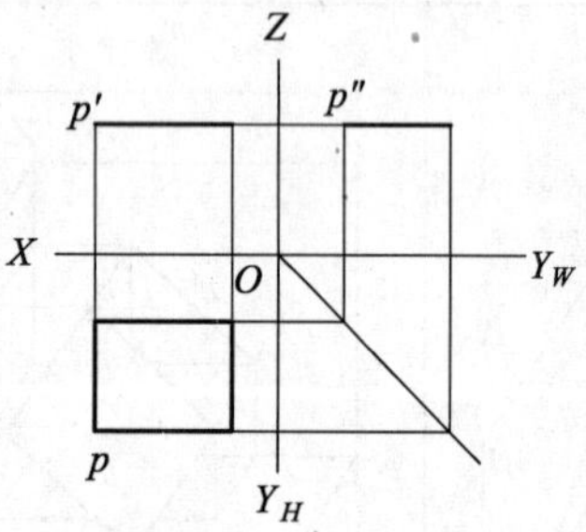	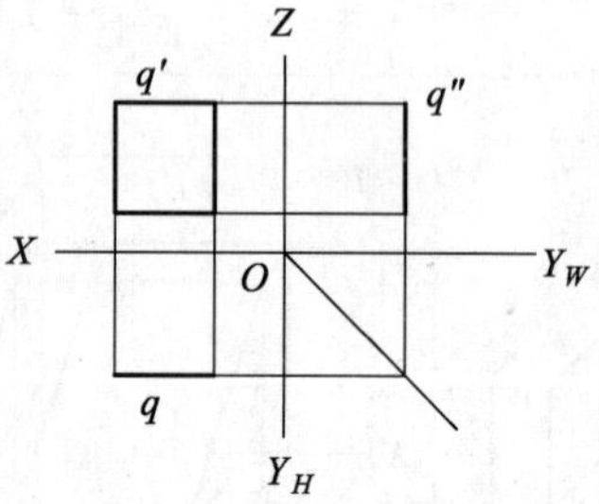	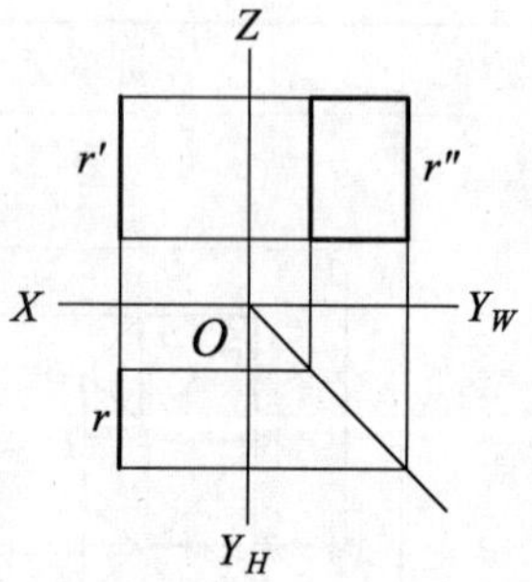
投影特性	水平面的水平投影反映实形，另两个投影积聚成直线，且分别平行于 OX 轴和 OY_W 轴	正平面的正面投影反映实形，另两个投影积聚成直线，且分别平行于 OX 轴和 OZ 轴	侧平面的侧面投影反映实形，另两个投影积聚成直线，且分别平行于 OZ 轴和 OY_H 轴

3.3.3 平面上的直线和点

1. 平面上的点

点在平面的一条直线上，则该点必在平面上。如图 3.20 所示，点 *K* 在直线 *DE* 上，直线 *DE* 在平面 *ABC* 上，则点 *K* 在平面 *ABC* 上。

2. 平面上的直线

平面上的直线，必通过平面上的两点，或通过平面上的一点，且平行于平面上的另一条直线。如图 3.21 所示，点 *D*、点 *E* 在平面 *ABC* 上，则直线 *DE* 必在 *ABC* 上；*CF* 中的 *C* 点属于平面 *ABC* 上的点，且 *CF* 平行于 *AB*，则直线 *CF* 在平面 *ABC* 上。

平面上的特殊位置直线有平面上的投影面平行线和最大斜度线。

（1）平面上的投影面平行线：平面上平行于投影面的直线。

（2）平面上的最大斜度线：平面上垂直于投影面平行线的直线。

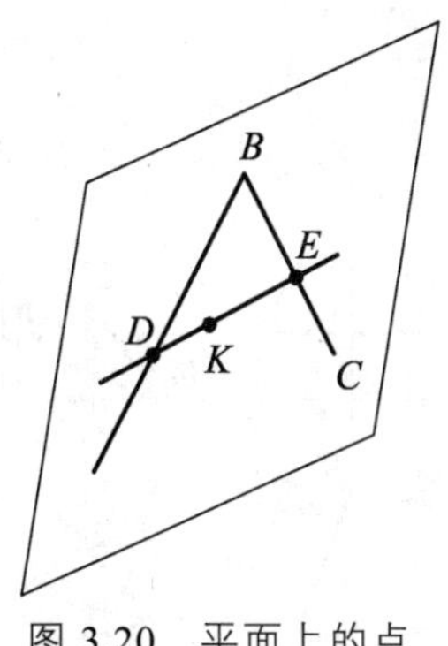

图 3.20　平面上的点

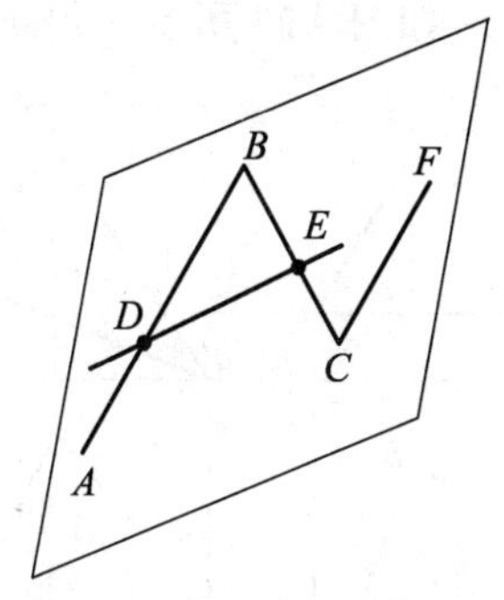

图 3.21　平面上的线

最大斜度线的投影特性：平面上对 H 面的最大斜度线的水平投影垂直于平面上水平线的水平投影；平面上对 V 面的最大斜度线的正面投影垂直于平面上正平线的正面投影；平面上对 W 面的最大斜度线的侧面投影垂直于平面上侧平线的侧面投影。

3.3.4　直线与平面以及两平面的相对位置

1. 直线与平面以及两平面平行

若一直线与某平面上任一直线平行，则此直线与该平面平行。

若一直线与某平面平行，则在平面上必能作出直线与原直线平行。

【例 3.3】　如图 3.22 所示，过已知点 E 作水平线与平面 ABC 平行。

分析：平面△ABC 内有无数条水平线，作任何一条水平线后，再过 E 点作此水平线的平行线。

【解】　（1）在平面△ABC 内作一条水平线，如 CD。

（2）过 E 点作 $EF/\!/CD$，过 e 作 $ef/\!/cd$，过 e'作 $e'f'/\!/c'd'$，F 为任取一点，则 EF 即为所求。

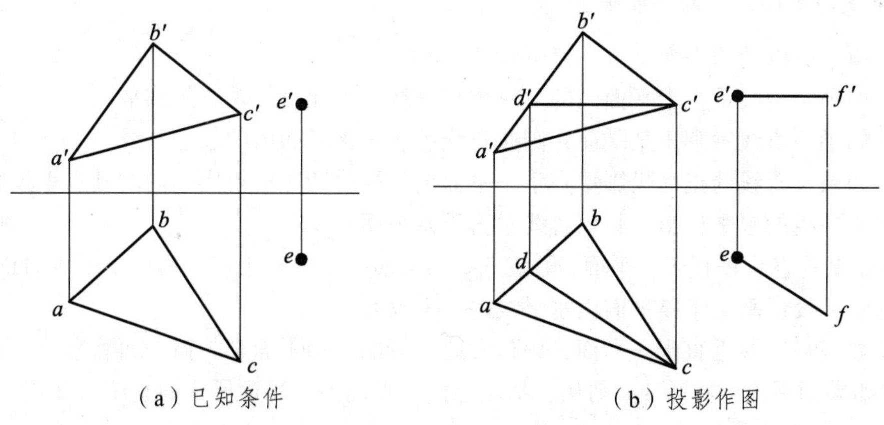

（a）已知条件　　（b）投影作图

图 3.22　作水平线与已知平面平行

若两平面内各有一对相交直线对应平行，则两平面互相平行。

若已知两平面平行，则如在第一平面内任取一条直线，在第二平面内必能作出一条直线和该直线平行。

【例 3.4】 如图 3.23 所示，判断两平面是否互相平行。

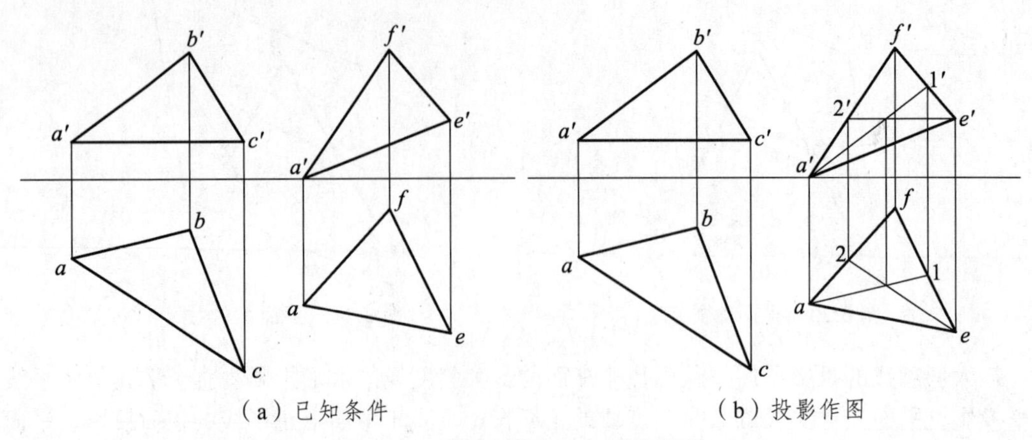

图 3.23 作平行线与已知平面平行

【分析】 要判断两平面平行，必须作两对相交直线对应平行。若所作第一对直线不平行，即可断定两平面不平行。

【解】 （1）在△*DEF* 的水平投影作 *d*1∥*ab*，作出其正面投影 *d*′、1′；

（2）在△*DEF* 的正面投影作 *e*′2′∥*a*′*c*′，作出其水平投影 *e*2；

（3）*D*1 和 *E*2 的交点的正面投影和水平投影连线垂直于投影轴，则两平面互相平行。

2. 直线与平面以及两平面相交

线面、面面若不平行，必相交。线面交点是直线和平面的共有点，面面交线是共有线。画法几何约定，平面图形是不透明的，线面相交时，直线的某段可能被平面遮挡，以交点为界直线分为可见部分和不可见部分。同样，面面相交，以交线为界同一个平面图形一侧可见，另一侧不可见。

3. 直线与平面以及两平面垂直

直线与平面以及两平面垂直有以下特性：

（1）如果一直线垂直于平面内的一对相交直线，则此直线垂直于该平面。

（2）如果一直线垂直于某平面，则此直线垂直于该平面内的任意直线。

（3）如果一直线的正面投影垂直于一平面内正平线的正面投影，同时其水平投影垂直于该平面内水平线的水平投影，则该直线垂直于该平面。

（4）如果一直线垂直于一平面，则该直线的正面投影垂直于该平面内正平线的正面投影，该直线的水平投影垂直于该平面内水平线的水平投影。

（5）如果一直线垂直于一平面，则包含此直线的一切平面都与该平面垂直。

（6）如果两平面互相垂直，则从一平面上任一点向另一平面所作的垂线必在前一平面上。

3.4 平面体的投影

立体是由一系列表面围成的实体。根据表面的性质的不同，立体分为平面立体和曲面立体两类。平面立体是由若干个平面围成的基本几何形体（棱柱、棱锥、圆柱、圆锥、球和圆环等），简称平面体。

3.4.1 棱柱体

由两个互相平行的底面和几个侧棱面围成的立体称为棱柱体。两个相邻的侧棱面交线称为侧棱线，棱线互相平行。

平面体投影应注意：

（1）安放位置应尽可能使立体的主要表面平行于投影面。

（2）可见性的判别应将可见轮廓线画成实线，不可见轮廓线画成虚线。

（3）三等关系——长对正、高平齐、宽相等。

棱柱体投影示例如图 3.24 所示。正六棱柱体放置在三面投影体系中，正六棱柱上下两个底面为水平面，其在水平投影上的投影反映实形，在另外另个投影面的投影积聚为一条平行于投影轴的直线；正六棱柱的前后两个侧棱面为正平面，其在正面投影中反映实形，在另外两个投影面上的投影积聚为一条垂直投影轴的直线。正六棱柱的其他四个棱面均为铅垂面，其在水平投影面上积聚为直线，在其他两个投影面上为类似形。

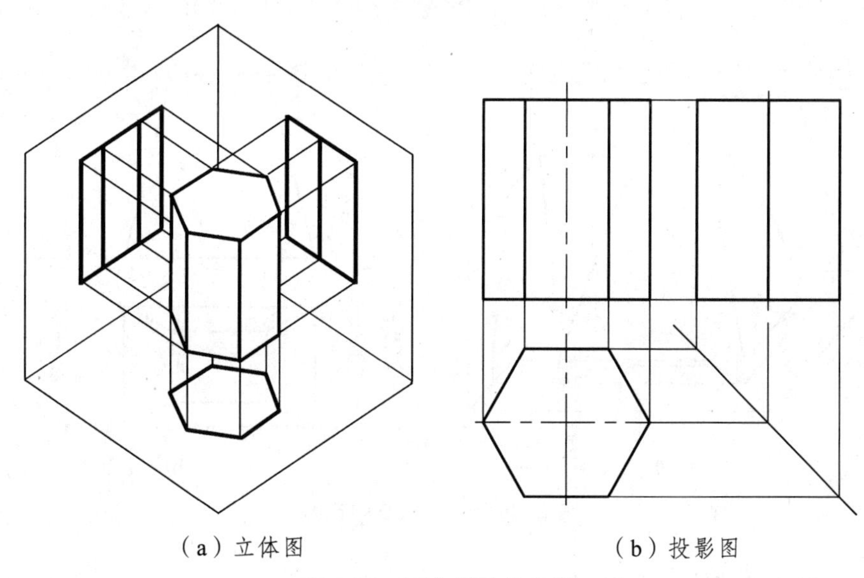

（a）立体图　　（b）投影图

图 3.24　正六棱柱的投影

3.4.2 棱锥体

棱锥由一个底面和若干三角形的棱面围成。特点是所有棱面相交于一点，称为锥顶（常用 S 表示）。棱锥相邻两棱面的交线称为棱线，所有棱线相交于锥顶。棱锥底面的形状决定棱线的数目。

三棱锥投影示例如图 3.25 所示。正三棱锥底面为一个正三角形，水平放置，水平投影反映底面实形。三个棱面是一般位置面，三面投影为类似形。

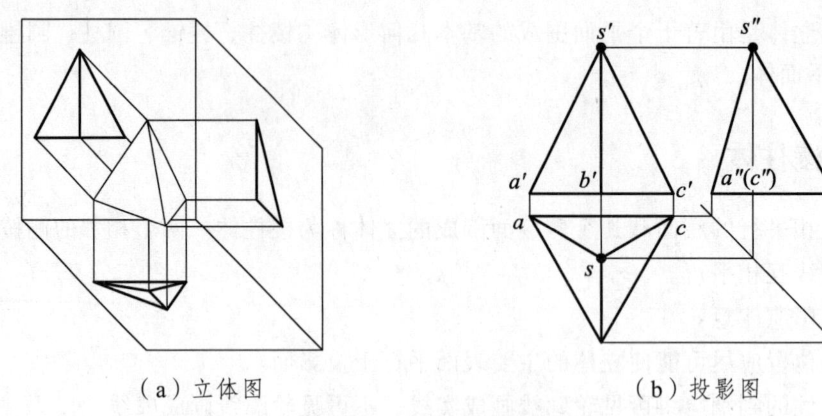

（a）立体图　　（b）投影图

图 3.25　正六棱柱的投影

3.4.3　棱台体

棱锥被一个平行于锥底的平面截切，把截平面以上的部分移走，剩下的平面体称为棱台。

棱台投影示例如图 3.26 所示。四棱台的三面投影，四棱台的上下两个底面为水平面，其水平投影反映实形，左右两个侧棱面为正垂面，前后两个侧棱面为侧垂面。

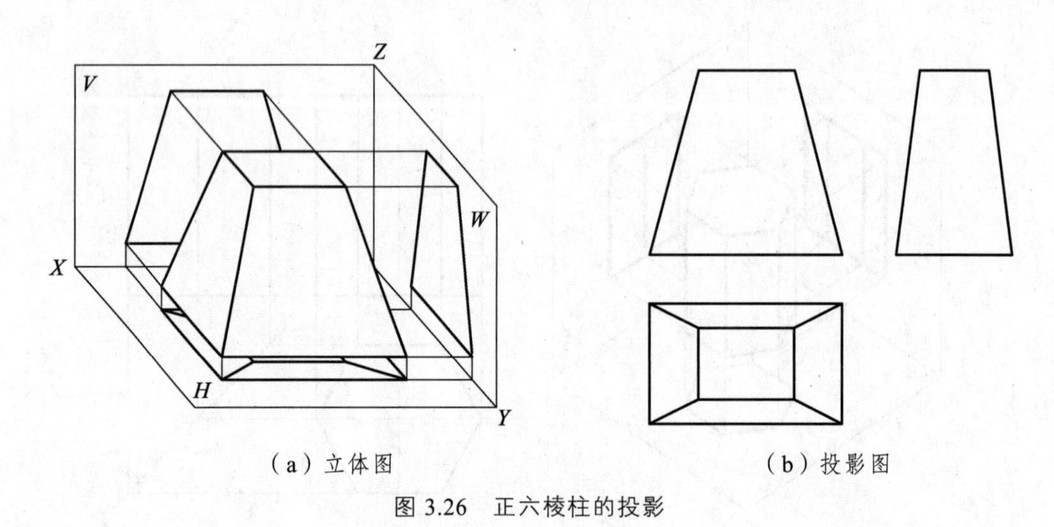

（a）立体图　　（b）投影图

图 3.26　正六棱柱的投影

3.4.4　平面立体表面取点

平面体表面上取点、线实质上就是平面上取点、线。平面体表面上点、线的可见性与所在表面相同。

平面体表面点的投影作图步骤如下：

（1）根据已知点的投影位置及其可见性，判断该点所在面的投影；

（2）如果该已知点所在的表面有积聚性，可利用积聚投影作出点的另两面投影；

（3）如果该点所在的面没有积聚投影，可采用平面上取点的方法，过该点在所在表面上作辅助线，先求辅助线投影，再求点的投影。

【例 3.5】 如图 3.27（a）所示，已知正三棱锥 $S\text{-}ABC$ 的三面投影及 M 的水平投影，作出 M 点的其他两面投影。

【分析】 M 点在正三棱锥的右前棱面上，右前棱面没有积聚投影，可采用平面上取点法。

【解】 具体作图过程如图 3.27（b）所示。

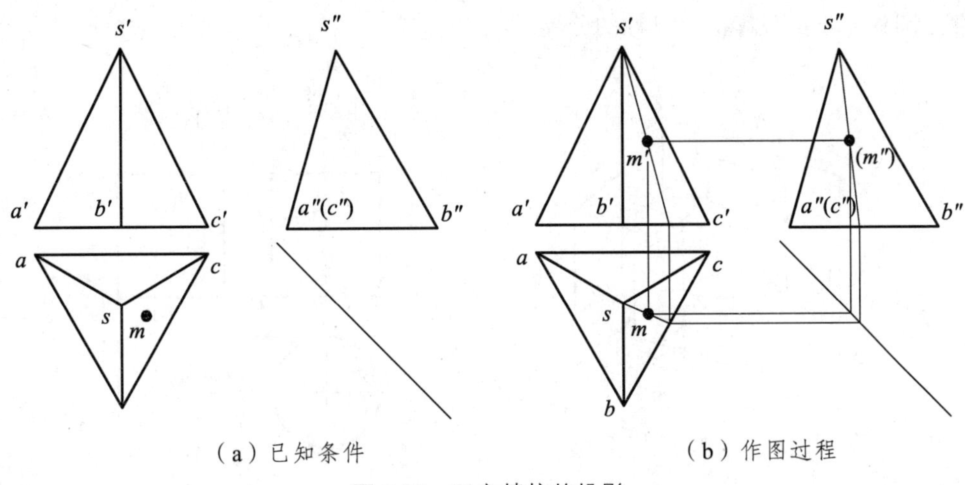

图 3.27 正六棱柱的投影

3.5 曲面体的投影

由曲面围成或曲面和平面共同围成的形体称为曲面立体，简称曲面体。常见的曲面体有圆柱、圆锥、球和圆环等。曲面体是由动线按照一定的轨迹运动形成的，其中动线称为母线，旋转而成的立体表面上任意母线称为素线。

3.5.1 圆柱体

圆柱体由两个相互平行的底平面和圆柱面围成。如图 3.28 所示，圆柱面的母线和回转轴线平行，故圆柱面所有素线都互相平行。母线上任一点的运动轨迹都是垂直于回转轴线的圆称为纬圆。由母线绕一轴线旋转所得到的曲面称为回转面。

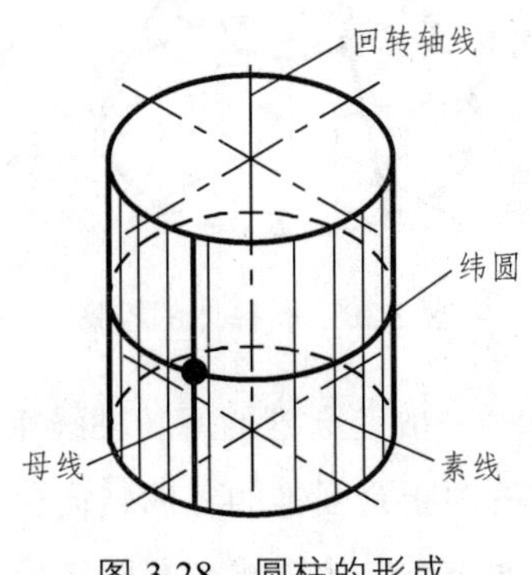

图 3.28 圆柱的形成

圆柱体的投影示例如图 3.29 所示。一般使圆柱的回转轴线垂直于投影面，圆柱体由两个互相平行的底平面和圆柱面围成。上下底面是水平面，在水平投影中反映实形，其他两面投影积聚为直线。圆柱面在水平投影中积聚为圆线，在正面投影中，矩形的两对边是圆柱的正面转向轮廓线的投影；正面转向轮廓线的侧面投影与轴线的投影重合，不必画出。矩形的两对边也是圆柱面正面投影的可见性的分界线。

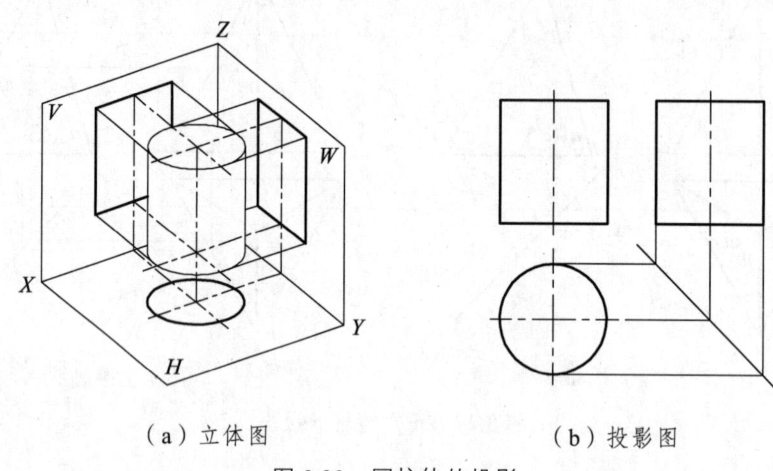

（a）立体图　（b）投影图

图 3.29　圆柱体的投影

3.5.2　圆锥体

圆锥体由圆锥面和一个底平面围成，底面圆心与锥顶的连线称为锥轴。如图 3.30 所示，圆锥面由一条直线与其相交的另一条直线旋转一周形成。圆锥面的母线和回转轴线相交，故圆锥面的所有素线都相交于锥顶。

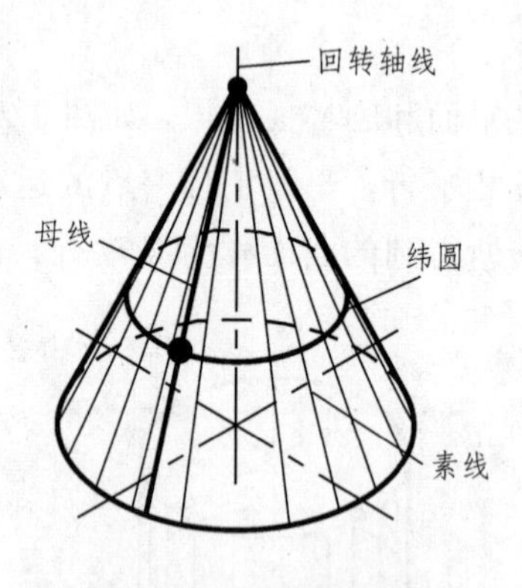

图 3.30　圆柱体的投影

圆锥投影示例如图 3.31 所示。一般使圆锥的回转轴线垂直于投影面，与圆柱体的投影类似，在正面投影中，等腰三角形的两腰是圆锥的正面转向轮廓线的投影；它们的侧面投影与轴线的投影重合，不必画出。这两条转向轮廓线也是圆锥面正面投影的可见性的分界线。

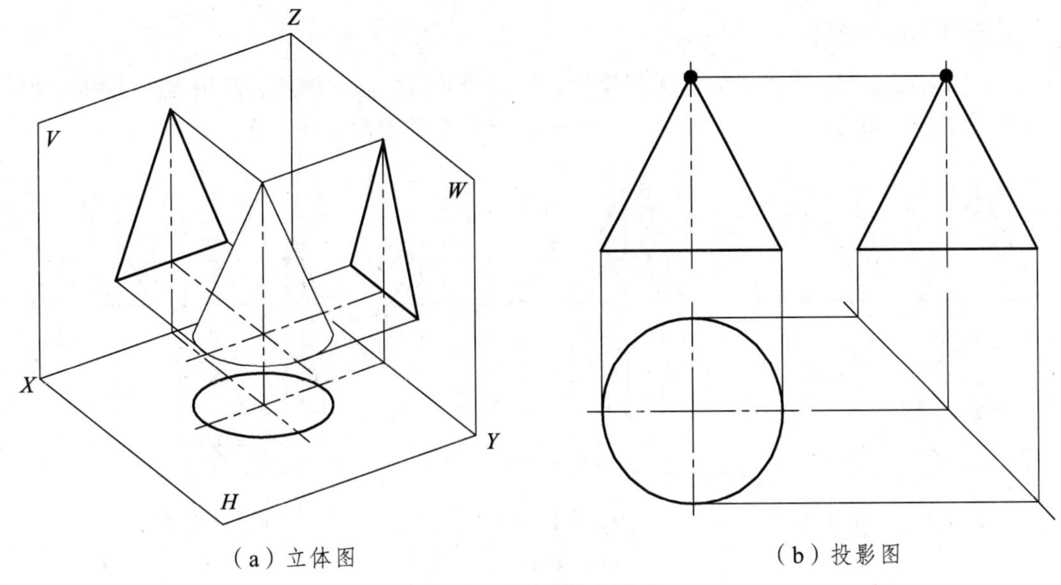

（a）立体图　　（b）投影图

图 3.31　圆锥体的投影

3.5.3　曲面立体表面取点

1. 圆柱表面取点

圆柱体表面取点，可用圆柱表面的积聚性解题。

【例 3.6】　如图 3.32（a）所示，已知 e'和 f''，求它们在其他两面的投影。

【分析】　点 e'可见，所以点 e'在前半圆柱面上，由 e'向 H 面投影引投影连线，与前半圆柱面的积聚投影交得 e；已知点的两面投影，可作出第三面投影。点 f''可见，所以点 f''在左半圆柱面上，由 f''向 H 面投影引投影连线，与左半圆柱面的积聚投影交得 f；已知点的两面投影，可作出第三面投影。具体作图步骤见图 3.32（b）。

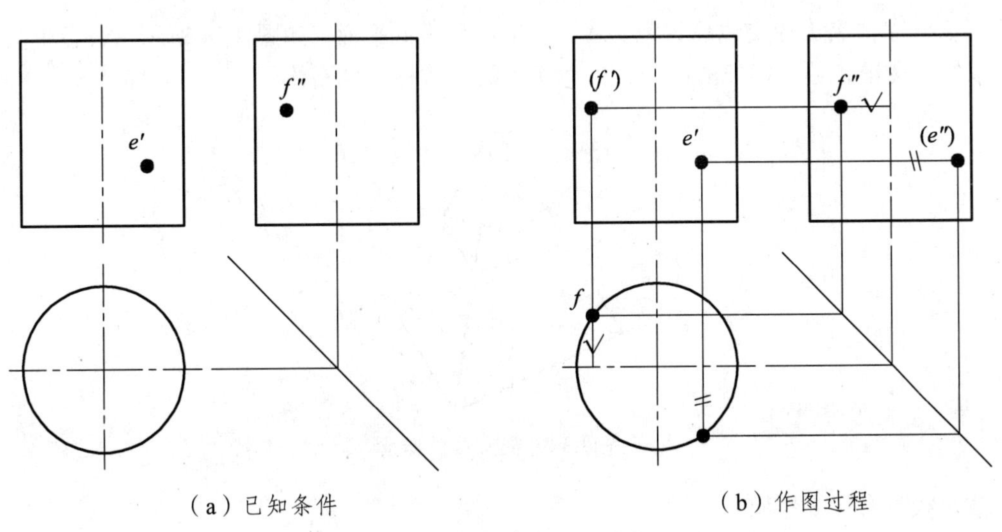

（a）已知条件　　（b）作图过程

图 3.32　圆柱体表面上的点

2. 圆锥表面取点

圆锥体表面取点，圆锥表面的无积聚性，可用辅助线的方法解题，常用素线法和纬圆法。

【例 3.7】 如图 3.33（a）所示，已知 m'，求它在其他两面的投影。

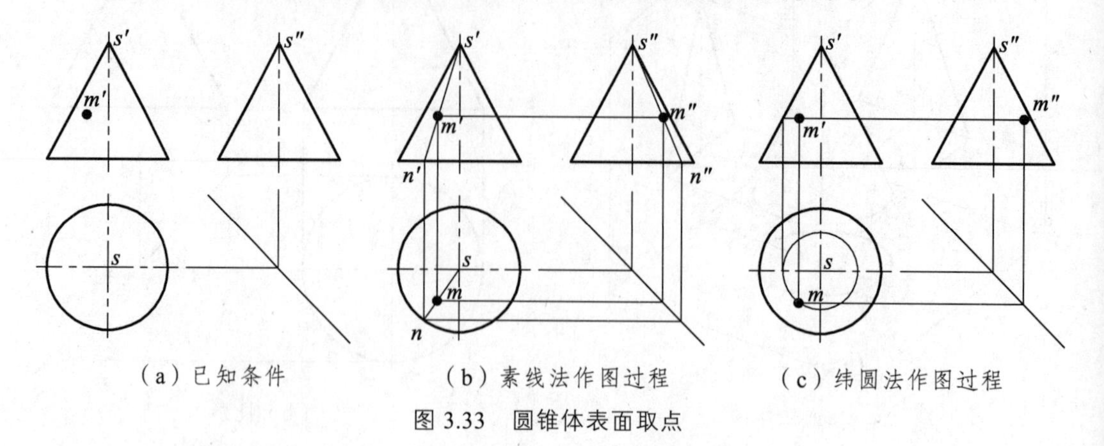

（a）已知条件　（b）素线法作图过程　（c）纬圆法作图过程

图 3.33　圆锥体表面取点

【分析】 （素线法）点 m'可见，所以点 m'在前半圆锥柱面上，连接 $s'm''$并延长，使其与底面圆的正面投影相交于 n'点，求出素线 SN（为过 M 点且在圆锥面上的素线）的水平投影和侧面投影；利用点的从属性，得到水平投影 m，再知道点的两面投影可作出第三面投影。

【解】 具体作图步骤见图 3.33（b）。

【分析】 （纬圆法）：过点 m'作纬圆。在正面投影中过 m'作水平线，与正面转向轮廓线相交。此线为纬圆的正面投影，取线段的一半长度为半径，在水平投影中以 s 为圆心画圆，这就是该纬圆的水平投影。在纬圆水平投影上求出 m 点，再用二补三作出侧面投影。

【解】 具体作图步骤见图 3.33（c）。

3.6　平面与平面体相交

平面与立体表面的交线称为截交线，该平面称为截平面。如图 3.34 所示，假想用截平面 P 来截切三棱锥，移去切掉的部分，被截切后的形体称为截断体。

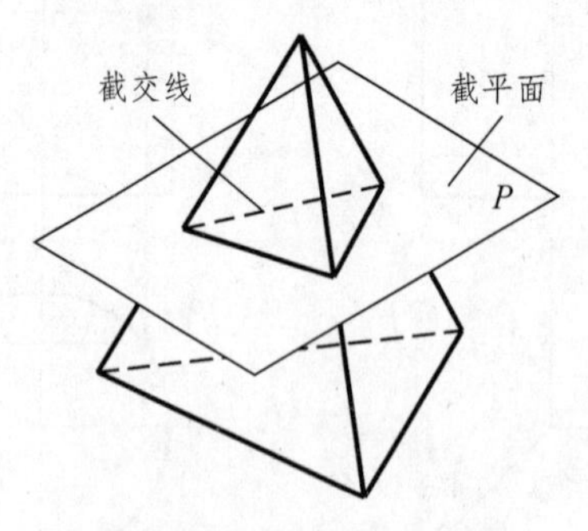

图 3.34　截交线的概念

截交线具有如下性质：

（1）截交线在立体的表面上——表面性。

（2）截交线是截平面和立体表面的共有线——共有性。

（3）截交线是封闭的线条——封闭性。

平面体的截交线为多边形。多边形的边数取决于立体表面的形状及截平面的位置。关键是看立体有几个面参与了相交。

平面截切平面体时，截交线在一个截平面内，截交线与截平面具有相同的投影特性。当截平面为特殊位置平面（截平面至少有一个投影积聚为直线），截交线在其相应的投影面上的投影是已知的。求截交线投影时，可利用已知的积聚性投影。

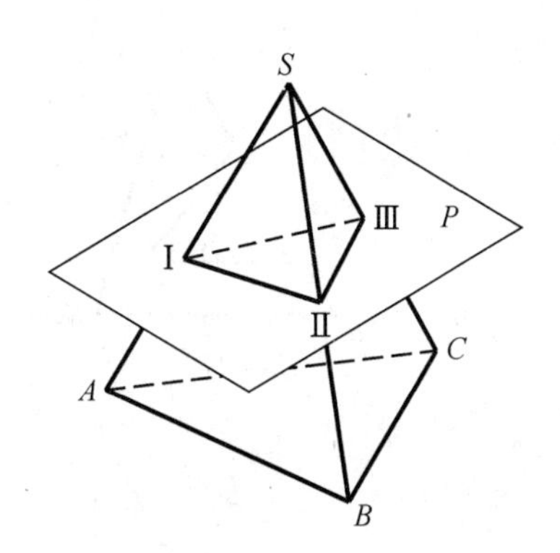

图 3.35　平面体截交线立体图

【例 3.8】　如图 3.35 所示，已知三棱锥 *S-ABC* 被正垂面 *P* 截切，求其截交线的投影。

【分析】　如图 3.36 所示，因截平面是正垂面，所以三棱锥的三条棱线都参与截交，截交点为 1、2、3 点。1、2、3 点属于棱线上的点，可以用线上取点求出其他两面投影。将各投影面上的截交点依次相连并判断截交线的可见性。

【解】　具体作图步骤见图 3.36（b）。

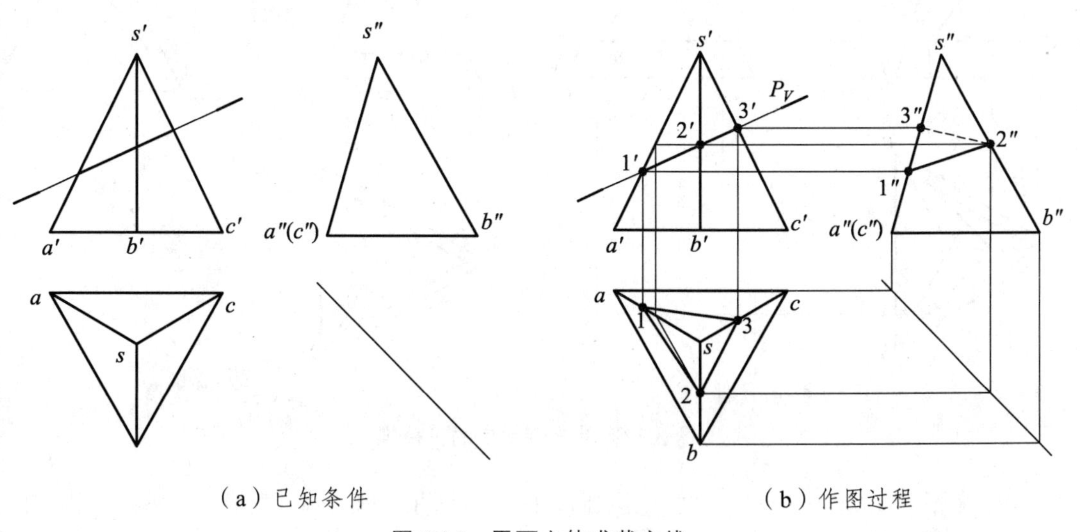

（a）已知条件　　　　（b）作图过程

图 3.36　平面立体求截交线

【例 3.9】 如图 3.37（a）、（b）所示，已知带切口的三棱锥 S-ABC 的正面投影，补全水平投影和侧面投影。

【分析】 补画三棱锥缺口的投影，实际是画截交线的投影。切口由一个正垂面和一个水平面切割形成。正垂面和水平面在正面的投影积聚为直线，截交线的正面投影是已知的。由【例 3.8】的方法求出截平面与棱线交点的投影以及截平面与截平面交点的投影，依次连接可得截交线。

【解】 具体作图步骤见图 3.37（c）。

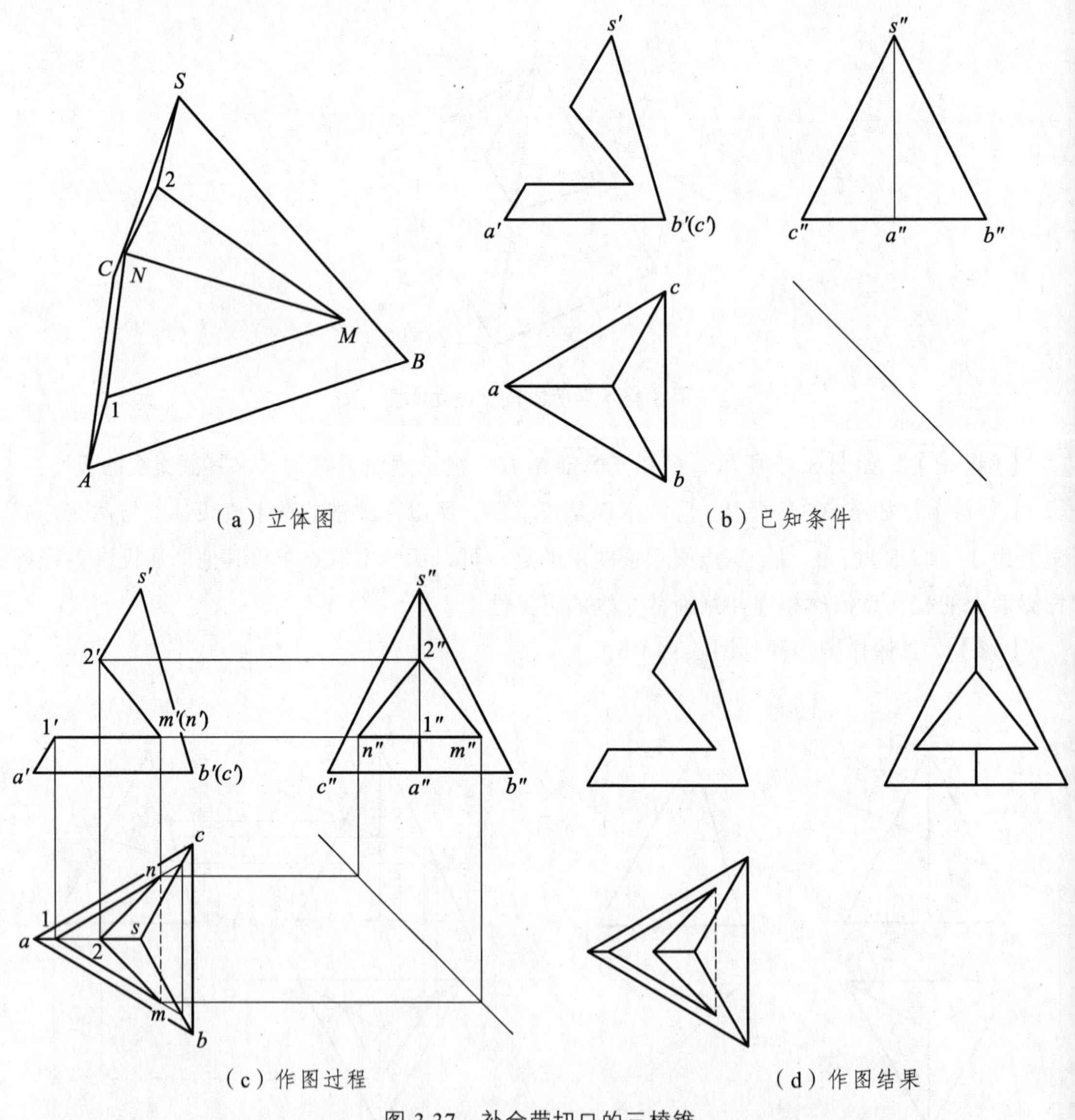

图 3.37　补全带切口的三棱锥

（1）截平面 1MN 和 2MN 垂直于正立面，两截平面相交于 MN，直线 MN 垂直于正立面，投影为 $m'n'$。

（2）根据点的从属性，可作出 1、2 点的水平投影和侧面投影。由 1 作 $1m/\!/ab$、$1n/\!/ac$，再分别由 m'、n'向下引投影线，作出 m、n。由 M、N 点的两面投影作出第三面投影。

（3）连接 m、n，由于 mn 被三个棱面的水平投影遮挡不可见，所以画虚线，$m''n''$重合在水平截面的积聚成直线的侧面投影上。

（4）整理轮廓线，加粗实际存在的线，如图 3.37（d）。

3.7 平面与曲面体相交

平面与曲面体相交，所得曲面体截交线通常是封闭的平面曲线，或是由曲线和直线所围成的平面图形或多边形。截交线上的每一点都是平面与曲面体表面的共有点。求出足够的共有点，依次相连，得到截交线。

曲面体截交线的求解实质是曲面上求点的问题，基本方法有素线法、纬圆法及辅助平面法。如果截平面的投影为垂直面时，可以利用投影的积聚性，求点；如果截平面是一般位置平面时，可以采用素线或纬圆作辅助平面，求点。

曲面立体截交线投影的求解步骤：

（1）分析立体的形状及表面性质；

（2）定性判别截交线的形状；

（3）求特殊点（轮廓线上的点、曲线的特征点、极限位置点）；

（4）求一般点；

（5）判别可见性，连线；

（6）整理轮廓线。

3.7.1 圆柱体的截交线

如表 3.5 所列，截平面与圆柱体轴线的相对位置不同，截交线有 3 种情况：

（1）截平面与圆柱体轴线垂直，截交线为一个圆；

（2）截平面与圆柱体轴线平行，截交线为一个矩形；

（3）截交线与圆柱体轴线倾斜，截交线为一个椭圆。

表 3.5 圆柱体截交线的 3 种情况

截平面位置	垂直于轴线	平行于轴线	倾斜于轴线
截交线名称	圆	矩形	椭圆
立体图	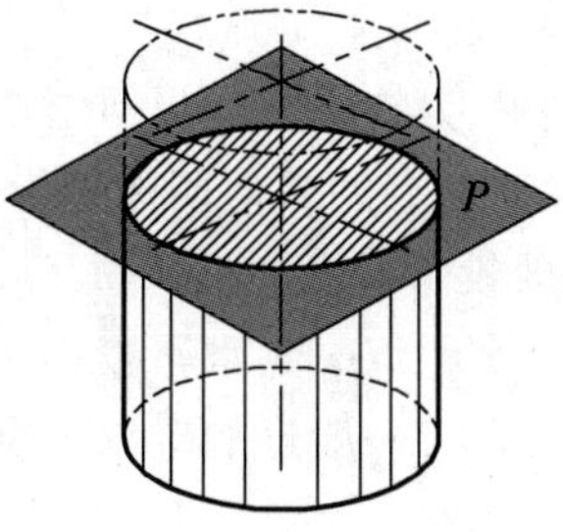 P	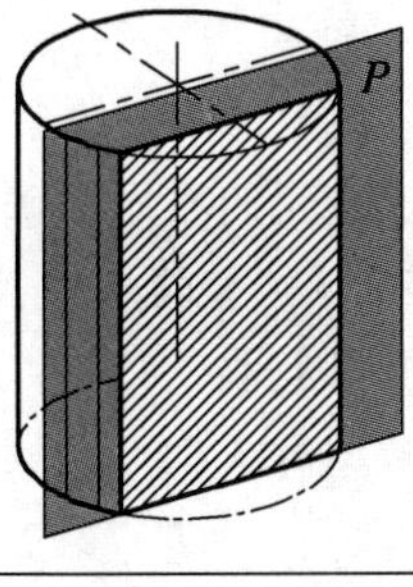 P	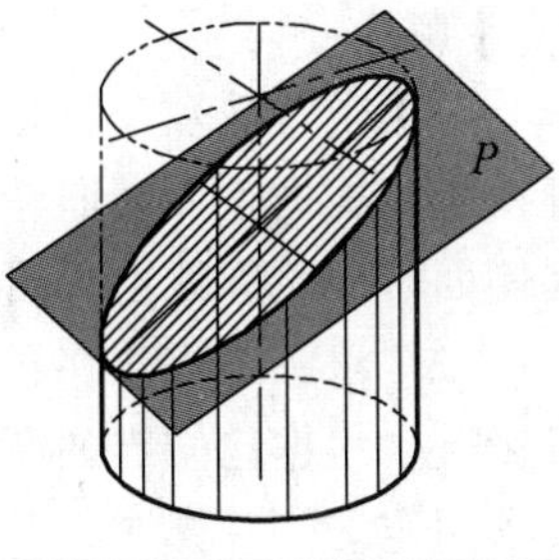 P

续表

截平面位置	垂直于轴线	平行于轴线	倾斜于轴线
截交线名称	圆	矩形	椭圆
三面正投影图	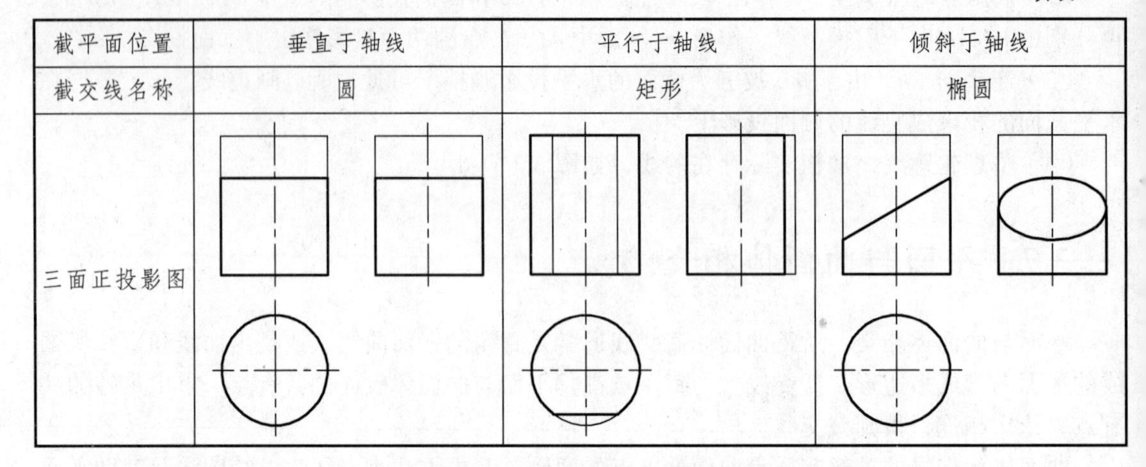		

【例 3.10】 如图 3.38（a）所示，求正垂面 P 截割圆柱的截交线。

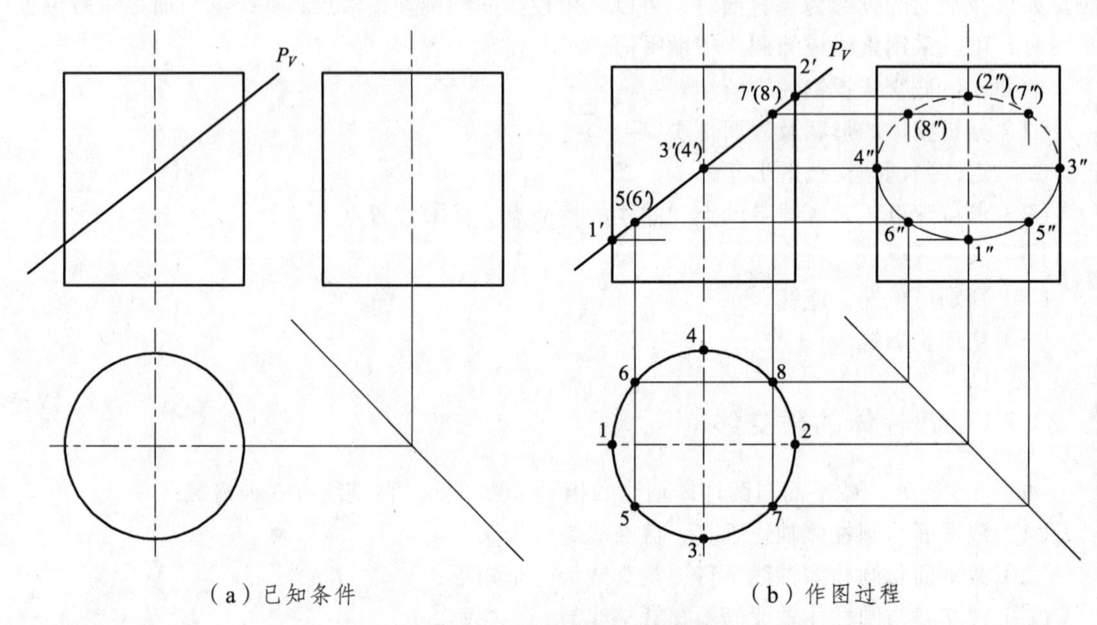

（a）已知条件　　　　（b）作图过程

图 3.38　圆柱体被正垂面截切

【分析】 截平面倾斜于圆柱的轴线，所以截交线的空间形状是一个椭圆。椭圆的正面投影和水平投影是已知的。椭圆的长轴是 1、2 点连线，短轴是 3、4 点连线（即长轴 1、2 的垂直平分线）。端点 1、2 是圆柱上最左和最右轮廓线与截平面 P 的交点。

【解】

（1）求特殊点。以正面投影图上的 1′、2′、3′、（4′）为特殊点，点 1′、2′在正面转向轮廓线上，根据正面转向轮廓线其他面的投影可确定 1、2 两点的其他两面投影。点 3′、（4′）在侧面转向轮廓线上，可求得 3′、（4′）两点的其他两面投影。

（2）求一般点。在正面投影图上取 5′、（6′）、7′、（8′）点，其水平投影在圆柱面的积聚投影上，根据已知点的两面投影，可求出点的第三面投影。一般点的选取根据作图准确程度要求而定。

（3）用曲线板光滑的连接 1″、2″、3″、4″、5″、6″、7″、8″各点，得到截交线侧面投影，详见图 3.38（b）。

3.7.2 圆锥体的截交线

如表 3.6 所列，截平面与圆锥体轴线的相对位置不同，截交线有 5 种情况：

（1）截平面与圆锥体轴线垂直，截交线为一个圆；

（2）截交线与圆锥体轴线倾斜并与所有素线相交，截交线为一个椭圆；

（3）截平面与圆锥体一条素线平行，截交线为一抛物线和直线围成的图形；

（4）截平面与圆锥体轴线平行，截交线为一双曲线和直线围成的图形；

（5）截平面通过圆锥体的锥顶，截交线为等腰三角形。

表 3.6 圆锥体截交线的 5 种情况

截平面位置	垂直于轴线	倾斜于轴线并与所有素线相交	平行于一条素线	平行于轴线	通过锥顶
截交线名称	圆	椭圆	抛物线和直线段围成的图形	双曲线和直线段图围成的图形	等腰三角形
立体图	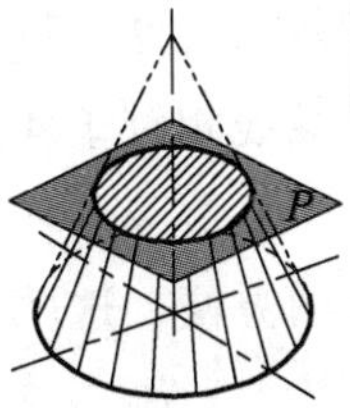 P	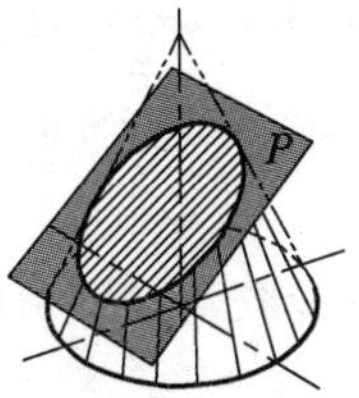 P	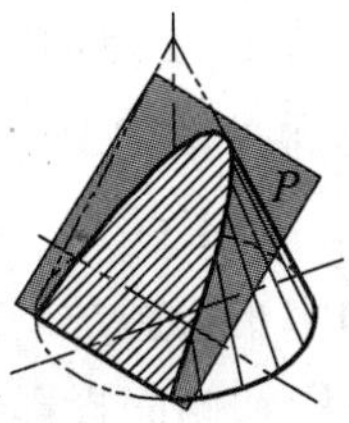 P	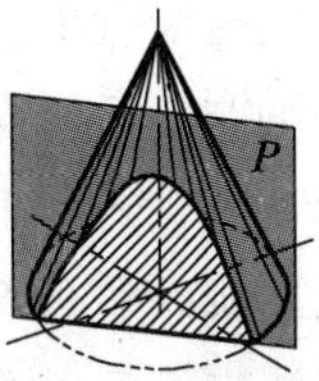 P	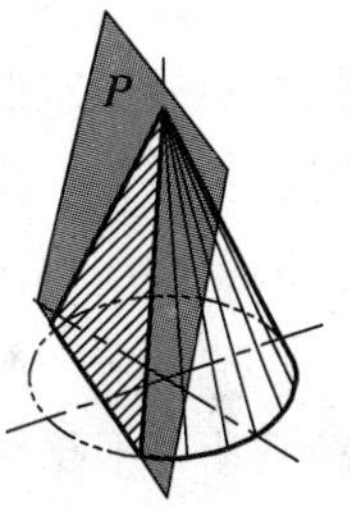 P
三面正投影图	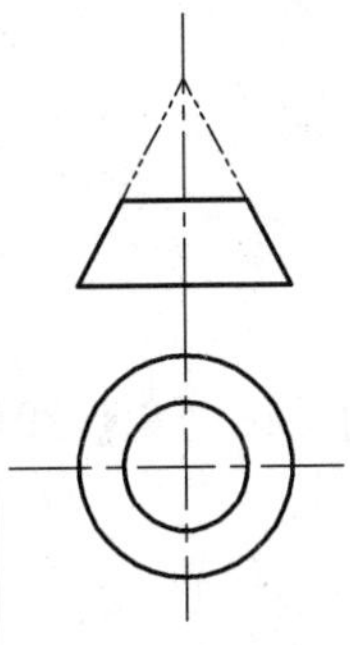	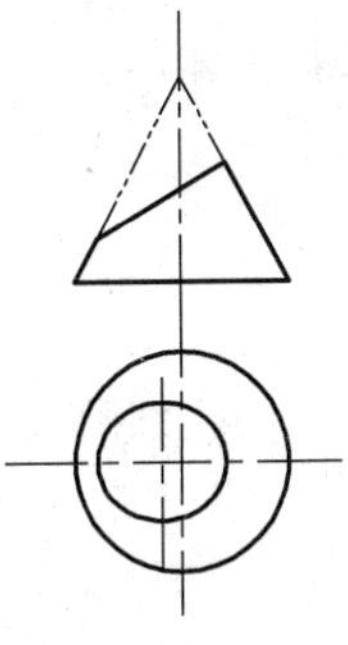	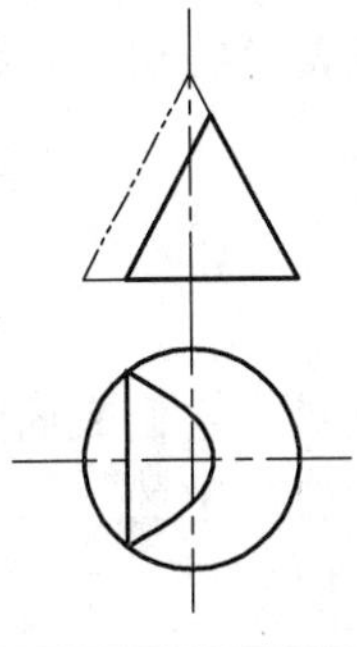	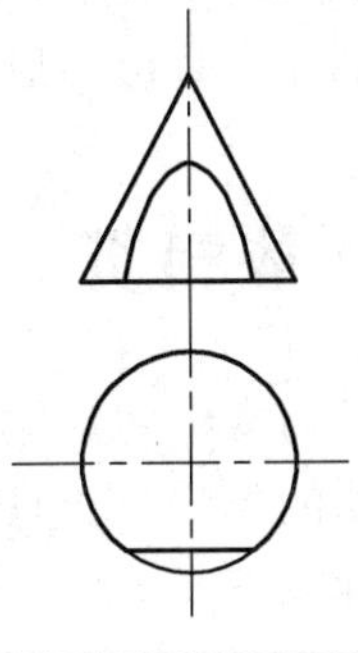	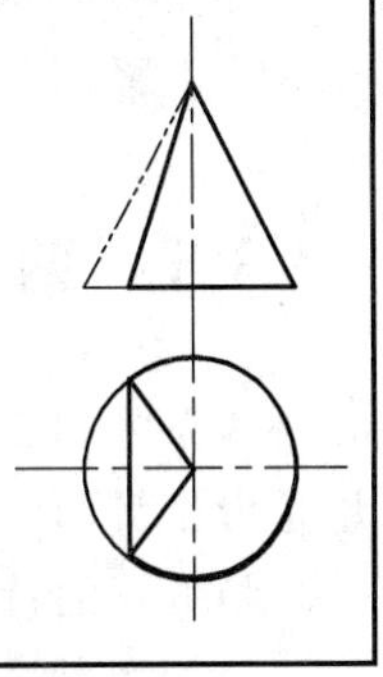

【例 3.11】 如图 3.39 所示，求带切口圆锥体的投影。

【分析】 截平面平行于圆锥的轴线，所以截交线的空间形状是一个双曲线。用锥面上取点的方法作出双曲线的特殊点和一般位置点，特殊点取最高点 M 和最低点 1、2 点以及转线轮廓线上的点 3、4。用曲线板光滑连接各点得到截交线。

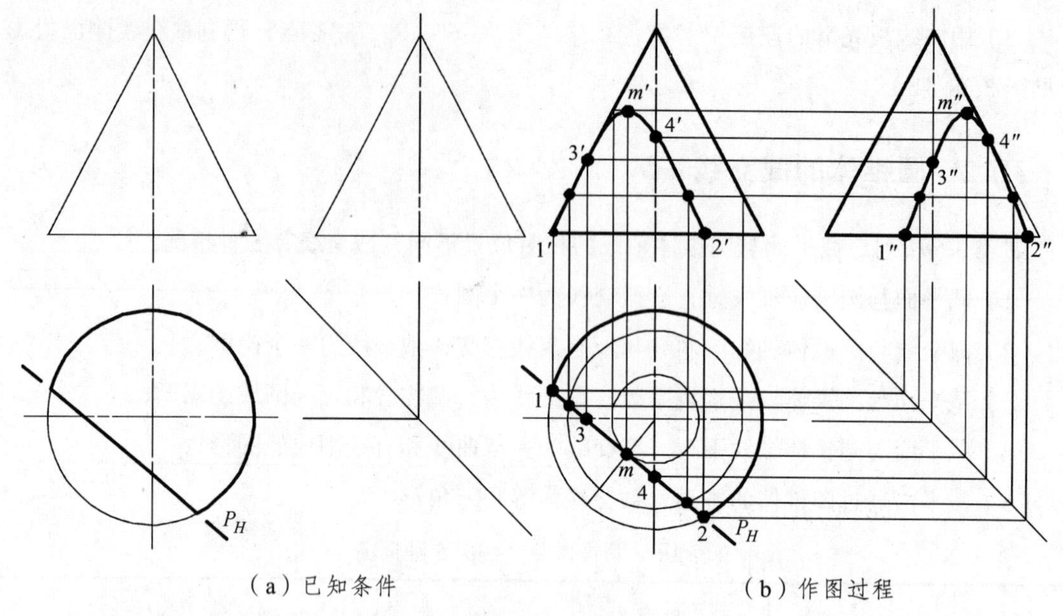

图 3.39　圆柱体被正垂面截切

【解】

(1) 求特殊点。由锥顶向铅垂面 P 的水平投影作垂线，得到双曲线最高点 m，用纬圆法（或素线法）作过 M 点的纬圆，求出纬圆的正面投影和侧面投影，进而求出 m'、m''。在水平投影中标出双曲线的最低点 1、2，由 1、2 点向正面投影作投影线得到 1′、2′，再根据二补三得出 1″、2″。截平面与前后转向轮廓线相交于 3 点，与左右转向轮廓线相较于 4 点，根据线上取点方法得出 3″、4″，进而求出 3′、4′点。

(2) 求一般点。在截平面 P 的水平投影适当位置取两点，为作图方便，这两点应在同一纬圆上，根据纬圆法求出其正面投影和侧面投影。

(3) 用曲线板光滑的连接各点，得到截交线的正面和侧面投影。

(4) 整理轮廓线，查出切掉的部分投影，加深剩余体的投影。

3.8　两立体相贯

两立体相交，通常称两立体相贯。它们表面产生的交线称为相贯线。相贯线的形状和数量是由相贯两立体的形状及相对位置决定的。

相贯线的特性如下：

(1) 相贯线在立体的表面上——表面性；

(2) 相贯线是两立体表面的共有线——共有性；

(3) 相贯线通常是封闭的——封闭性。

如图 3.40（a）所示，当一个立体全部贯穿另一个立体时，在立体表面形成两条相贯线，这种相贯形式称为全贯；如图 3.40（b）所示，当两个立体各有一部分棱线参与相贯时，在立体表面只形成一条相贯线，这种相贯形式称为互贯。

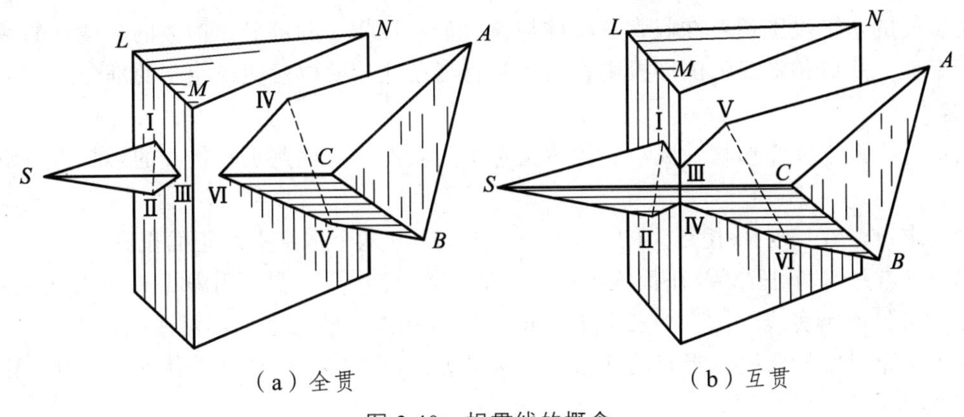

（a）全贯　　　　（b）互贯

图 3.40　相贯线的概念

3.8.1　两平面体相贯

一般情况，平面体的相贯线是封闭的空间折线，特殊情况下可以是不封闭的空间折线或封闭的平面多边形。相贯线是两平面体表面的交线，交线的交点是一个平面体的棱线与另一平面体表面的交点。求相贯线就是求两平面体表面的交线（截交线法）及棱线与表面的交点（贯穿点法），求解过程中需要注意以下两点。

（1）贯穿点连线规则：只有位于甲立体同一表面上，同时又位于乙立体同一表面上的两点才能相连；同一棱线上的两点不能相连。

（2）求出相贯线后，需要判断投影中相贯线的可见性，基本原则是：只有既在甲立体表面上可见，同时又在乙立体表面上可见，交线才可见。即只有两立体的可见表面相交，交线才可见。

【例 3.12】　如图 3.41（a）所示，求两个三棱柱的相贯线。

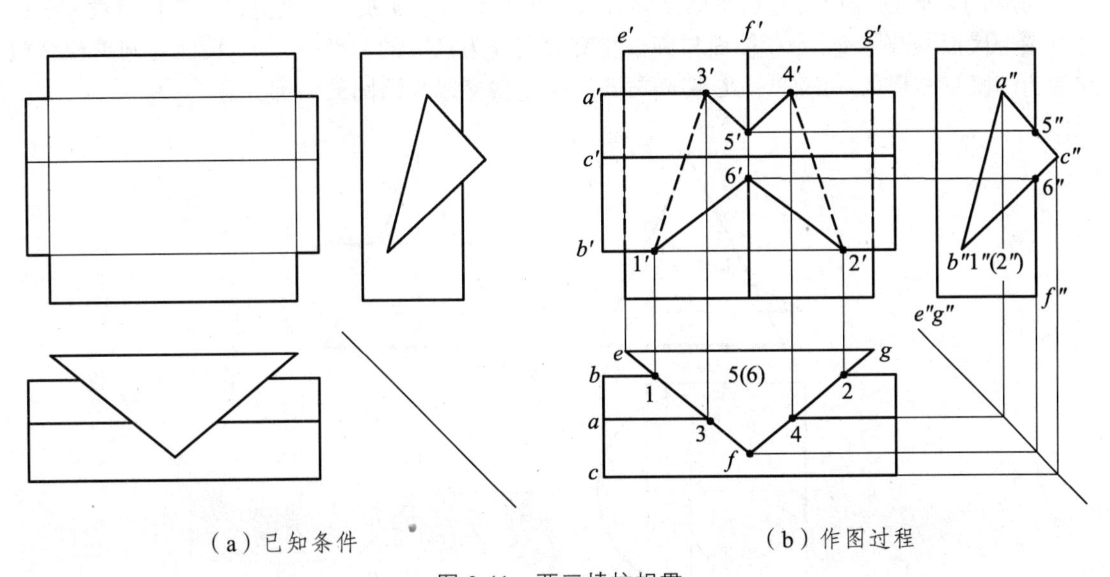

（a）已知条件　　　　（b）作图过程

图 3.41　两三棱柱相贯

【分析】　相贯线的水平投影和侧面投影是已知的，竖直的三棱柱的水平投影有积聚性，所以相贯线的水平投影积聚在竖直三棱柱与横放三棱柱相交的部分。横放的三棱柱的侧面投影有积聚性，所以相贯线的侧面投影积聚在竖直三棱柱与横放三棱柱相交的部分。

【解】

（1）分析两立体（形状、大小、相对位置）为互贯，定性判别相贯线的形状为一组空间折线的相贯线。

（2）求 *A*、*B*、*F* 三条棱线上的 1、2、3、4、5、6 六个贯穿点的正面投影。

（3）连点并判别可见性，正面投影中的 1′3′和 2′4′连线不可见（用虚线），连线 1′6′、2′6′、5′3′、5′4′可见（粗实线），点 1′、2′、3′、4′、5′、6′在同一棱线上，不可连线。

（4）补全投影轮廓线，竖直的三棱柱的两条棱，被横放的三棱柱挡住的部分画成虚线，详见图 3.41（b）。

3.8.2　平面体与曲面体相贯

平面体与曲面体的相贯线由平面曲线段或平面曲线与直线段的组成。相贯线是平面体表面与曲面体表面的截交线，每个贯穿点是平面体棱线与曲面体表面的交点。因此，经常把求平面体与曲面体的相贯线问题，转化为求贯穿点问题。

求解平面体与曲面体相贯线的方法：

（1）求平面与曲面体的截交线；

（2）求棱线与曲面立体的贯穿点或曲面立体的轮廓素线与平面立体棱面的贯穿点。

求解过程中注意积聚性和共有性：

（1）若两个投影有积聚性时可直接求出第三投影。

（2）若立体在一个投影有积聚性时可借助在另一立体的表面上取点、取线的方法求出。

【例 3.13】　如图 3.42（a）所示，求三棱柱与圆锥的相贯线。

【分析】　解题前应先分析平面立体有哪些棱面参与了相贯，以避免作图的盲目性。三棱柱有三个棱面参与相交，*AC* 棱面与圆锥相交截交线为椭圆的一部分，*AB* 棱面与圆锥相交截交线为等腰三角形的一部分，*BC* 棱面与圆锥相交截交线为纬圆的一部分。

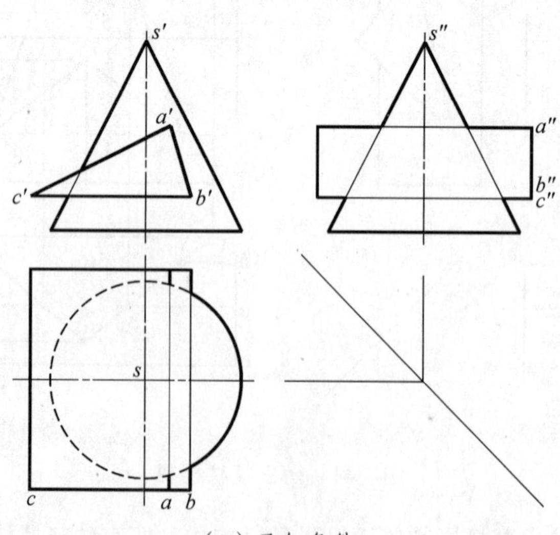

（a）已知条件

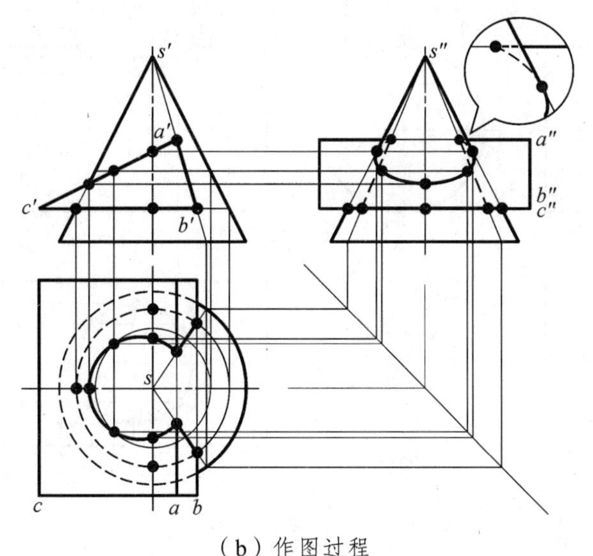

（b）作图过程

图 3.42　三棱柱与圆锥相贯

【解】

（1）*AB* 面与圆锥的截交线为等腰三角形的一部分，等腰三角形在正面投影积聚为一素线，在水平面和侧面投影为类似等腰三角形，再截取相应线段，判别在侧面投影中线段不可见（虚线表示）。

（2）*CB* 面与圆锥的截交线为纬圆的一部分，此纬圆在正面和侧面投影中积聚为一直线段（纬圆直径），在水平投影投影为纬圆的实形。再根据平面的位置截取相应线段。判别水平投影中的线段不可见（虚线）。

（3）求特殊点。*AC* 棱面与圆锥相截切为椭圆上的曲线，根据线上取点法，取曲线上的最高两个点和最低点以及转向轮廓线上的两个点。

（4）求一般点。在正面投影中取两个一般位置点，这两个点重叠在一起，根据纬圆法求得两点的水平和侧面投影位置。

（5）整理轮廓线，具体作法详见图 3.42（b）。

3.8.3　两曲面体相贯

曲面体与曲面体相贯，一般是封闭的空间曲线，在特殊情况下可以是平面曲线。求相贯线实质是求出两曲面立体表面上的一系列共有点，依次连成光滑的曲线，并判别可见性。求解方法有表面取点法和辅助平面法。

【例 3.14】　如图 3.43（a）所示，求作两圆柱的相贯线。

【分析】　两曲面立体相交，如果其中一个立体的某投影有积聚性，则相贯线的该投影是已知的，其他投影可以用曲面立体表面上取点的方法求出。

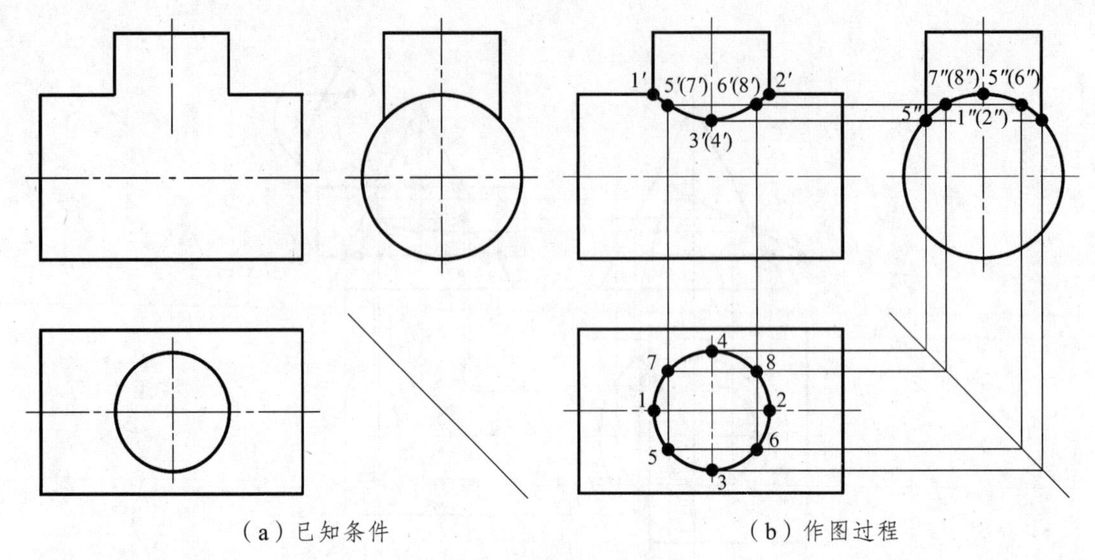

（a）已知条件　　　　（b）作图过程

图 3.43　两圆柱的相贯线

【解】

（1）竖直放置的圆柱体在水平投影中具有积聚性，则相贯线在水平投影是已知的。横放的圆柱体在侧面投影中具有积聚性，则相贯线在侧面投影中已知。

（2）求特殊点。在相贯线的水平投影中标出曲线的最高点 1、2，最低点 3、4，1、2、3、4 四个点都在转向轮廓线上，根据线上取点，作出四点的侧面投影，进而求得四点的正面投影。

（3）求一般点。在相贯线的水平投影中标出曲线的一般位置点 5、6、7、8 四个点，四点尽量对称，方便作图，根据线上取点，作出四点的侧面投影，进而求得四点的正面投影。

（4）整理轮廓线，正面投影中的相贯线是前后对称重叠，详见图 3.43（b）。

【例 3.15】　如图 3.44（a）所示，求圆锥与圆柱的相贯线。

【分析】 本题只给出相贯线的侧面投影，无法用表面取点法求得，可以采用辅助平面法。选择辅助平面的原则：应使辅助平面与两个曲面立体表面交线的投影都为最简单的线条（直线或圆）。

【解】

（1）求特殊点。圆柱的侧面投影有积聚性，相贯线与圆柱的侧面投影重合。相贯线的最高点Ⅰ为圆柱最上面素线与圆锥的交点，最低点Ⅱ为圆柱最下面的素线与圆锥的交点，点Ⅰ、Ⅱ的正面投影和水平投影均直接作出。点Ⅲ为圆柱最前面素线与圆锥的交点，用一水平面过点 3″切割圆柱和圆锥，点Ⅲ就是截交线的交点，在侧面投影中量取纬圆半径，于水平面中作一纬圆，此为圆锥被平面切割后产生的截交线，它与圆柱前后两条轮廓线的两个交点即为所求。进而求出正面投影。

（2）求一般点。用以上方法再设两个水平辅助面，求出相贯线上一般位置点的三面投影。

（3）连点并判断可见性。相贯线的水平投影在圆柱上部分可见，下部分不可见为虚线，正面投影前部分可见，后部分不可见，前后重合，补齐剩下的轮廓线。具体作图过程见图 3.44（b），作图结果见图 3.44（c）所示。

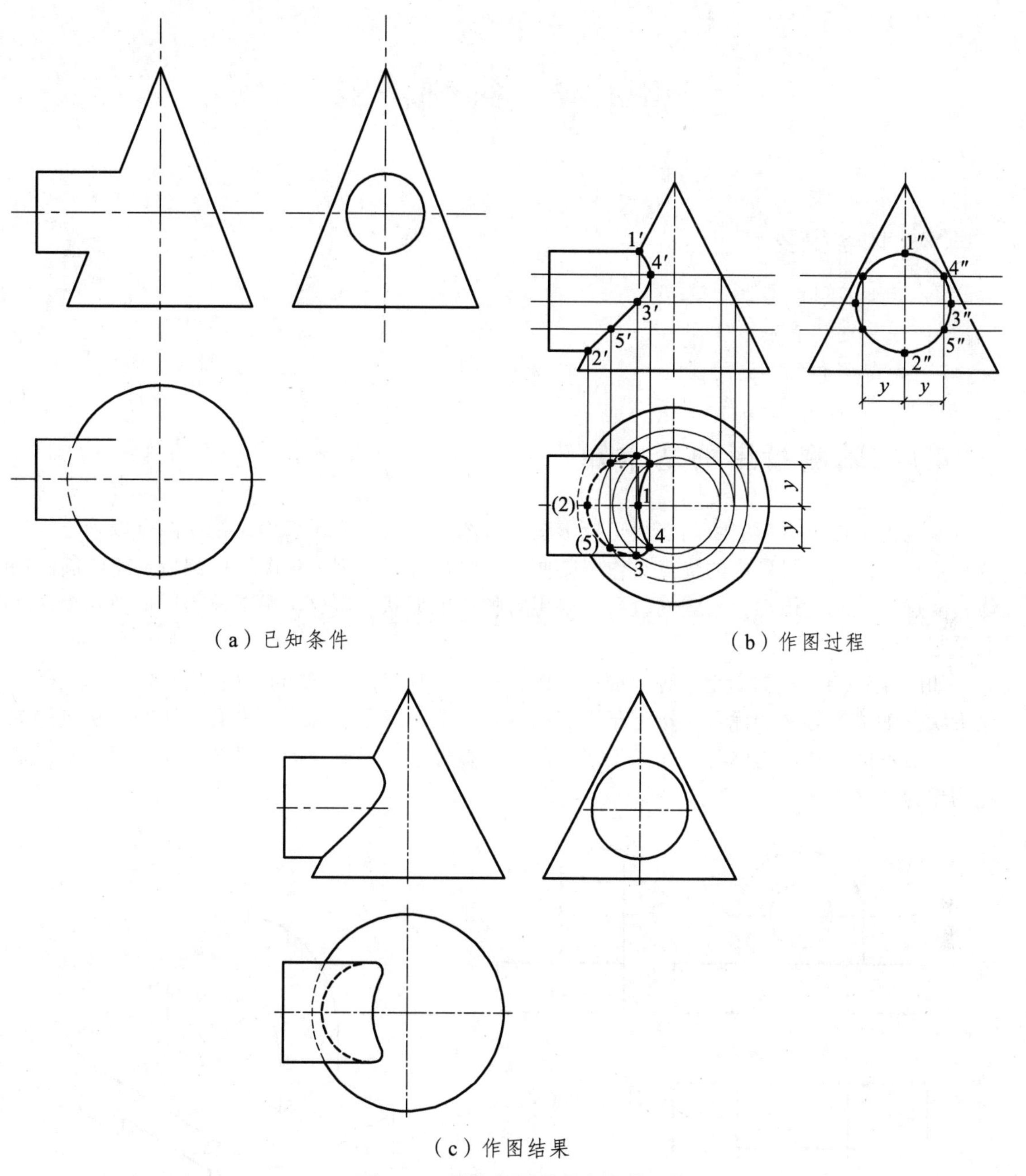

（a）已知条件

（b）作图过程

（c）作图结果

图 3.44　圆柱与圆锥的相贯线

第 4 章　轴测投影

内容提要

- ➢ 轴测投影的基本知识
- ➢ 正等测的画法
- ➢ 斜等测和斜二测的画法

4.1　轴测投影的基本知识

在工程上用正投影法绘制多面正投影图，如图 4.1（a）所示多面正投影图可以确定物体的形状和大小。正投影法的优点是作图简便，度量性好，依据这种图样可制造出所绘制的物体；缺点是缺乏立体感，直观性较差，要想象物体的形状，需要运用正投影原理把几个视图联系起来看。

如图 4.1（b）轴测图是一种单面投影图，在一个投影面上能同时反映出物体三个坐标面的形状。轴测投影法的优点是接近于人们的视觉习惯，形象、逼真，富有立体感；缺点是轴测图一般不能反映出物体各表面的实形，因而度量性差，同时作图较复杂。在工程上常把轴测图作为辅助图样。

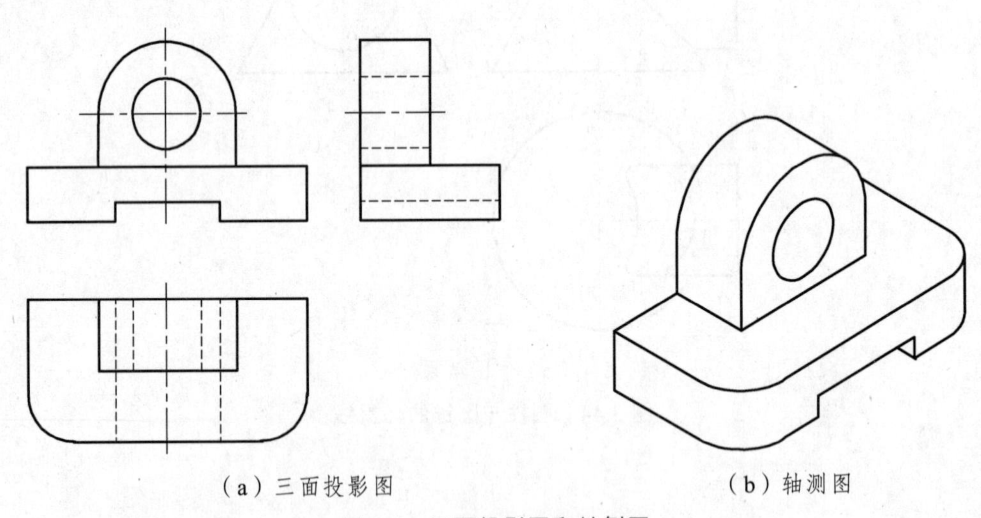

（a）三面投影图　　　　（b）轴测图

图 4.1　三面投影图和轴侧图

4.1.1　轴测投影基本概念

1. 轴测图的形成

将物体连同确定物体空间位置的直角坐标系按平行投影法沿不平行于任何坐标面的方向

投影到单一投影面上所得到的投影图称轴测投影图，简称轴测图。如图 4.2 所示。

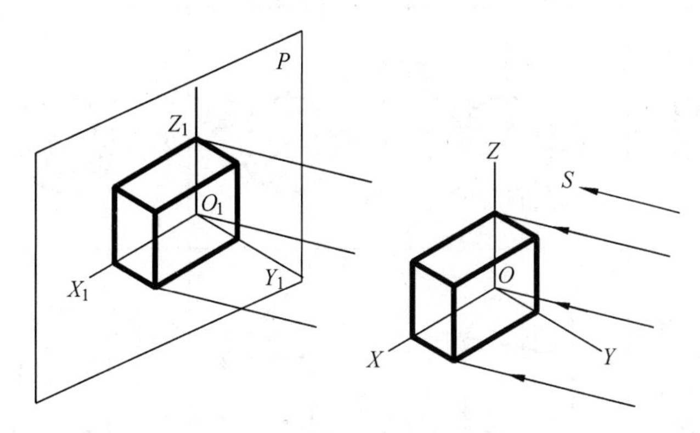

图 4.2　轴测投影的形成

2. 轴测图的要素

（1）轴测轴。

如图 4.2 所示，X_1、Y_1、Z_1 为三个坐标轴 X、Y、Z 在轴测投影面上的投影，称为轴测投影轴，简称轴测轴。

（2）轴间角。

轴测轴之间的夹角称为轴间角。如图 4.2 所示，$\angle X_1O_1Y_1$、$\angle X_1O_1Z_1$、$\angle Z_1O_1Y_1$ 均为轴间角。

（3）轴向伸缩系数。

在轴测图中平行于轴测轴的线段，与对应的空间物体上平行于坐标轴的线段长度之比称为轴向伸缩系数，即投影长度与其实际长度之比。规定 O_1X_1、O_1Y_1、O_1Z_1 三个方向上的轴向伸缩系数分别用 p、q、r 来表示。由于一条线段与投影面是倾斜的，该线段在投影面上的投影必然缩短，在轴测投影图中，空间物体的三个坐标轴与投影面倾斜，其投影就比原来的长度短，所以轴向伸缩系数必然小于 1。

3. 轴测图的特性（平行投影）

（1）平行性：物体上互相平行的线段，在轴测图上仍互相平行。

（2）定比性：物体上两平行线段或同一直线上的两线段长度之比，在轴测图上保持不变。

4.1.2　轴测图的分类

根据投影方向不同，轴测图可分为两类即正轴测图和斜轴测图。

（1）正轴测图：投射方向垂直于轴测投影面时，得到正轴测图。

（2）斜轴测图：投射方向倾斜于轴测投影面时，得到斜轴测图。

根据轴向伸缩系数不同，轴测图可分为三种即等测、二测和三测轴测图。

以上两种分类方法相结合，可得到六种轴测图，常用轴测投影如表 4.1 所示。

表 4.1　工程中常用的几种轴测投影

名称	正等测	正二测	正面斜等测	正面斜二测	水平斜等测
轴间角和轴向伸缩系数	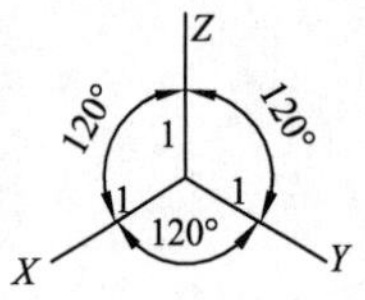	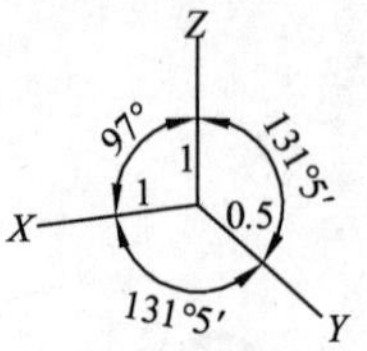	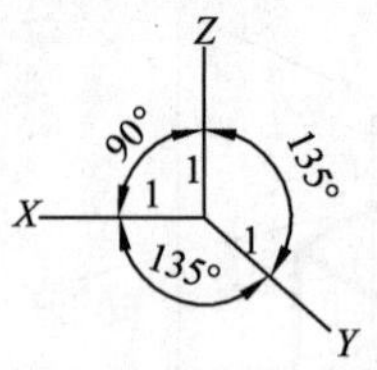	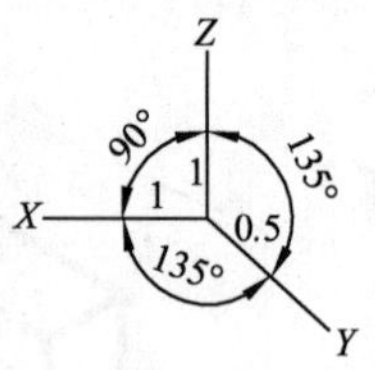	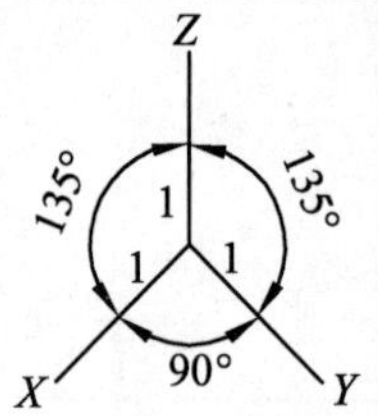
参考立方立体的轴测投影	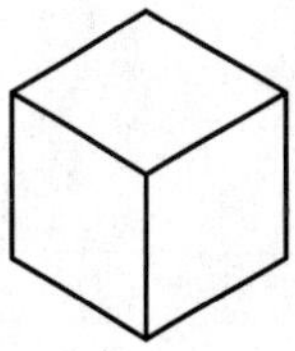	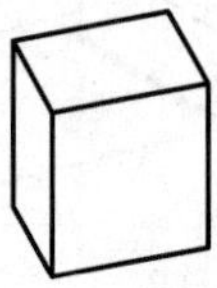	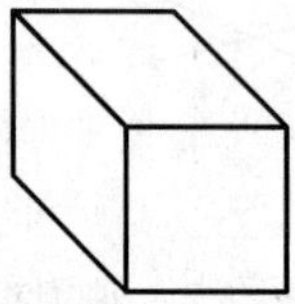	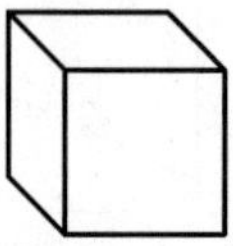	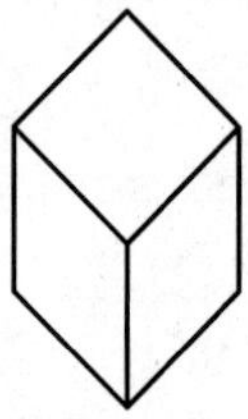
说明	表中所列是简化系数，轴向伸缩系数 $p=q=r\approx0.82$	表中所列的是简化系数，轴向伸缩系数是：$p=r\approx0.94$；$q\approx0.47$	表中所列的是轴向伸缩系数；Y轴和Z轴的轴间角常用 120°、135°、150°，Z轴保持垂直，可变动Y轴	表中所列的是轴向伸缩系数；Y轴和Z轴的轴间角常用 120°、135°、150°，Z轴保持垂直，可变动Y轴	表中所列的是轴向伸缩系数；Y轴和Z轴的轴间角常用 120°、135°、150°，Z轴保持垂直，可变动X轴和Y轴

（1）正轴测投影（投影方向垂直于轴测投影面）。

① 正等轴测投影（简称正等测）：轴向伸缩系数 $p=q=r$。

② 正二等轴测投影（简称正二测）：轴向伸缩系数 $p=r\neq q$；$p=q\neq r$；$q=r\neq p$。

③ 正三测轴测投影（简称正三测）：轴向伸缩系数 $p\neq q\neq r$。

（2）斜轴测投影（投影方向倾斜于轴测投影面）。

① 斜等轴测投影（简称斜等测）：轴向伸缩系数 $p=q=r$。

② 斜二等轴测投影（简称斜二测）：轴向伸缩系数 $p=r\neq q$；$p=q\neq r$；$q=r\neq p$。

③ 斜三测轴测投影（简称斜三测）：轴向伸缩系数 $p\neq q\neq r$。

4.1.3　绘制轴测投影图的基本作图方法

轴测图的基本作图方法有坐标法、叠加法和切割法。

1. 坐标法

坐标法是最常用的轴测图的画法之一，主要运用轴测图的平行性和沿轴测量性，进行绘制。对较简单的物体，可根据物体上一些关键点（如平面立体的顶点、曲线上的控制点）的坐标值作出这些点的轴测投影，再依次连线成图。

（1）分析三面投影图或两视图，对建筑物设置直角坐标系，并确定各点的坐标。一般将坐标轴设置在建筑物的对称中心或者将坐标原点设置在空间相互垂直的三条线的交点。

（2）绘制轴测轴，一般 OZ 轴铅锤。

（3）在轴测图上确定各点的位置，连接各点。

（4）擦去作图线、轴测轴、投影符号和不可见的轮廓，用中实线加深轴测投影中的可见轮廓线。

2. 切割法

对较复杂的物体，用形体分析法可将其看成是由一个形状简单的基本体逐步切割而成，以坐标法为基础先画出该简单形体的轴测图，再在其上逐步切割。

3. 叠加法

对较复杂立体，用形体分析法可将其看成是由几个简单的基本体叠加而成，把这些基本体的轴测图按照相对位置关系叠加即可得到整个物体的轴测图。

绘制物体的轴测图时，应先选择确定要画哪种轴测图，从而确定各轴间角和轴向伸缩系数。轴测图可根据已确定的轴间角，画出坐标原点和轴测轴，一般 Z 轴常画铅垂。利用以上基本作图方法画出各顶点或线段，用粗实线画出物体的可见轮廓线，在轴测图中，为了增强立体感，通常不画出物体的不可见轮廓线。

工程上主要使用正等测和斜二测，本章也只介绍这两种轴测图的画法。

4.2 正等轴测图

4.2.1 正等轴测图的特点

正轴测投影是指当形体倾斜于投影面，相互平行的投影线垂直于轴测投影面时所得到的图形。工程上常用的是正等测投影。三个轴向伸缩系数和三个轴间角均相等称为正等测投影图。正等测投影的轴间角 $\angle X_1O_1Y_1 = \angle Y_1O_1Z_1 = \angle X_1O_1Z_1 = 120°$。正等测投影的三个轴轴向变形系数均为 0.82，一般用简化变形系数 1。如图 4.3 所示，画形体的正等轴测图时，通常把 OZ 轴画成竖直位置。

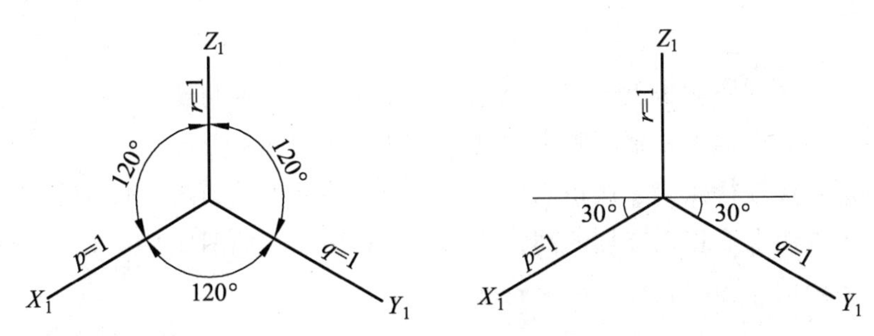

图 4.3 正等轴测图的轴间角和轴向伸缩系数

4.2.2 正等轴测图的画法

1. 坐标法

正等轴测投影绘制可以选择坐标法。

【例 4.1】 如图 4.4（a）所示，已知六棱柱的正投影图，完成其正等测图。

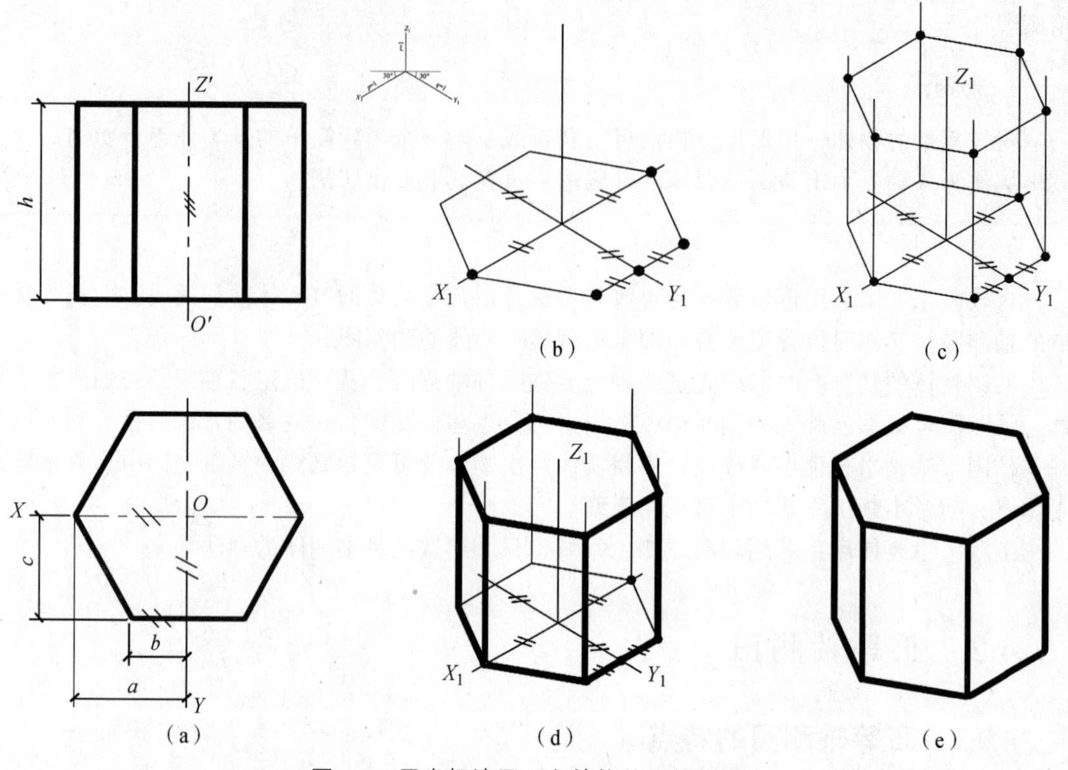

图 4.4 用坐标法画正六棱柱的正等测图

【分析】 由两面投影图可知立体是正六棱柱。正六棱柱的前后、左右都对称，可选择底面的中点作为坐标原点，并且从底部开始作图。按照正等测投影图中的轴测轴和轴间角特点，绘制轴测轴，OZ 轴铅锤，轴间角都为 120°。在轴测图上量取各点的位置，连接各点。整理轮廓线。

【解】

（1）测量出六棱柱底面顶点的实际坐标，接着画出正等轴测轴。

（2）确定每个底面顶点在轴测轴中的具体位置，如图 4.4（b）。

（3）根据正六棱柱特点，连接正六棱柱的两相邻的顶点，如图 4.4（c）。

（4）通过各点向上取正六棱柱的高，画出棱线和顶面，如图 4.4（d）。

（5）擦除多余的作图线，加深可见轮廓，如图 4.4（e）。

2. 叠加法和切割法

正等轴测投影绘制还可以采用叠加法和切割法。

【例 4.2】 如图 4.5（a）所示，已知台阶的正投影图，完成其正等测图。

【分析】 台阶可以看作三个基本题叠加而成，用叠加法作出台阶的正等测投影。分别画出三个四棱柱的轴测投影，先按正等测图的轴测轴及轴向伸缩系数作出右边棱柱的轴测投影，然后根据各个基本体之间的相对位置，顺次作出其余基本体的轴测投影。右侧的棱柱斜切前角，从三视图中量取剩余体的尺寸，按照实际尺寸修剪轴测投影图。

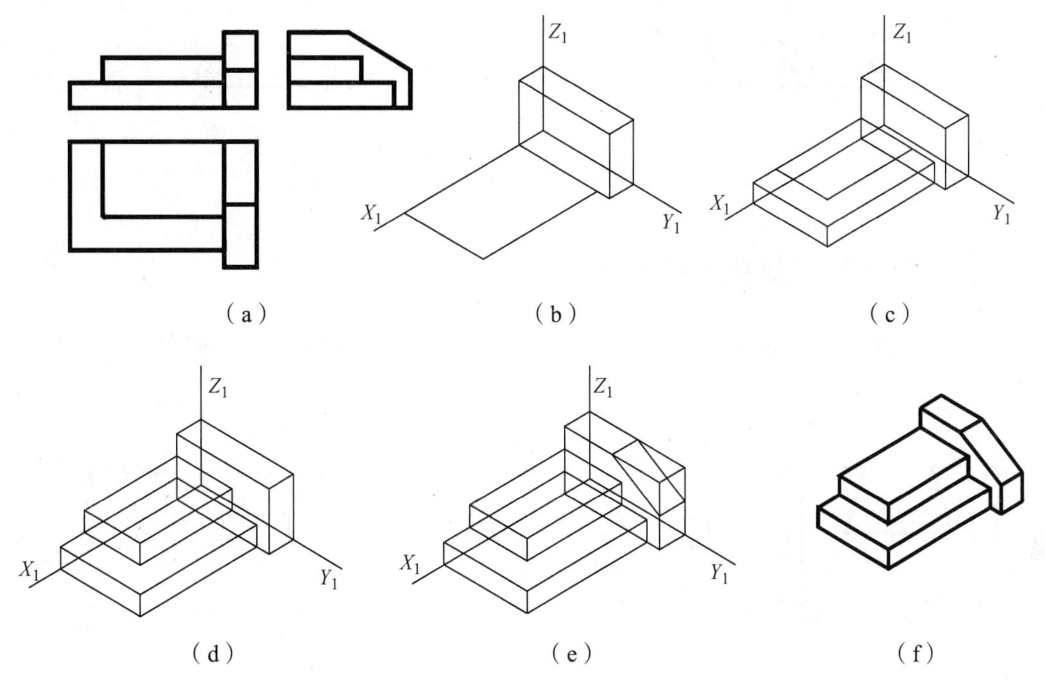

图 4.5　用叠加法和切割法画台阶的正等测图

【解】

（1）分析形体由三部分组成，画出轴测轴，轴间角。

（2）根据台阶的特点，确定坐标原点，轴测图原点。

（3）根据三视图量出右侧四棱柱的轴测图，如图 4.5（b）。

（4）根据其余棱柱与右侧四棱柱的相对位置关系，画出其余棱柱，如图 4.5（c）、（d）、（e）。

（5）擦除多余的作图线，加深可见轮廓，如图 4.5（f）。

4.3　斜二测投影图

4.3.1　正面斜二测轴测投影

在斜轴测投影中，以正面或正面的平行面作为轴测投影面，而投射方向不平行于任何坐标面，得到的斜轴测投影，称为正面斜轴测投影图。根据轴测图的平行特性可知，在正面斜轴测投影中，无论投射方向如何倾斜，平行于轴测投影面的图形，它的斜轴测投影反映实形。根据这个特点，先绘制平行于正面的投影，然后再完善正面斜轴测投影。把形体正放，向正面进行斜投射得到的投影。若正面斜轴测图的轴向伸缩系数 $p_1 = r_1 = 1$，轴测轴 OY 方向的轴向伸缩系数 $q_1 = 0.5$，称为斜二测轴测投影图，简称斜二测图，如图 4.6 所示。

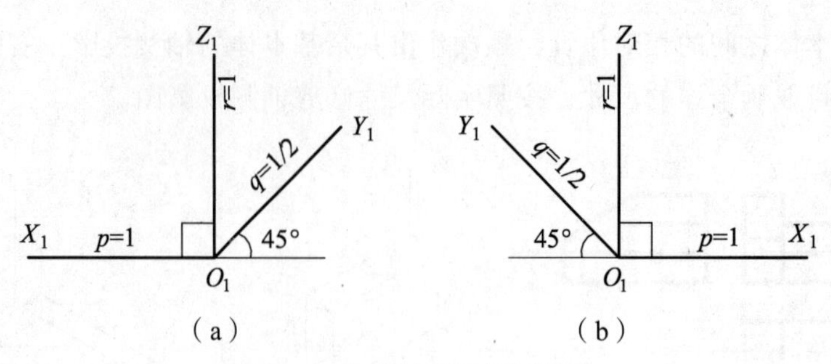

图 4.6 正面斜二测轴测投影

4.3.2 正面斜二测轴测投影画法

【例 4.3】 如图 4.7（a）所示，已知一形体的正投影图，完成其斜二测图。

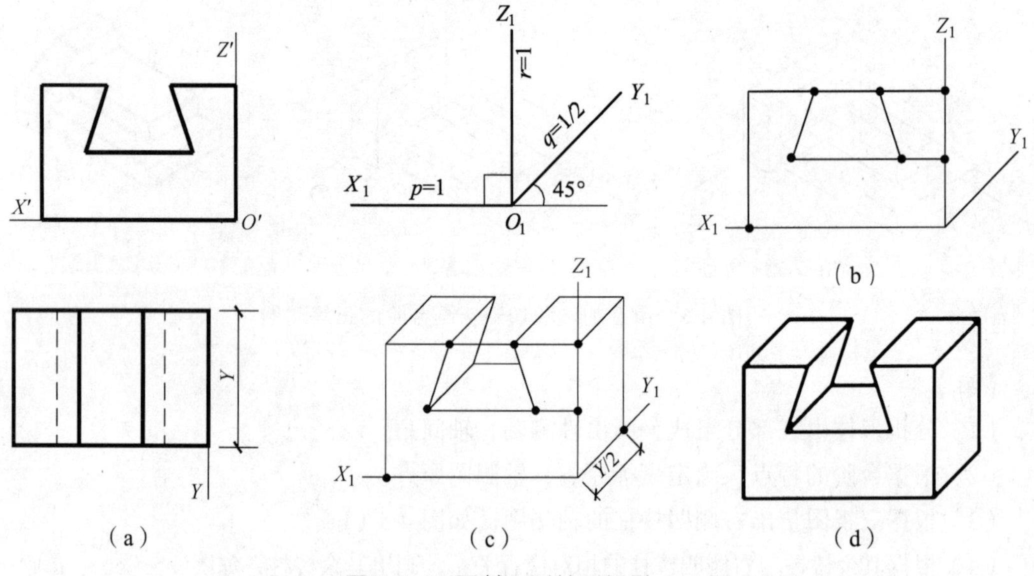

图 4.7 正面斜二测轴测投影

【分析】 由两视图可知，该立体图形原型是长方体，中间挖去一个上小下大的槽。用切割法较适合，选择视图方向并确定坐标原点，先按照正面斜二测图的轴间角和轴向伸缩系数画出平行于正面的投影图形，再量出宽度。

【解】

（1）绘制轴测轴，量出正视图图形的实际尺寸，在正面 $X_1O_1Z_1$ 中绘制图形，如图 4.7（b）。

（2）测量立体的厚度，取 1/2 倍厚度，绘制在正面斜二测投影图中，如图 4.7（c）。

（3）擦除被遮挡的轮廓线，擦除轴测轴及标识，加深立体轮廓，如图 4.7（d）。

第 5 章　工程形体制图

内容提要

- 组合体的投影
- 工程形体的投影
- 简化画法

5.1　组合体的投影

5.1.1　组合体的形体分析

简单的、有规则的几何体称为基本体。由两个或两个以上基本体按照一定的形式组合而成的物体称为组合体。画组合体的三面图的基本方法是形体分析法。形体分析法指在组合体的绘制、读图和尺寸标注过程中，通常假想将其分解成若干个基本形体，明确各基本体的形状、相对位置、组合形式以及表面的连接关系，进而形成整个组合体的概念。

组合体的组合方式常分为叠加式、切割式和综合式三种形式。

1. 叠加式

由几个基本体互相叠加而成，接触表面互相贴合，各基本表面之间的连接分为堆叠、相切和相交。如图 5.1 所示。

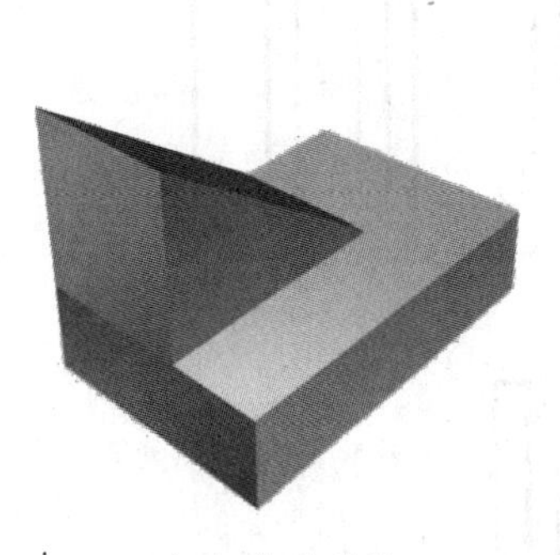

（a）简单叠加

（b）相切叠加

（c）相交叠加

图 5.1　叠加式组合体

2. 切割式

基本体被平面或曲面切割而成。如图 5.2 所示，切割组合体原型是长方体，先挖去一个四分之一圆柱，再挖去一个四棱柱。

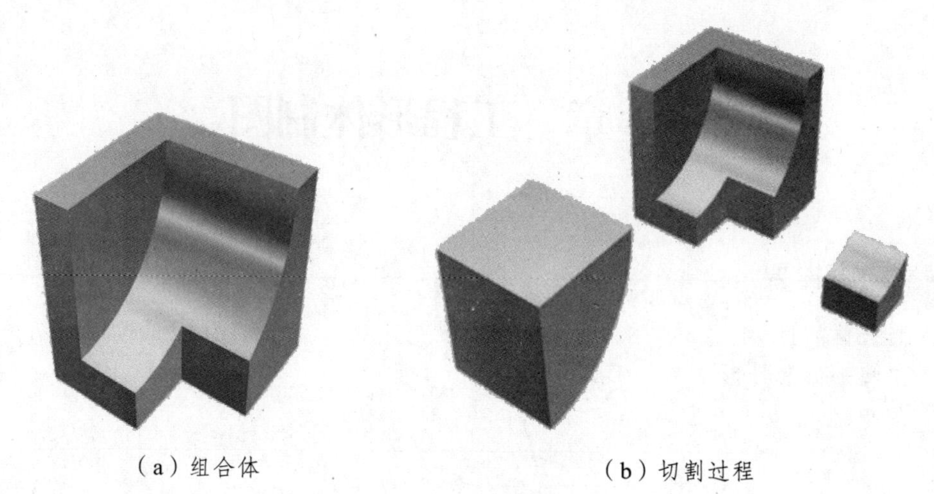

（a）组合体　　（b）切割过程

图 5.2　切割式组合体

3. 综合式

组合体大部分由基本体按照叠加和切割混合组成的。用形体分析法可以尝试不同的划分，找到最合适的解题方案，提高画图和读图速度。

5.1.2　组合体的三面图的画法

投影图也称为视图，即将物体向投影面作正投影所到的图形。如图 5.3 所示，正面投影图（正立面图）称为主视图（或正视图）；水平投影图（平面图）称为俯视图；侧面投影图（左侧立面图）称为左视图。

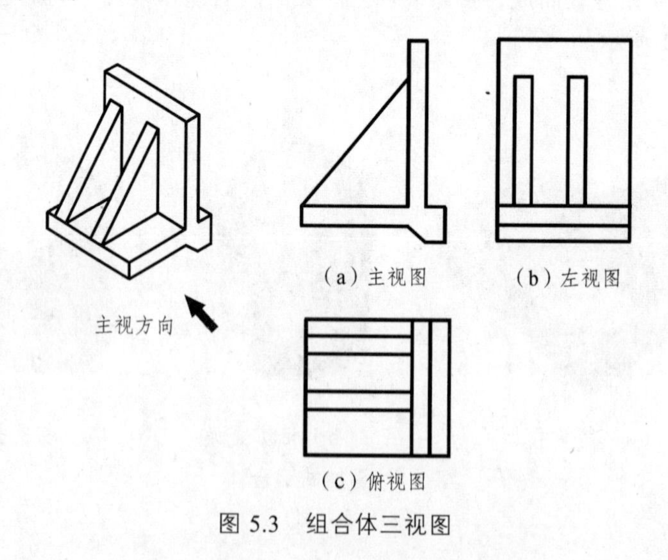

（a）主视图　　（b）左视图

（c）俯视图

图 5.3　组合体三视图

【例 5.1】　如图 5.4（a）所示，画出图示组合体的三视图。

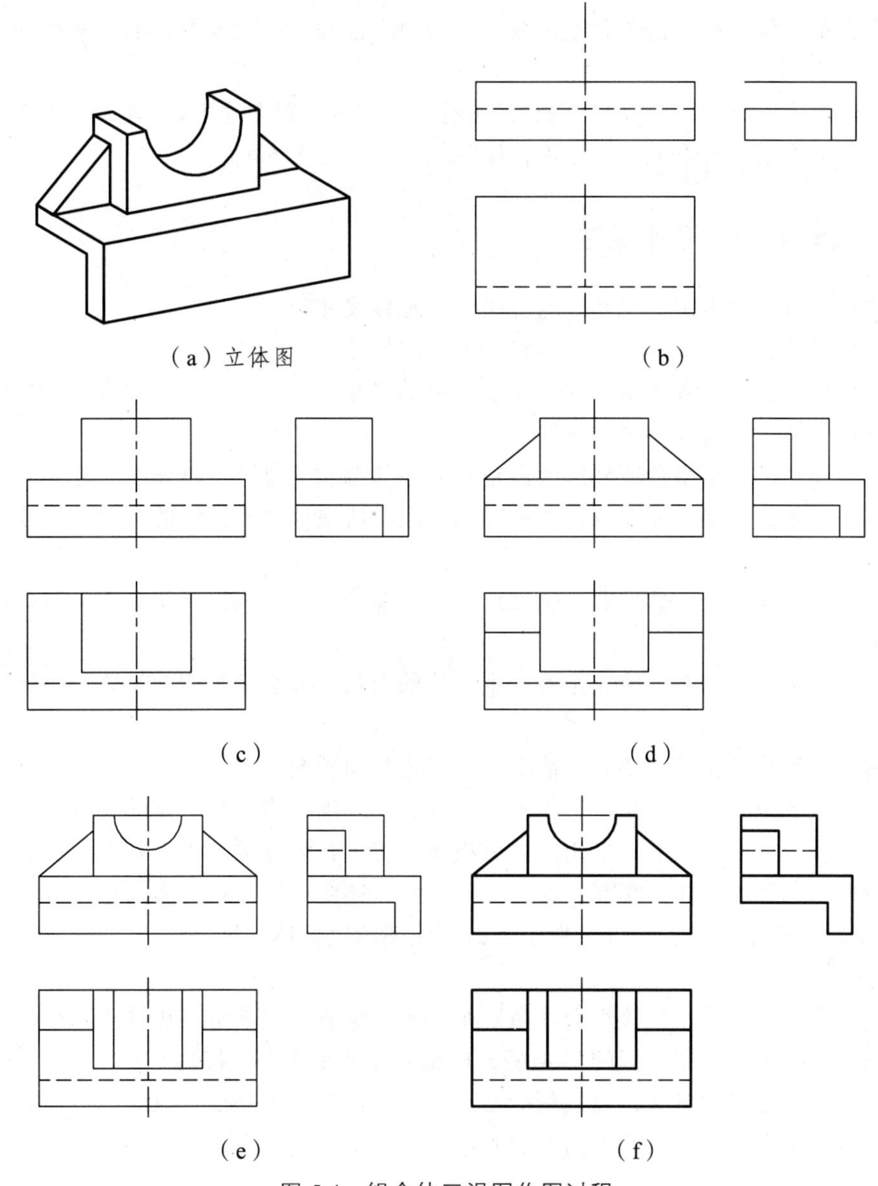

图 5.4　组合体三视图作图过程

【分析】　采用形体分析法，将组合体分解成四个基本体，根据各形体之间的相对位置分别画出各自的三视图，然后处理临界面的投影，整理轮廓，得到组合体的三视图。

【解】

（1）选择组合体的稳定状态，即最能反映组合体的形状特征，且使其他视图的虚线尽量少的状态。

（2）画出基准线，基准线是指画图时测量尺寸的基准，每个视图需要确定两个方向的基准线。采用对称中心线、轴线或较大平面的积聚性投影直线作为基准线。

（3）根据投影规律，画出底部的四棱柱的三视图，再在三视图中切去一个四棱柱，如图 5.4（b）。

（4）根据基本体的相对位置和投影规律，画出上部四棱柱以及左右的三棱柱的三视图，如图 5.4（c）、（d）。

（5）根据轴测投影图，量出 1/2 圆柱的半径，在相应位置上挖去 1/2 圆柱，如图 5.4（e）。

（6）底稿完成后，检查无误后描深，擦除辅助线，如图 5.4（f）。

5.1.3 组合体的尺寸标注

组合体尺寸标注分为定形尺寸、定位尺寸、总体尺寸。

（1）定形尺寸：确定基本形体的形状和大小的尺寸。

（2）定位尺寸：确定各基本形体间相互位置的尺寸。定位尺寸也是组合体某方向上的主要基准与基本形体自身的基准之间的尺寸联系。

（3）总体尺寸：确定组合体外形所占空间大小的总长、总宽、总高的尺寸。

组合体的形状、大小及相互位置是由它的视图及所注尺寸来反映的。标注组合体尺寸的基本要求：

（1）正确。所注的尺寸数值要正确无误，注法要符合制图相关国家标准中有关尺寸注法的基本规定。

（2）齐全。所注尺寸必须能完全确定组合体的形状、大小及其相互位置，不遗漏、不重复、不多注。

（3）清晰。尺寸的布局要整齐、清晰，便于查找和看图。

标注尺寸要齐全，即标注尺寸必须不多不少，且能唯一确定组合体的形状、大小及其相互位置。标注组合体的尺寸通常采用形体分析法，将组合体分成若干个基本形体，标出其定形尺寸，再确定各基本形体的相互位置的定位尺寸，还要标注出组合体的总体尺寸。

【例 5.2】 如图 5.5（a）、（b）所示，试标注图示组合体的尺寸。

【解】

（1）用形体分析法分析，该组合体由三个基本体组成，底部是一块抹去两个圆角的长方形底板，右侧是挖去一块圆柱板的 U 型板，U 型板左侧是个小三棱柱。

（2）确定组合体尺寸基准，以底板的底边为高度方向上的基准，以对称线作为宽度方向上的基准，以底板右侧面为长度方向上的基本。

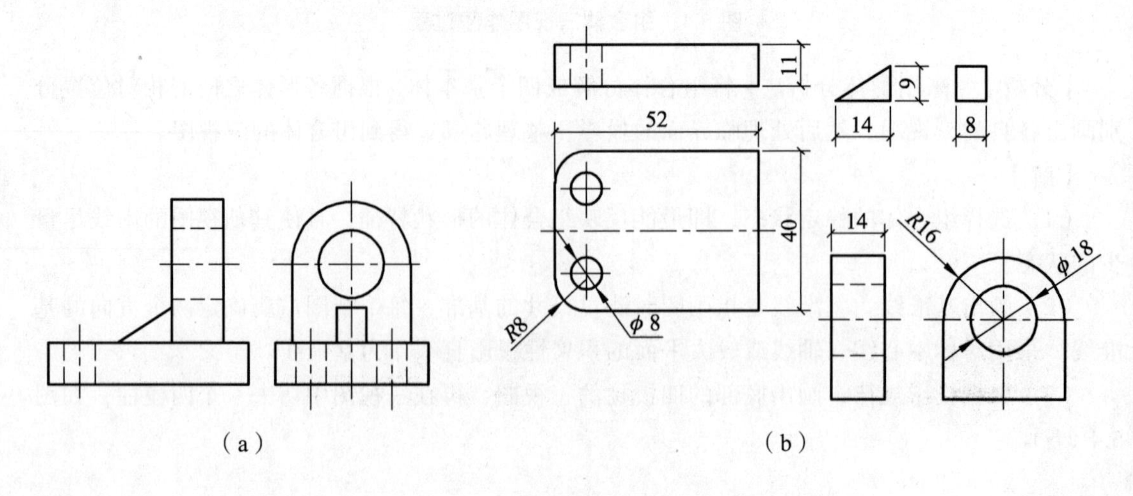

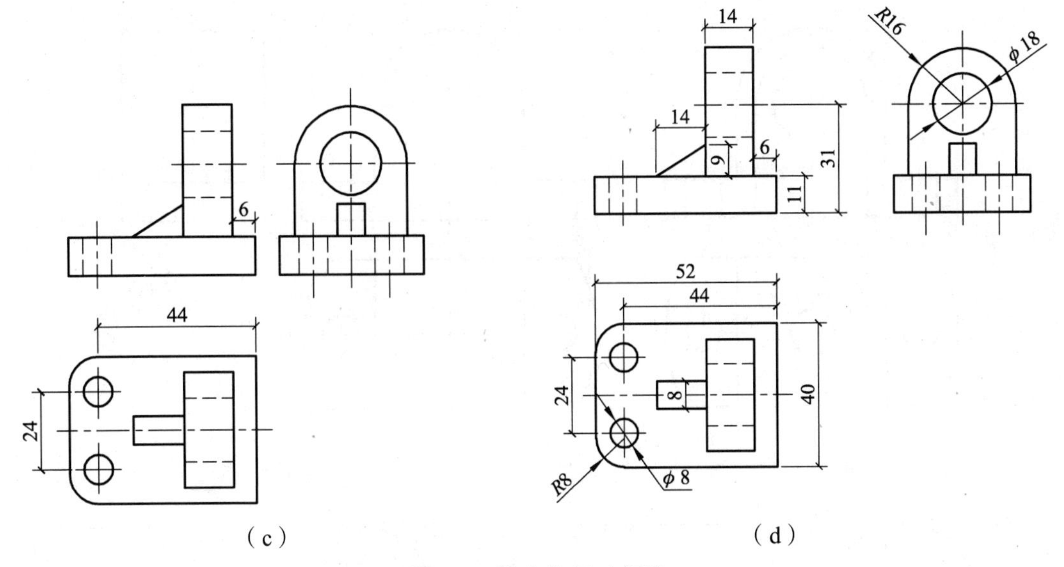

图 5.5　组合体尺寸标注

（3）标注每个基本体的定性尺寸，基本体之间相对位置尺寸，组合体的总尺寸，如图 5.5（c）、（d）。

（4）检查全图，尺寸是否需要调整。

标注组合体尺寸时应符合制图标准的有关规定，注意以下七点：

（1）尽可能把尺寸注在形状特征明显的视图上。

（2）同一基本体的定形、定位尺寸尽量集中标注。

（3）与两个视图有关的尺寸应尽量注在两个视图之间。

（4）尺寸尽量布置在图形之外。

（5）回转体尺寸一般注在非圆视图上。

（6）尺寸一般不重复。

（7）尽量不在虚线上注尺寸。

5.1.4　组合体的三视图的阅读

组合体的读图是根据已画出的图形，想象出空间物体的形状，也是画图的逆过程，如图 5.6 所示。读图可以提高空间想象力和投影分析能力。

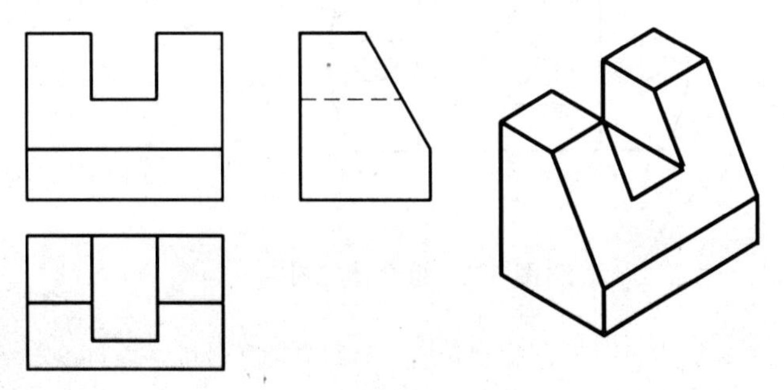

图 5.6　组合体读图

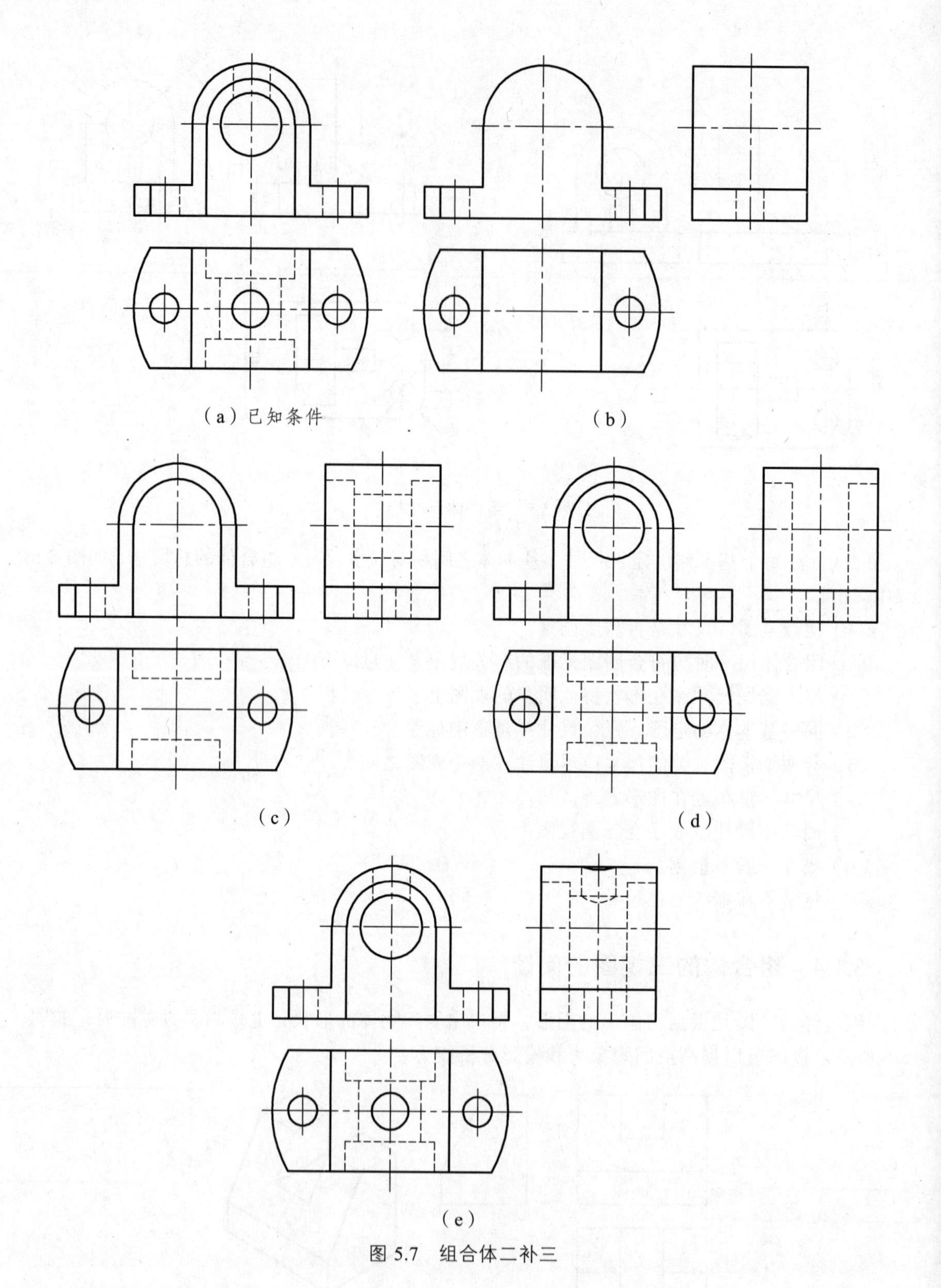

(a) 已知条件 (b) (c) (d) (e)

图 5.7　组合体二补三

读图时应注意：

（1）熟悉基本体的投影特点。

（2）掌握正确的读图方法（形体分析法和线面分析法）。

（3）要做大量的练习（二补三、补漏线、画立体图等）。

常用的读图方法有形体分析法和线面分析法。

1. 形体分析法

形体分析法一般是从反映物体形状特征的主视图着手，对照其他视图，初步分析该物体由哪些基本体和通过什么形式所形成的。然后按投影特性逐个找出各基本体在其他视图中的投影，确定各基本体的形状以及各基本体之间的相对位置，最后综合想象物体的总体形状。

2. 线面分析法

在读图时，对比较复杂的组合体，不易读懂的部分，还常使用线面分析法来帮助想象和读懂这些局部的形状。

【例 5.3】 如图 5.7（a）所示，看懂组合体视图，补画出左视图。

分析：根据外框想象尚未切割的原始基本形状，通过分析视图中图线、线框的两面投影，确定第三面投影形状。

【解】

（1）根据主视图的外框实线线框，将组合体还原为 U 型板和底板。

（2）根据主视图的内部 U 型框和俯视图两面投影，得知前后挖去对称的 U 型板，如图 5.7（b）。

（3）根据主视图内部圆框和俯视图，得知挖去的是前后圆柱通孔，如图 5.7（c）。

（4）根据俯视图内部的圆形框和主视图，得知挖去的是顶部的圆柱孔，如图 5.7（d）。

（5）整理轮廓，擦去切掉部分的轮廓线，如图 5.7（e）。

5.2 工程形体的投影

在建筑工程中，结构构件的形状各种各样，仅通过三视图很难表达清楚，因此，《房屋建筑制图统一标准》（GB/T 50001—2017）的图样画法对工程形体规定了一些表达方法。

5.2.1 基本投影视图

用正投影法所绘制出物体的图形称为视图。一个形体可以由六个基本投影表达，六个基本投影面分别与投射方向垂直，即每个投影面与四个相邻的四个投影面都垂直，称为基本投影面。六个基本投影面和三面图相似，也符合投影规律，即长对正、高平齐、宽相等。图 5.8 所示为基本视图的形成。

为合理利用图纸，不适应按照展开视图布置，各制图的位置按图 5.9（b）所示位置布置，一般情况还应在每个视图下方标注图名，并在图名下方用粗实线绘制一条横线，横线长度以图名长度为准。

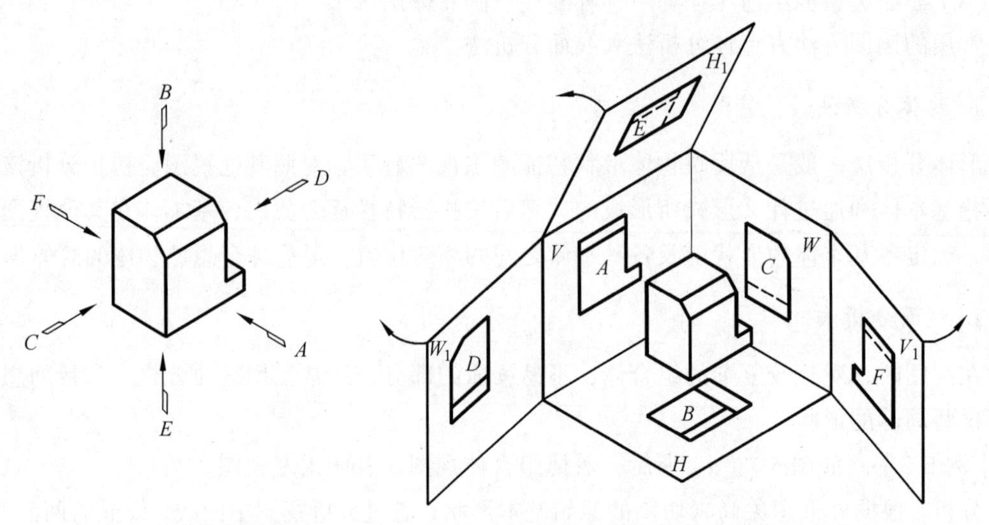

（a）六个基本投射方向　　（b）基本视图的形成和展开方法

图 5.8　基本视图的形成和展开方法

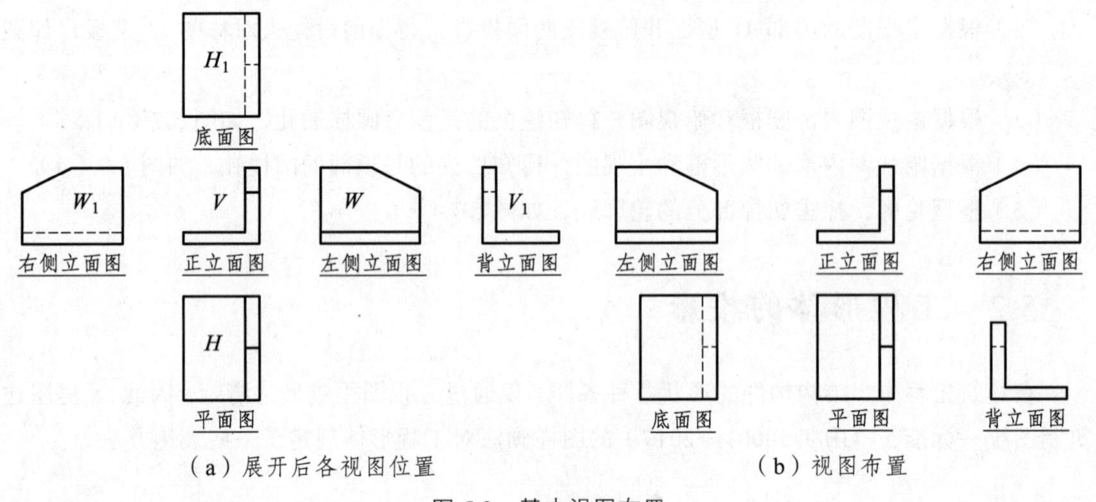

（a）展开后各视图位置　　（b）视图布置

图 5.9　基本视图布置

用基本视图表达工程形体时，正立面图应尽可能反映工程形体的主要特征，其他视图的选用，可在保证表达完整、清晰的前提下，使视图数量最少。

5.2.2　镜像投影视图

某些工程构造复杂，当用基本视图不易表达时，可用镜像投影法绘制，并在图名后注写"(镜像)"。镜像视图又被称为反方向投影，可以使不可见表面变为可见，将镜面放置于形体的下方，镜面就是投影面，在镜面中得到的垂直影像，即为镜像投影。如图 5.10 所示。

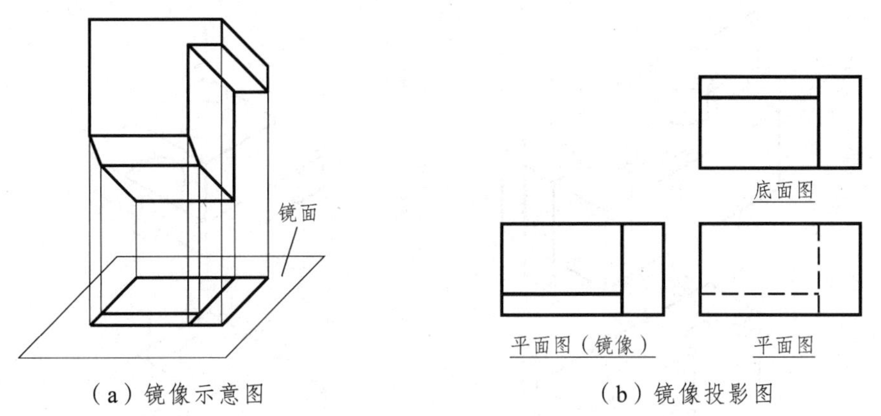

（a）镜像示意图

（b）镜像投影图

图 5.10　镜像投影图

5.2.3　剖面图

1. 剖面图的用途和定义

为了表达工程形体的内部构造，假想用剖切面剖开工程形体，移去处于观察者和剖切面之间的部分，对留下部分按正投影法投影所得的图样，称为剖面图，如图 5.11 所示。切面可以是一个，也可以是两个或两个以上，通常用平面剖切，称剖切平面，必要时，还可以用柱面（可称剖切柱面）剖开工程形体，剖切平面和剖切柱面统称剖切面。

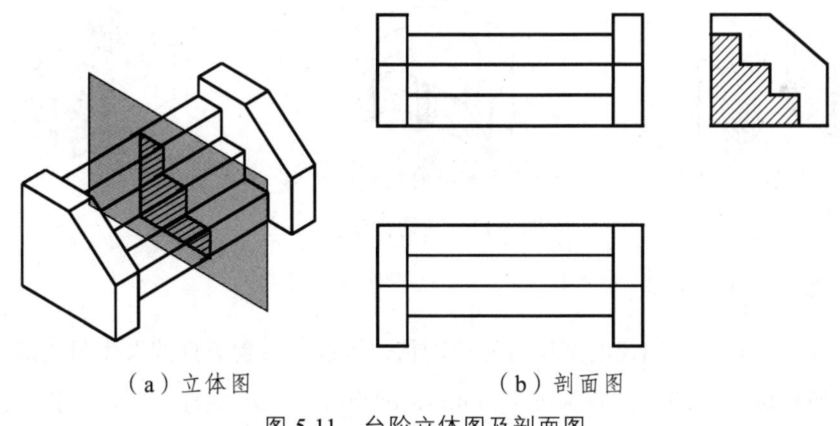
（a）立体图

（b）剖面图

图 5.11　台阶立体图及剖面图

常用的剖切方法按剖切平面的多少和位置分为四种，如图 5.12 所示。

（1）用一个剖切面完全剖开工程形体或局部剖开工程形体。

（2）用两个或两个以上平行的剖切面剖切。

（3）用两个或两个以上相交的剖切面剖切。

（4）用两个或两个以上平行的剖切面分层剖切。

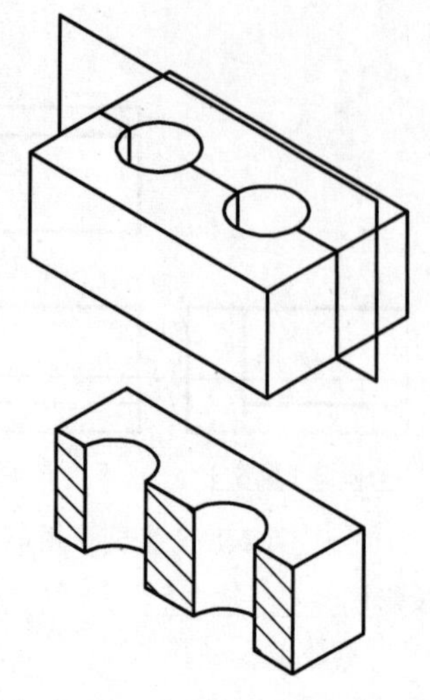

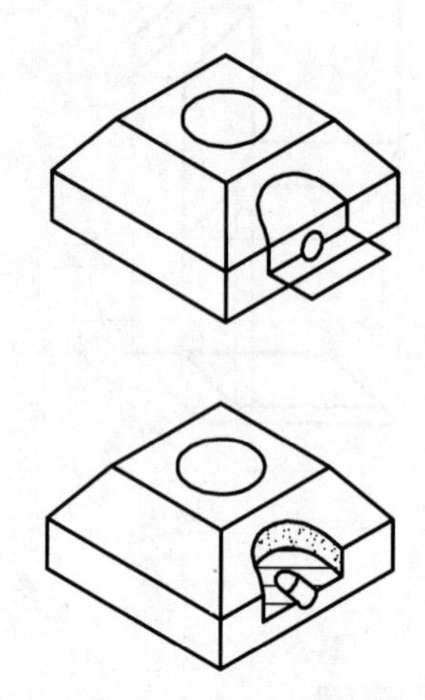

（a）用一个剖切面全部剖开　　（b）用一个剖切面局部剖开

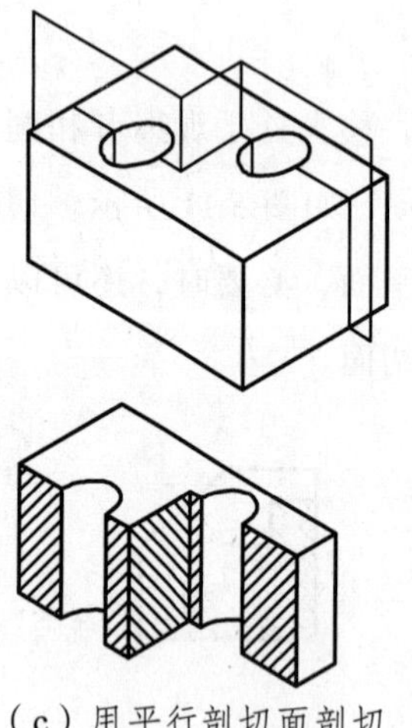

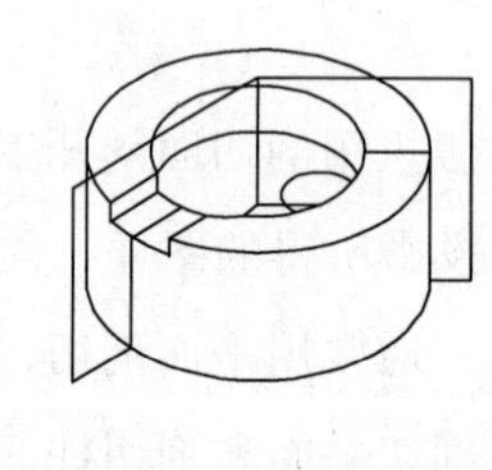

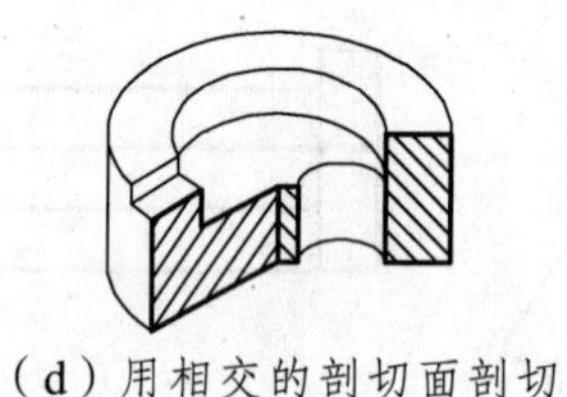

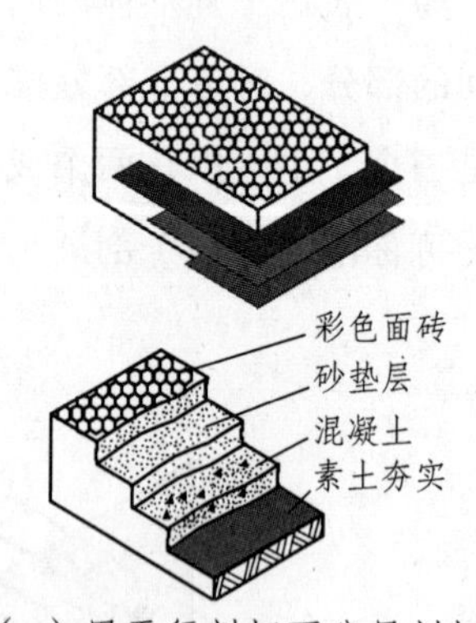

（c）用平行剖切面剖切　　（d）用相交的剖切面剖切　　（e）用平行剖切面分层剖切

图 5.12　剖切方法分类

2. 画剖面图的有关规定

（1）剖视剖切符号：剖视的剖切符号由剖切位置线、投射方向线及编号组成，均应以粗实线绘制。剖切位置线的长度宜为 6 ~ 10 mm；剖视方向线应垂直于剖切位置线，长度宜为 4 ~ 6 mm。

（2）当不需表明是哪一种材料时，可画同方向、等间距的 45°细实线。

（3）两个相同的图例相接时，图例线宜错开或倾斜方向相反。

（4）当一张图纸内的图样只有一种建筑材料或图形小而无法画出建筑材料图例时，可以不画建筑材料图例，但应加文字说明。

（5）若断面很小，断面内的建筑材料图例可用涂黑表示，在两个相邻的涂黑图例间，应留有空隙，其宽度不得小于 0.7 mm。

（6）面积过大的建筑材料图例，可沿轮廓线局部表示。

剖面图是画剖开的工程形体留下部分的投影图，但剖开工程形体是假想的，所以只是在画剖面图时才切去形体的一部分，画其他图样，仍应该画完整的工程形体。

剖切位置的选择应选择在形体最需要表达的位置或复杂的位置。剖切平面要与投影面平行，使断面图形反映实形。

剖面图与视图一样，一般只画出可见轮廓线，必要时才画出不可见的轮廓线，在制图基础阶段常用粗实线画剖切到的和可见的轮廓线，用中虚线画不可见的轮廓线。不要漏画断面后面一切可见轮廓线的投影。

3. 几种常用的剖面图

（1）全剖视图。

用一个剖切平面将物体完全切开所得到的剖视图称为全剖视图。如图 5.13 所示，*A*—*A* 剖面为立体的全剖面图。该立体内部机构复杂，为了表达清楚它的内部构造，用一个正平面沿着内部孔洞的中轴线剖切开来，移去剖切面及其与观察者之间的部分，将剖切面剩下部分投射到正平投影面上，就得到立体的剖面图。

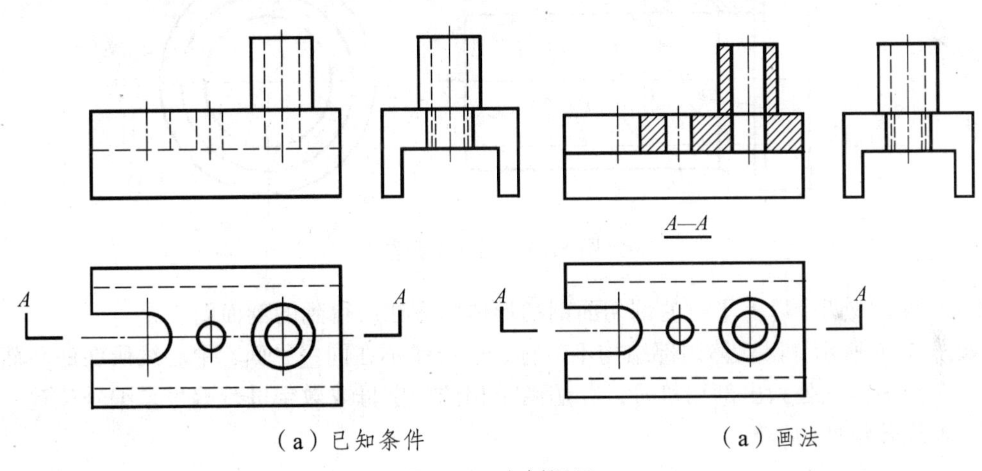

（a）已知条件　　（a）画法

图 5.13　全剖视图

（2）半剖视图。

对称的工程形体需画剖面图时，可以对称线为界，一半画视图（外形图），一半画剖面图。如图 5.14 所示，立体是左右对称的，用平行于正平面的 *A*—*A* 剖切面剖切，半剖视图可以同时观察立体的外形和内部结构。如果左右对称，则左侧画外形图，右侧画剖面图；如果是上下对称的形体，则上侧画外形图，下侧画剖面图；如果是前后对称的形体，则后侧画外形图，前侧画剖面图。

（3）局部剖面图。

当工程形体只有局部的内部构造需要表达时，可用剖切面局部剖开工程形体。如图 5.15 所示，为钢筋混凝土管道内部结构和材料，采用局部剖，剖切线用细实波浪线将外形图和剖面图分界线。

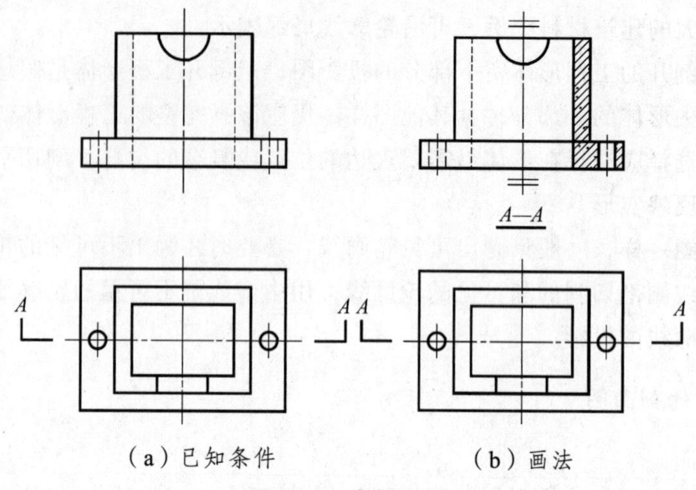

图 5.14 半剖视图

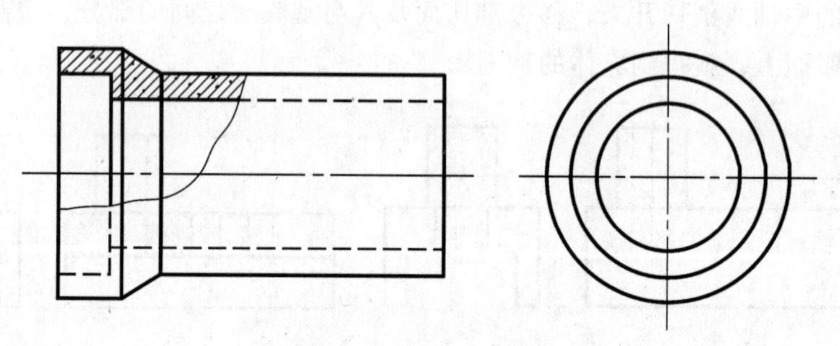

图 5.15 局部剖视图

（4）两个或两个以上平行的剖切面剖切形体的方法所得到的剖面图。

如图 5.16 所示，因立体内部结构不对称，中心线不在同一平面，中心线所在的平面互相平行，在剖切位置处画出剖切符号，并用两个相同的字母或数字进行编号，编号位置一般在剖切位置线转角处的外侧。

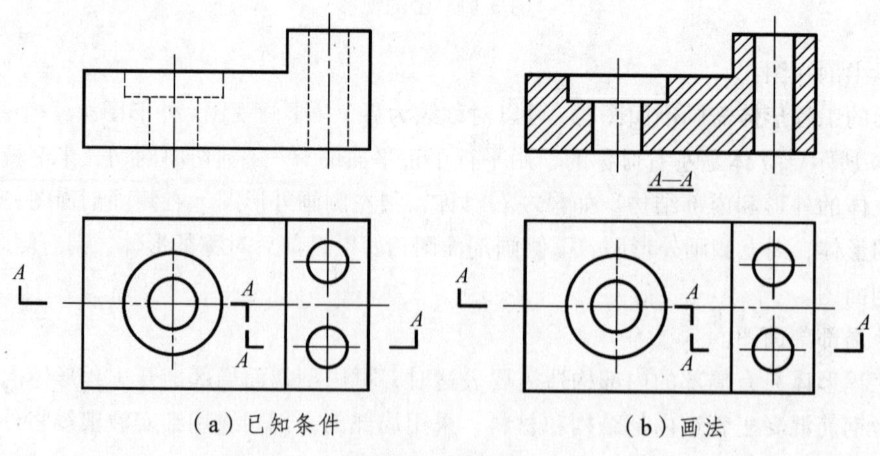

图 5.16 半剖视图

5.2.4 断面图

1. 断面图的用途和定义

为了清晰地表达工程形体，用假想的剖切面剖开工程形体时，除了以剖面图表达外，有时仅需画出工程形体的某处切断的断面的图形，称为断面图。如图 5.17 所示。

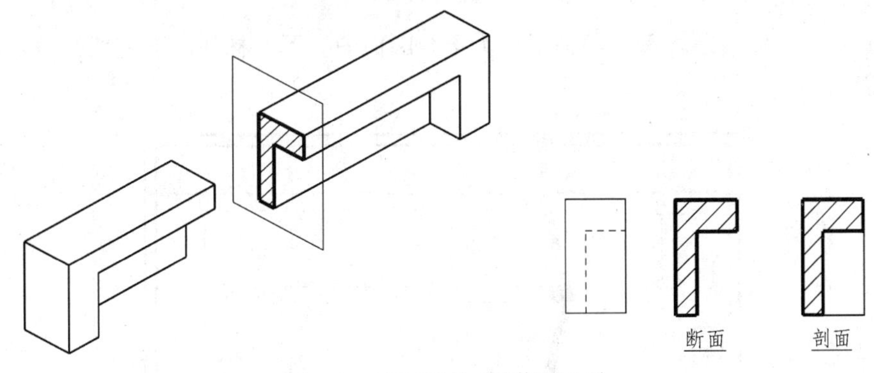

图 5.17 断面图与剖面图区别

断面图与剖面图的区别是：断面图只能画出剖切面切到部分的图形；剖面图除了应画出断面图外，还应画出沿投影方向看到的部分。

2. 剖切方法和画断面图的有关规定

断面图的剖切方法与剖面图一样可以用一个剖切面剖切，用两个或两个以上平行的剖切面剖切，也可以用两个相交的剖切面剖切，此时应在图名后注明“展开”字样。通常都用一个平行于某一投影面的剖切平面剖开工程形体，将截得的图形向平行的投影面作正投影，从而获得断面图。

断面剖切符号，应以粗实线表示剖切位置，断面剖切符号的编号宜采用阿拉伯数字按顺序连续编排，并应注写在剖切位置线的一侧；编号所在的一侧应为该断面的剖视方向。断面图通常以断面编号命名，当工程形体有多个断面图时，断面图应按剖切顺序依次编排。

在断面图上应画出材料图例，材料图例及其画法都与剖面图中的规定相同。

3. 几种常见的断面图

（1）移出断面图。

断面图画在视图轮廓外，习惯上称为移出断面图。如图 5.18 所示，画出牛腿柱的断面图。

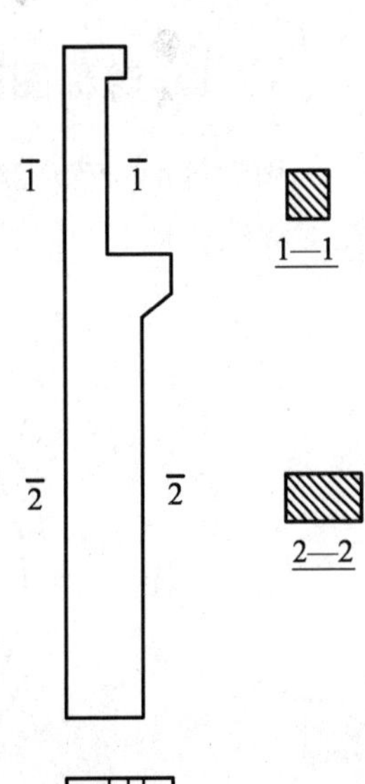

图 5.18 牛腿柱断面图

（2）中断断面图。

绘制在杆件中断处的断面图，习惯上称为中断断面图。不必标注断面剖切符号，如图 5.19 所示。

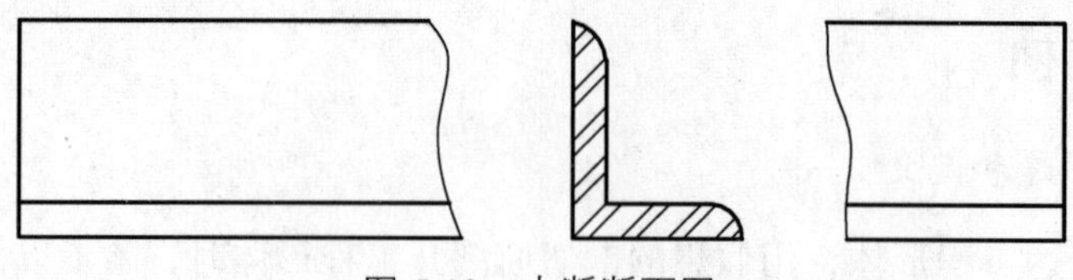
图 5.19　中断断面图

（3）重合断面图。

直接画在视图内的断面图，习惯上称为重合断面图。不必标注断面剖切符号。如图 5.20 所示，屋面断面图。

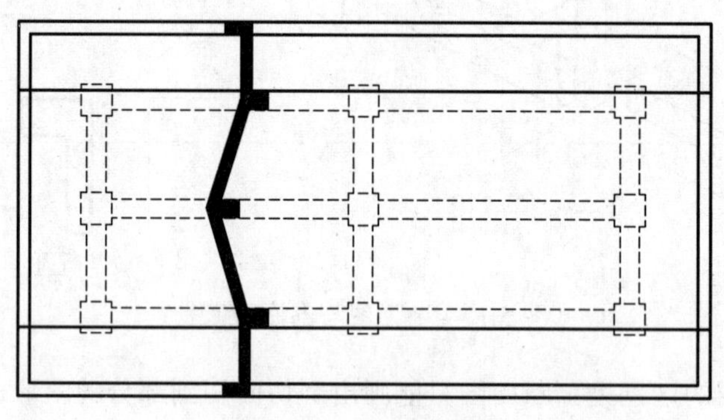
图 5.20　重合断面图

5.3　简化画法

应用简化画法可提高工作效率，《房屋建筑制图统一标准》（GB/T 50001—2017）规定了一些简化画法。

5.3.1　对称图形的简化画法

构配件的对称图形，可只画该图形的一半或四分之一，并画出对称符号。图形也可稍超出对称线，此时可不画对称符号，如图 5.21 所示。

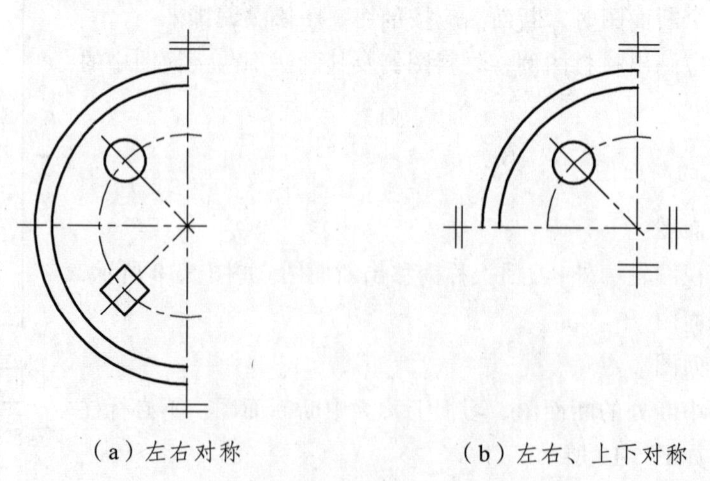
（a）左右对称　　（b）左右、上下对称

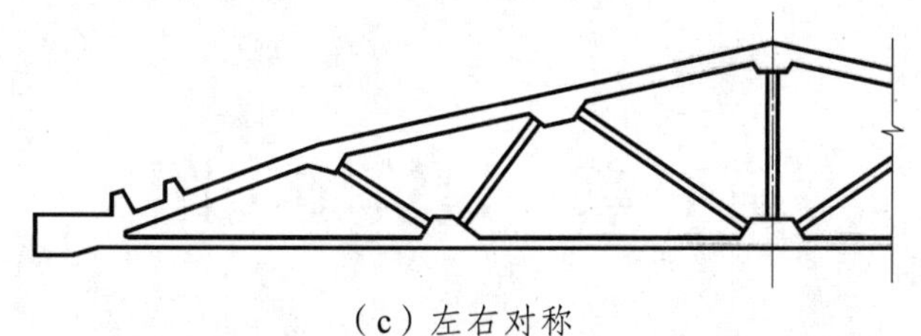

（c）左右对称

图 5.21　对称图形简化画法

5.3.2　较长构件的断开省略画法

较长的构件，如沿长度方向的形状相同或按一定规律变化，可断开省略绘制，断开处应以折断线表示，如图 5.22（a）所示。一个构配件，如与另一个构配件仅部分不相同，该构配件可只画不同部分，但应在两个构配件的相同部分与不同部分的分界线处，分别绘制连接符号，如图 5.22（b）。

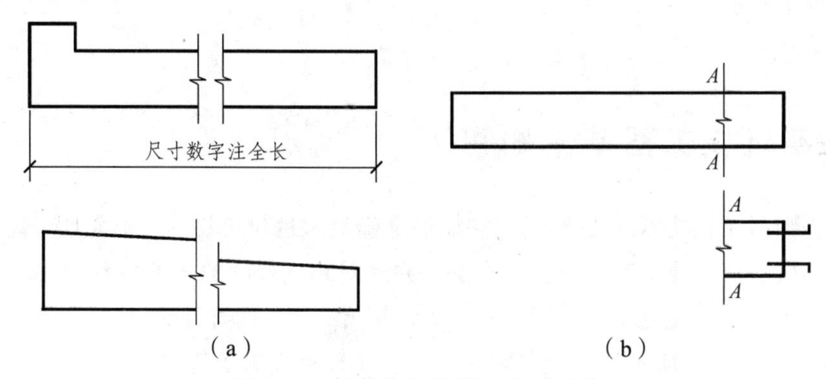

图 5.22　较长构件的断开省略画法

5.3.3　相同结构要素的省略画法

构配件内多个完全相同而连续排列的构造要素，可仅在两端或适当位置画出其完整形状，其余部分以中心线或中心线交点表示，如图 5.23 所示。

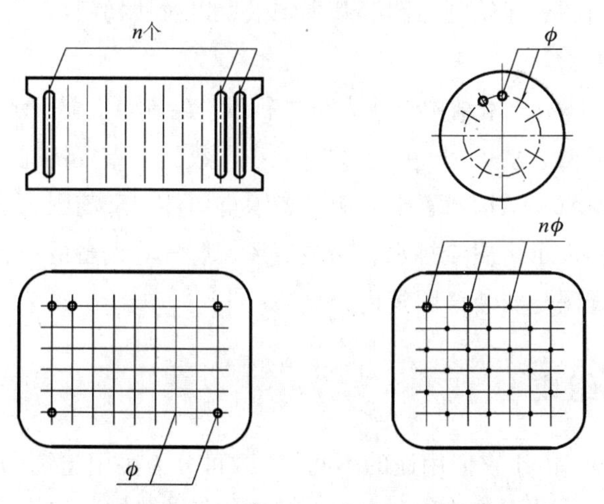

图 5.23　相同结构要素的省略画法

第6章 建筑施工图

内容提要

- 建筑施工图基本知识
- 施工总说明及建筑总平面图
- 建筑平面图
- 建筑立面图
- 建筑剖视图
- 建筑详图

6.1 建筑施工图基本知识

建筑工程图是工程技术的“语言”，它能够准确地表达建筑物的外形轮廓、尺寸大小、结构构造、装修做法等，要求有关施工人员必须熟悉建筑工程图的全部内容。

房屋施工图由于专业分工的不同，又分为建筑施工图（简称建施）、结构施工图（简称结施）、设备（给排水、采暖通风、电气等）施工图（简称设施）等。

建筑施工图，一般由设计部门的建筑专业人员进行设计绘图。建筑施工图主要反映一个工程的总体布局，表明建筑物的外部形状、内部布置情况，以及建筑构造、装修、材料、施工要求等，用来作为施工定位放线、内外装饰做法的依据，同时也是结构施工图和设备施工图的依据。建筑施工图主要包括首页（图纸目录、设计总说明、门窗表等）、建筑总平面图、建筑平面图、建筑立面图、建筑剖面图等基本图纸，以及楼梯门窗、台阶、散水和厨卫等建筑详图与材料、做法说明等。

结构施工图，一般是由土木结构专业人员进行设计绘制，主要表示房屋结构设计的内容，比如房屋承重结构的类型，承重构件的种类、大小、数量、布置情况及详细的构造作法等。一般包括结构设计总说明、结构布置平面图，各承重构件的配筋图、节点大样图等。

设备施工图，主要表示房屋给排水、采暖通风、燃气等设备的布置和安装要求等，一般包括平面布置图、系统图与安装详图等内容。

6.1.1 房屋的组成

房屋也称为建筑物，由于它们用途的不同，大致可分为民用建筑（居住建筑、公共建筑）、工业建筑（厂房、仓库、动力等建筑）和农业建筑（饲养牲畜、谷仓等建筑）。

虽然民用建筑、工业建筑或农业建筑的使用要求、空间组合、外形、规模等各不相同，但是构成建筑物的主要部分一般都是基础、墙（或柱）、楼（地）面、屋顶、楼梯、门、窗等。此外，许多房屋还有台阶或坡道、雨棚、雨水管、明沟或散水及装修等，如图 6.1 所示。

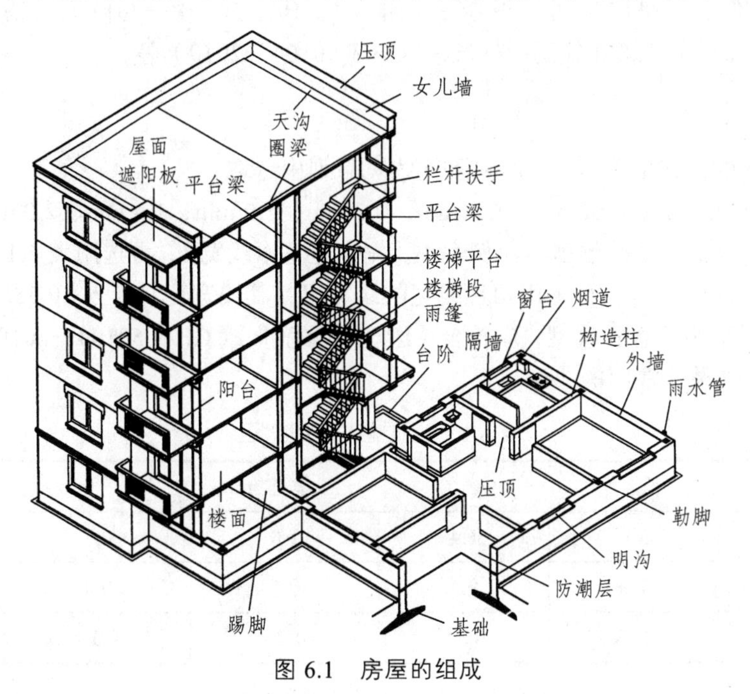

图 6.1　房屋的组成

1. 基　础

基础位于墙或柱的下部，属于承重构件，起承重作用，并将全部荷载传递给地基。

2. 墙（或柱）

墙（或柱）都是将荷载传递给基础的承重构件，也是划分房屋内部空间的竖向构件，墙还起围合房屋空间和内部水平分隔的作用。墙按受力情况可分为承重墙和非承重墙；按位置可分为内墙和外墙；按方向可分为纵墙和横墙。两端的横墙通常称为山墙。

3. 楼地面

楼（地）面又叫楼板层，是划分房屋内部空间的水平构件，具有承重、竖向分隔和水平支撑的作用，并将楼板层上的荷载传递给墙（梁）或柱。

4. 楼　梯

楼梯是各楼层之间的垂直交通设施，供人们上下楼和紧急疏散之用。

5. 门和窗

门和窗均为非承重的建筑配件。门的主要功能是交通和分隔房间；窗的主要功能则是通风和采光，同时还具有分隔和围护作用。

此外，房屋的正前方一般还设台阶及雨棚；屋面周围有女儿墙。

6.1.2 建筑施工图中的有关规定

绘制和阅读房屋的建筑施工图，不仅要符合正投影原理，还应遵守有关标准。建筑专业制图的现行标准是《房屋建筑制图统一标准》（GB/T 50001—2017）、《总图制图标准》（GB/T 50103—2010）和《建筑制图标准》（GB/T 50104—2010）等。

1. 线 型

建筑施工图的图线的宽度 b，应从下列线宽系列中选取：

0.18 mm、0.25 mm、0.35 mm、0.5 mm、0.7 mm、1.0 mm、1.4 mm、2.0 mm。

每个图样，应根据复杂程度与比例大小，先确定基本线宽 b，再选用表 6.1 中适当的线宽组。绘制较简单的图样时，可采用两种线宽的线宽组，其线宽比宜为 $b:0.35b$。

建筑施工图采用的各种线型，应符合《建筑制图标准》（GB/T 50104—2010）中关于图线的规定，表 6.2 摘录了常用的线型规定。

表 6.1 建筑施工图线宽组

线宽	线宽组/mm				
b	2.0	1.4	1.0	0.7	0.5
$0.5b$	1.0	0.7	0.5	0.4	0.3
$0.25b$	0.5	0.35	0.25	0.18	0.18

表 6.2 建筑施工图常用线性

名称	线型	线宽	用途
粗实线		b	平面图、剖视图中被剖切的主要建筑构造（包括构配件）的轮廓线； 建筑立面图的外轮廓线； 建筑构造详图中被剖切的主要部分的轮廓线； 建筑构配件详图中构配件的外轮廓线
中实线		$0.5b$	平面图、剖视图中被剖切的次要建筑构造（包括构配件）的轮廓线； 建筑平面图、立面图、剖视图中建筑构配件的轮廓线； 建筑构造详图及建筑构配件详图中般轮廓线
细实线		$0.25b$	小于 $0.5b$ 的图形线、尺寸线、尺寸界线、图例线、索引符号、标高符号等
细点画线		$0.25b$	中心线、对称线、定位轴线
折断线		$0.25b$	不需要画全的断开界限

2. 比 例

建筑施工图选用的比例，宜符合表 6.3 的规定。

表 6.3　建筑施工图选用比例

图名	比例
总平面图	1∶2 000、1∶1 000、1∶500
建筑物或构筑物的平面图、立面图、剖视图	1∶50、1∶100、1∶200
建筑物或构筑物的局部放大图	1∶10、1∶20、1∶50
配件及构造详图	1∶1、1∶2、1∶5、1∶10、1∶20、1∶50

3. 标　高

标高是标注建筑物高度的另一种尺寸形式。标高符号的画法和标高数字的注写应符合《房屋建筑制图统一标准》（GB/T 50001—2017）的规定。

标高有绝对标高和相对标高两种。

（1）绝对标高：我国把青岛附近黄海的平均海平面定为绝对标高的零点，其他各地标高都以它作为基准。

（2）相对标高：建筑物的施工图上要注明许多标高，如果都用绝对标高，数字就很烦琐，且不易直接得出各部分的高差。因此一般都采用相对标高，即把底层室内主要的地坪标高定为相对标高的零点，且在建筑工程的总说明中说明相对标高与绝对标高的关系，这样就可以根据当地的水准点（绝对标高）测定拟建工程的底层地面标高。

总平面图上的标高符号，宜涂黑表示，其形式和画法如图 6.2（a）所示。

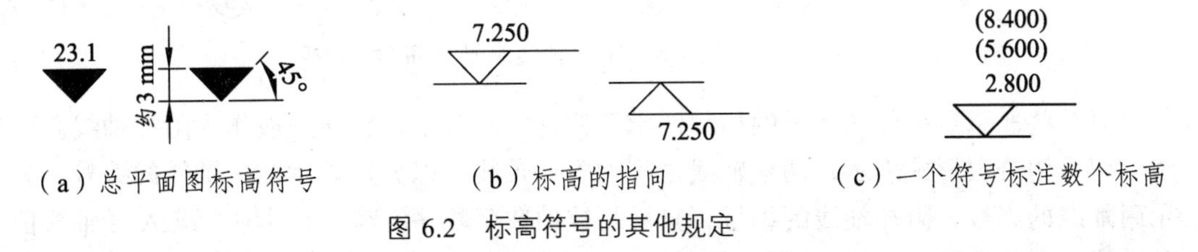

（a）总平面图标高符号　（b）标高的指向　（c）一个符号标注数个标高

图 6.2　标高符号的其他规定

个体建筑物图样上的标高符号，应按图 6.3（a）所示的形式以细实线绘制，如标注位置不够，可按图 6.3（b）、（c）所示形式绘制。

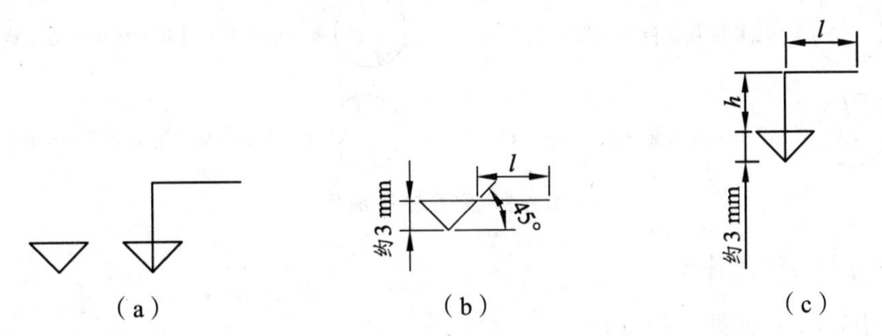

（a）　（b）　（c）

L—注写标高数字的长度，应做到注写后匀称；*h*—高度，视需要而定。

图 6.3　建筑标高符号

标高符号的尖端应指至标注的高度。尖端可向下，也可向上，如图 6.2（b）所示。

在图样的同一位置需表示几个不同标高时，标高数字可按图 6.2（c）所示的形式注写。

标高数字应以“m”为单位，注写到小数点以后第三位。在总平面图中，可注写到小数点以后第二位。零点标高应注写成 ± 0.000，正数标高不注“+”，负数标高应注“-”，例如 3.300、- 0.660。

4. 定位轴线及编号

在建筑施工图中用定位轴线来确定墙、柱、梁等承重构件的位置。它使得房屋的平面划分及构件统一趋于简单，是结构计算、施工放线、测量定位的依据。

定位轴线用细点画线表示，并加以编号，定位轴线的编号应注写在轴线端部的圆内。圆应用细实线绘制，直径 8 mm，详图上可增为 10 mm。

平面图上定位轴线的编号，宜注在图样的下方与左侧。横向编号用阿拉伯数字 1、2、3……从左至右顺序编写，竖向编号用大写拉丁字母 A、B、C……从下至上顺序编写（字母 I、O、Z 不能用作轴线编号，以免与数字 1、0、2 相混淆），如图 6.4 所示。

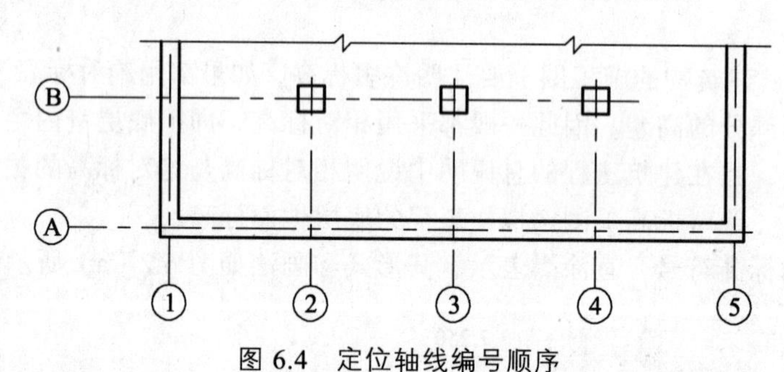

图 6.4　定位轴线编号顺序

对某些非承重构件和次要的局部的承重构件等，其定位轴线一般作为附加轴线。附加轴线的编号用分数形式表示，两根轴线之间的附加轴线，以分母表示前一轴线的编号，分子表示附加线的编号，附加轴线的编号，宜用阿拉伯数字顺序编写。1 号轴线或 A 号轴线前附加的轴线，应以分母 01、0A 分别表示，位于 1 号轴线或 A 号轴线之前的轴线，用分子来表示，如图 6.5 所示。

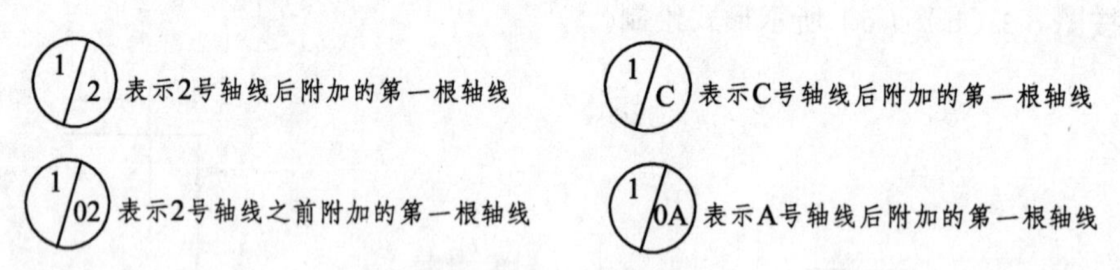

图 6.5　附加轴线编号

5. 索引符号与详图符号

（1）索引符号［如图 6.6（a）］。

① 索引出的详图，如与被索引的图样同在一张图纸内，应在索引符号的上半圆中用数字注明该详图的编号，在下半圆中间画一段水平细实线，如图 6.6（b）所示。

② 索引出的详图，如与被索引的图样不在同一张图纸内，应在索引符号的下半圆中用数字注明该详图所在图纸的图纸号，如图 6.6（c）所示。

③ 索引出的详图，如采用标准图，应在索引符号水平直径的延长线上加注该标准图册的编号，如图 6.6（d）所示。

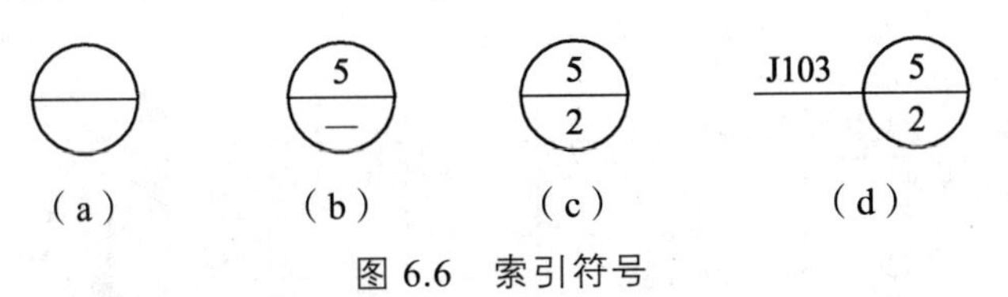

图 6.6　索引符号

④ 索引符号如用于索引剖视详图，应在被剖切的部位绘制剖切位置线，并以引出线引出索引符号，引出线所在的一侧应为剖视方向，如图 6.7 所示。

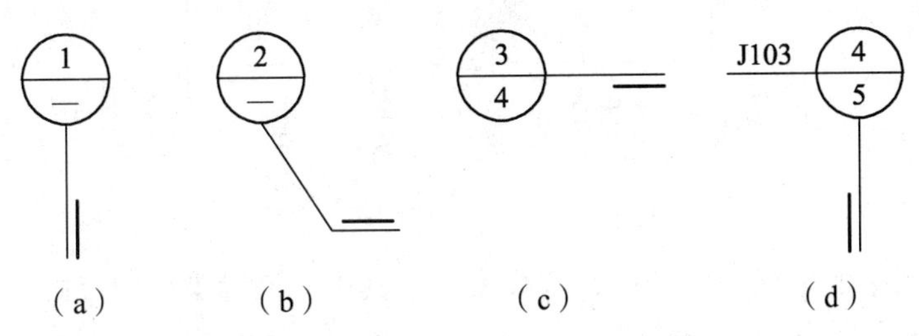

图 6.7　用于索引剖视详图的索引符号

（2）详图符号。

详图符号表示详图的位置和编号，详图符号用粗实线圆表示，直径 14 mm。详图符号按下列规定编号：

① 详图与被索引的图样同在一张图纸内时，应在详图符号内用数字注明详图的编号，如图 6.8（a）所示。

② 详图与被索引的图样，如不在同一张图纸内，可用细实线在详图符号内画一水平直径，在上半圆中注明详图编号，在下半圆中注明被索引图纸的图纸号，如图 6.8（b）所示。

（a）详图与被索引图样在一张图纸内　　（b）详图与被索引图样不在同一张图纸内

图 6.8　详图符号

6. 房屋的定位

建筑总平面图中坐标的主要作用是标定平面图内各建筑物之间的相对位置及与平面图外其他建筑物或参照物的相对位置关系。一般建筑总平面图中使用的坐标网有测量坐标网和建筑坐标网，它们都属于平面坐标系，并以方格网络细实线的形式表示。

在地形图上，测量坐标网采用与地形图相同的比例的 50 m × 50 m 或者 100 m × 100 m 的方格网，画成交叉十字线形成坐标网络，坐标代号用“X、Y”表示，X 为南北方向轴线，X 的增量在 X 轴线上；Y 为东西方向轴线，Y 的增量在 Y 轴线上。

当建筑物、构筑物的两个方向与测量坐标网不平行时，可增画一个与房屋两个主向平行的坐标网，叫建筑坐标网。建筑坐标网画成网络通线，在图中适当位置选一坐标原点，并以

“A、B”表示，A 轴相当于测量坐标中的 X 轴，B 为轴相当于测量坐标中的 Y 轴，坐标值为负数时，应注“－”；坐标值为正数时，“＋”号可省略。如图 6.9 所示。

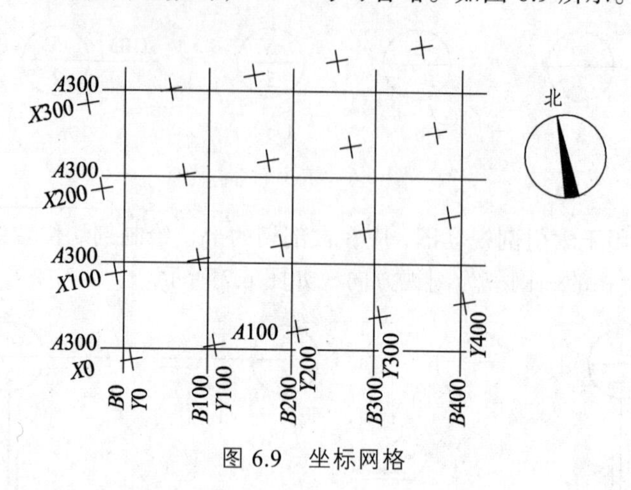

图 6.9　坐标网格

建筑总平面图中的坐标网络应以细实线表示。其中，测量坐标网应画成交叉十字线，坐标代号宜用“X，Y”表示。

一般确定建筑物、构筑物位置的坐标宜注其三个角的坐标，如建筑物、构筑物与坐标轴线平行，可注其对角坐标。

总平面图上有测量和建筑两种坐标系统时，应在附注中注明两种坐标系统的换算公式。如无建筑坐标系统时，应标出主要建筑物的轴线与测量坐标轴线的交角在建筑物不大且数量较少的总平面图中，一般不画坐标网，只要注出新建房屋与邻近现有建筑物间在两个方向的尺寸距离，便可确定其位置。

7. 建（构）筑物名称和编号

建筑总平面图上的建筑物构筑物应注写名称，名称宜直接标注在图上。当图样比例小或图面无足够位置时，也可编号列表标注在图内。当图形过小时，可标注在图形外侧附近处。一个工程中，整套总图图纸所注写的场地、建筑物、构筑物、道路等的名称应统一，各设计阶段的上述名称和编号应一致。

8. 地　形

地面上高低起伏的形状称为地形。地形是用等高线来表示的。等高线是预定高度的水平面与所表示表面的截交线。

在总平面图中，有时为了表明复杂的地表起伏变化状态，可假想用一组高差相等的水平面去截切地形表面，画出一圈一圈的截交线就是等高线。

阅读地形图是土方工程设计的前提，因此会看地形图非常必要。地形图的阅读主要是根据地面等高线的疏密变化大致判断出地面地势的变化。等高线的间距越大，说明地面越平缓；相反等高线的间距越小，说明地面越陡峭。从等高线上标注的数值可以判断出地形是上凸还是下凹。数值由外圈向内圈逐渐增大，说明此处地形为上凸；相反数值由外圈向内圈减小，则说明此处地形为下凹。

9. 指北针或风玫瑰图

总平面图应按上北下南方向绘制。“国家标准”规定指北针的画法如图 6.10（a）所示，用细实线绘制圆，其直径为 24 mm，指针尾部的宽度为 3 mm，指针头部应注“北”或者“N”字。根据场地形状或布局，可向左或右偏转，但不宜超过 45°。

在占地较大的总平面图中，为了总体规划的需要，要画出风向频率玫瑰图，简称风玫瑰，如图 6.10（b）所示。具体画法是将东西南北划分为 16 个（或 8 个）方位，根据气象统计资料计算出多年在 12 个月或夏季三个月内各个方位的刮风次数与刮风总次数之比，定出每个方位的长度，连接各点得一个多边形，其粗实线表示全年的风向，细虚线表示夏季风向，风向由各个方位吹向中心，风向频率最高的方位为该地区的主导风向。由于该图形状像一朵玫瑰花，叫作风玫瑰图。

风向玫瑰图也能表明房屋和地物的朝向情况，因此，在已经绘制了风向玫瑰图的图样上则不必再绘制指北针。在建筑总平面图上，通常应绘制当地的风向玫瑰图。没有风向玫瑰图的城市和地区，则在建筑总平面图上画上指北针。

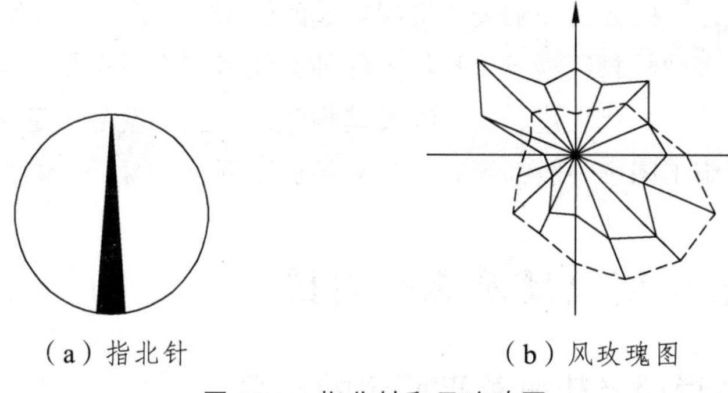

（a）指北针　　（b）风玫瑰图

图 6.10　指北针和风玫瑰图

10. 标准图与标准图集

一种具有通用性质的图样，就叫标准图（或通用图），将标准图装订成册，即为标准图集。标准图有两种，一种是整栋房屋的标准设计，另一种是适用各种房屋的、大量性的构配件的标准图，后一种是目前大量使用的。根据专业的不同，用不同的字母和数字来表示它们的类型，如建筑标准图集就用字母“J”来表示；结构标准图集就用字母“G”来表示，也有直接用文字“建”或“结”来表示的。

标准图有全国通用的，有各省、市、自治区、直辖市通用的，一般使用范围都限制在图集封面所注的地区。由于同一种构配件有多种形式，根据其某种特性，将其归类分编成多本图集并以不同代号来表示，例如图集封面上注有“国家标准图集《混凝土结构施工图平面整体表示方法制图规则和构造详图（现浇混凝土框架、剪力墙、梁、板）》（16G101-1）”，表示图集为全国范围内通用，16G101-1 为混凝土结构施工图其中一种图集的代号；又如西南地区（云、贵、川、藏、渝）的标准图集，适用地区范围就为“西南”，如只适用于西南地区的《阳台、外廊、楼梯栏杆》标准图集，图集的代号就为“西南 11G412”。

使用标准图，是为了加快设计与施工的速度，提高设计与施工的质量。各地标准图的定名和编号不一样，在使用标准图时，先看其说明，掌握其表示的方法，并了解标准图的内容，这样才有助于迅速而准确地满足自己的需要。

6.1.3 建筑施工图的图示特点

建筑施工图的图示有以下特点：

（1）房屋施工图主要是用正投影法绘制的，一般在 *H* 面上作房屋的平面图，在 *V* 面上作正、背立面图，在 *W* 面上作侧立面和剖面图。在适当的比例及图幅大小允许的条件下，可将房屋的平、立、剖面三个图按三面投影关系放在同一张图纸上，以便于阅读；如房屋较大，以适当的比例在一张图纸上放不下房屋的三个图，则可将平、立、剖面图分别画在不同的图纸上。

（2）房屋形体较大，一般施工图都是用较小的比例来绘制，但这种小比例绘制的图对房屋各部分的构造作法又无法表达清楚，因此，施工图中又配有大量的用较大比例绘制的详图，这是一种用“以少代多”的方式详细表达房屋构成的图示方法。

（3）房屋一般由多种材料所组成，且构配件种类较多，为了作图时表达简便，国家标准规定了一系列的图形符号来代表建、构筑物及其构配件、卫生设备、建筑材料等，这种图形符号称为图例。房屋施工图中一般都画有大量的各种图例。

6.2 施工总说明及建筑总平面图

6.2.1 施工总说明及建筑总平面图的作用

施工总说明主要用来说明图样设计依据和施工要求。中小型房屋的施工总说明也常与总平面图一起放在建筑施工图内，或者把施工总说明与结构总说明合并，成为整套施工图的首页，放在所有施工图的最前面。

在画有等高线的地形图上，用以表达新建房屋的总体布局及它与外界关系的平面图，叫总平面图。从总平面图上可以了解到新建房屋的位置、平面形状、朝向、标高、新设计的道路、绿化，以及它与原有房屋、道路、河流等的关系。它也是新建房屋的定位、施工放线、土方施工及布置施工现场的依据，同时也是其他专业管线设置的依据。

6.2.2 总平面图的图例

由于要表示出用地范围内所包含的较多内容，如新、旧建筑物、构筑物，计划扩建或拆除的建筑物道路、桥梁、绿化、河流等，总平面图一般采用 1 : 500、1 : 1 000、1 : 2 000 的比例，并以图例来表明它们。《总图制图标准》（GB/T 50103—2010）列出了常用的一些图例，如表 6.4、表 6.5 所示。

表 6.4　常用总平面图图例

名称	图例	说明
新建建筑物	X= Y= ① 12F/2D H=59.00 m	① 新建建筑物以粗实线表示与室外地坪相接处±0.00 外墙定位轮廓线； ② 建筑物一般以±0.00 高度处的外墙定位轴线交叉点坐标定位。轴线用细实线表示，并标明轴线号； ③ 根据不同设计阶段标注建筑编号，地上、地下层数，建筑高度，建筑出入口位置（两种表示方法均可，但同一图纸采用一种表示方法）； ④ 地下建筑物以粗虚线表示其轮廓； ⑤ 建筑上部（±0.00 以上）外挑建筑用细实线表示； ⑥ 建筑物上部连廊用细虚线表示并标注位置
原有的建筑物		用细实线表示
计划扩建的预留地或建筑物		用中粗虚线表示
拆除的建筑物		用细实线表示
散装材料露天堆场		需要时可注明材料名称
其他材料露天堆场或露天作业场		
铺砌场地		
敞棚或敞廊		

续表

名称	图例	说明
冷却塔		应注明冷却塔或冷却池
水塔、储罐	1. 2.	1—卧式贮罐； 2—水塔式立式贮罐
水池、坑槽		也可以不涂黑
烟囱		实线为烟囱下部直径，虚线为基础，必要时可注写烟囱高度和上，下口直径
围墙及大门		
台阶及无障碍坡道	1. 2.	1—台阶（级数仅为示意）； 2—无障碍坡道
坐标	1. X=320.00 Y=236.00 2. A=320.00 B=236.00	1—地形测量坐标系； 2—自设坐标系。 坐标数学平行于建筑标注
方格网交叉点坐标	-0.50 56.15 56.65	“56.15”为原地面标高； “56.65”为设计标高； “－0.50”为施工高度； “－”表示挖方（“＋表示填方”）
填方区、挖方区、未整平区及零线	＋ － ＋ －	“＋”表示填方区； “－”表示挖方区； 中间为未整平区； 点画线为零点线
填挖边坡		

续表

名称	图例	说明
雨水口	1. 2. 3.	1—雨水口； 2—原有雨水； 3—双落式雨水口
消火栓井		
室内地坪标高	124.00 (±0.00)	数字平行于建筑物书写
室外地坪标高	97.00	室外标高也可采用等高线
盲道		
地下车库入口		机动车停车场
地面露天停车场		

表 6.5　道路与铁路图例

名称	图例	说明
新建的道路	0.30%　100.00　R=6.00 107.50	① 道路转弯半径 $R=6.00$； ② 道路中心线交叉点设计标高＝107.50，两种表示方式均可，同一图纸采用一种方式表示； ③ 变坡点之间的距离＝100.00； ④ 道路坡度＝0.30%； ⑤ 表示坡向
原有的道路		
计划扩建的道路		
拆除的道路		
人行道		

续表

名称	图例	说明
道路隧道		
桥梁	1. 2.	用于旱桥时注明 1—公路桥； 2—铁路桥

6.2.3 总平面图的内容

总平面图的一般内容有：

（1）表明新建区的总体布局，如用地范围、原有建筑物或构筑物的位置、道路等。

（2）确定新建房屋的平面位置，一般可以按原有房屋或道路定位，标注定位尺寸（以“m”为单位）。

（3）注明新建房屋底层室内地坪和室外整平地坪的绝对标高。

（4）用指北针表示房屋的朝向或用风玫瑰图表示常年风向频率、风速和房屋的朝向。

6.3 建筑平面图

6.3.1 建筑平面图的作用

建筑平面图是房屋的水平剖面图，也就是假想用一个水平剖切平面沿门窗洞口的位置剖开整幢房屋，将剖切平面以下部分向水平投影面进行投影所得到的图样，简称平面图，如图6.11所示。

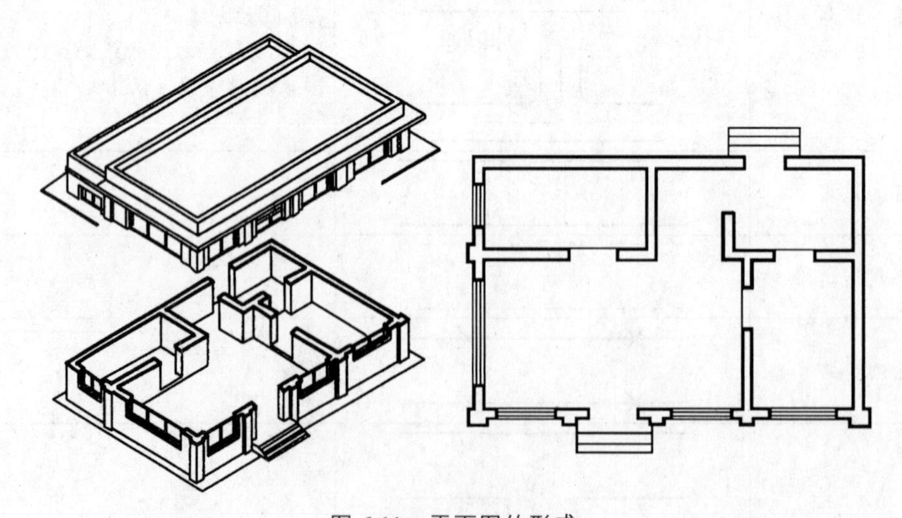

图 6.11 平面图的形成

平面图反映了房屋的平面形状、大小和房间的布置、墙（或柱）的位置、门窗的位置及各种尺寸。多层房屋一般应每层画一个平面图，并注明相应的图名，如“底层平面图”“二层平面图”等。对于相同的楼层可以画一个“标准层平面图”。除楼层平面图外，还应画屋顶平面图。屋顶平面图是屋面在水平面上的投影，不需剖切。

6.3.2 构配件图例

由于建筑平面图常用 1∶100、1∶200 或 1∶50 等较小比例，图样中的一些构造和配件，不可能也不必要按实际投影画出，只需用规定的图例表示。建筑专业制图采用《建筑制图标准》（GB/T 50104—2010）规定的构造及配件图例，表 6.6 摘录了其中一部分。

表 6.6 常用建筑配件图例

名称	图例	名称	图例
单扇门	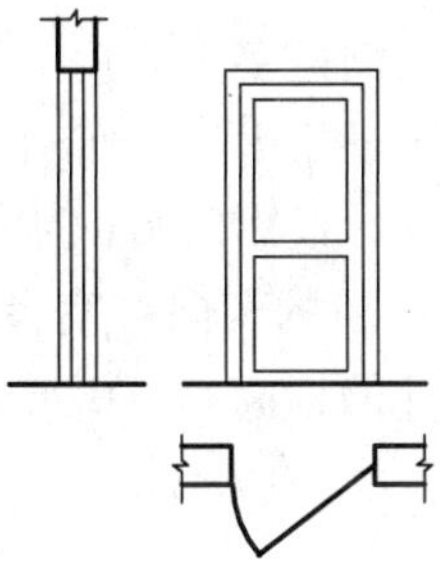	单层外开平开窗	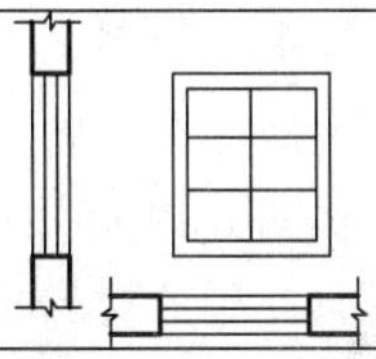
		左右推拉窗	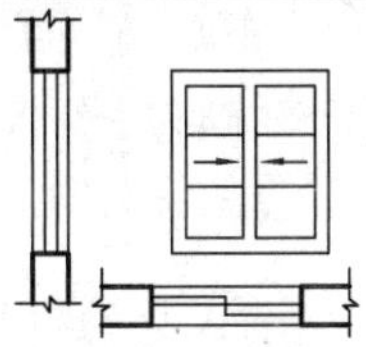
双扇们	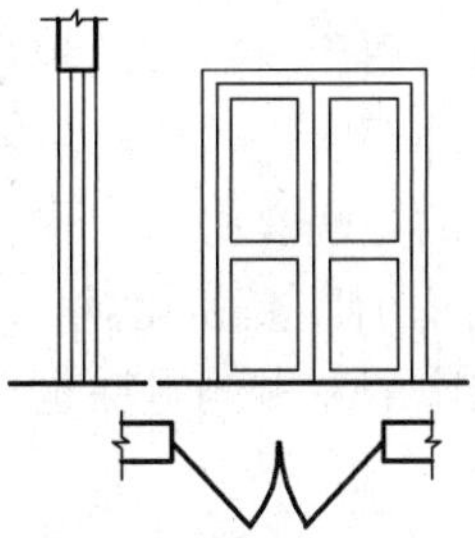	底层楼梯	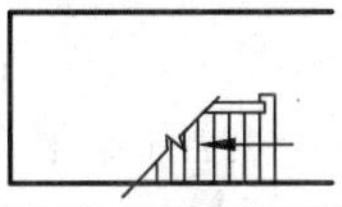
		中间层楼梯	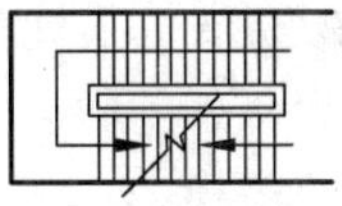
双扇双面弹簧门	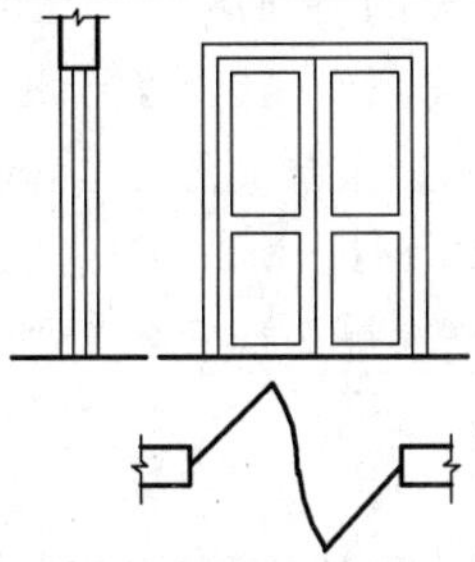	顶层楼梯	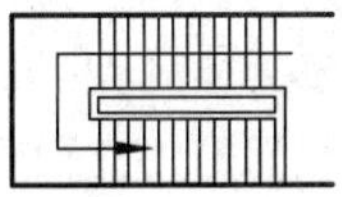

6.3.3 建筑平面图的图示内容

一般的建筑平面图包含以下内容：

（1）图名、比例、朝向。

（2）定位轴线及其编号。

（3）各房间的名称、布置和分隔，门窗的位置，墙、柱的断面形状和大小。

（4）楼梯的位置及梯段的走向与级数。

（5）其他构配件（如台阶、雨棚、阳台等）的位置。

（6）平面图的轴线尺寸、各建筑构配件的大小尺寸和定位尺寸以及楼地面的标高。

（7）剖视图的剖切符号，表示房屋朝向的指北针（这些仅在底层平面图中表示）。

（8）详图索引符号。

6.3.4 建筑平面图读图

以某小学所示的某学生宿舍一层平面图（图 6.12，见附页）为例，说明平面图的内容和读图方法。

1. 图名、比例、朝向、标高

先从图名了解该平面图是哪一层平面，图的比例是多少，房屋的朝向怎样。

从图 6.12 可知，本图是底层平面图，即一层平面，说明这个平面图是在底层窗台之上、底层向二层的楼梯平台之下水平剖切后，按俯视方向投影所得的水平剖视图。该平面图的比例是 1∶100，平面形状为长方形。指北针表明了房屋的朝向。宿舍与门厅的标高为 ± 0.000，阳台的标高为 – 0.050，表示比宿舍低 50 mm。室外的标高有 – 0.75 m 与 – 1.20 m 两种，表示建筑左边的室外地坪为 – 1.20 m，左边的室外地坪为 – 0.750 m。

2. 墙或柱的位置、房间的分布、门窗图例

从墙（或柱）位置、房间名称，了解各房间的用途、数量及相互的组合情况。

本例学生宿舍的平面组合为：由正前方的室外台阶进入建筑后就是入口门厅，门厅的正前方就是管理室与上二楼的楼梯，紧挨门厅左边的是洗衣房与客梯，从门厅左右两边的走廊就可以进入 6 人间的宿舍，也就是说宿舍在走廊的两侧布置，这种布置方式称为内廊双侧式。每间宿舍外的阳台上有盥洗间、厕所和浴室。走廊的左右侧尽头也有进入建筑的次要入口与上楼的楼梯。

在比例大于 1∶50 的平面图中，宜画出墙断面的材料图例；比例为 1∶200 ~ 1∶100 时，可画简化的材料图例（如砖墙涂红、钢筋混凝土涂黑）；比例小于 1∶200 的平面图，可不画材料图例。门、窗按“国家标准”规定的图例绘制，在图例旁注写出门窗代号，M 表示门，C 表示窗，不同型号的门、窗以不同的编号区分，如 M1、M2，C1、C2 等。此外，应以列表方式表达门窗的立面形式、颜色、开启方式、制作材料等。如表 6.7 列出了某中学宿舍的门窗。

3. 根据定位轴线了解开间和进深

根据定位轴线的编号及其间距，了解各承重构件的位置和房间的大小。

从一层平面图中看到：从左至右方向有① ~ ⑨共 9 根定位轴线，并且在轴线② ~ ⑧之后，还分别有一根附加轴线；从下向上方向有 Ⓐ ~ Ⓓ 共四根定位轴线，在轴线 Ⓐ 与轴线 Ⓒ 之后分别有一根与两根附加轴线。同一房间的横向轴线间距称为开间，纵向轴线间距称为进深。可以看出，每一间寝室的开间和进深分别是 3 900 mm 和 5 500 mm。

4. 其他构配件和固定设施的图例

除墙、柱、门、窗外，建筑平面图中还画出其他构配件和固定设施的图例。如在学生宿舍底层平面图中，每个寝室都有两个衣柜，放置两张上下床与两张上床下桌，阳台有盥洗室，卫生间分隔成厕所和浴室。

表 6.7　某中学门窗表

门窗表											
类型	设计编号	洞口尺寸（mm）	一层	二层	三层	四层	五层	六层	顶层	数量	备注
普通门	MLC6829	6 800×2 900	1							1	塑钢玻璃窗
	FM 丙 0820	800×2 000	2	2	2	2	2	2		12	丙级防火门
	FM 乙 1021	1 000×2 100	1							1	乙级防火门
	M0821	800×2 100	45	48	48	48	48	48		285	百叶门详西南 11J611-42
	M1021	1 000×2 100	1							1	
	M1027	1 000×2 700	23	24	24	24	24	24		143	
	MLC6829	1 800×2 100	1							1	
	TLM2024	2 000×2 400	1							1	
	TLM1724	1 700×2 400	23	24	24	24	24	24		143	
乙级防火门	FM 乙 1521	1 500×2 100	2							2	乙级防火门
	FM 乙 1821	1 800×2 100	6	3	3	3	3	3	1	22	乙级防火门
普通窗	BYC0404	400×400	41	41	41	41	41	41		246	塑钢百叶窗
	C0606	600×600	6	6	6	6	6	6		36	塑钢玻璃窗
	C1720	1 700×2 000	2	2	2	2	2	2		12	塑钢玻璃窗
	C1920	1 900×2 000	26	26	26	26	26	26		156	塑钢玻璃窗
	C5220	5 200×2 000		1	1	1	1	1			塑钢玻璃窗
	C2420	2 800×2 000	2	2	2	2	2	2		12	塑钢玻璃窗
	FC 乙 1815	1 800×1 500	1							1	乙级防火窗
洞口	DK1221	1 200×2 100	1	1	1	1	1	1		6	
	DK1321	1 300×2 100	1	1	1	1	1	1		6	

注：1. 门窗设计制作，安装均应由有资质的专业厂家承担。
2. 铝合金百叶窗及轻钢玻璃幕墙未做统计，尺寸详见平面标注；商场门窗，根据现场尺寸，专业公司优化设计制作安装。
3. 本工程以下部位须用安全玻璃：
a. 面积大于 1.5 m^2 的玻璃或玻璃底边离最终装修面小于 500 m 的落地窗；
b. 单元出入口、门厅等；
c. 七层及七层以上的平开窗。
4. 门窗的材料选型详见节能设计。
5. 所有门窗数量及尺寸需现场核实后方可下料制作。

另外，在一层平面图中，还画出室外的一些构配件和固定设施的图例或轮廓形状，如室外房屋的散水、雨水管，门洞外的台阶等。

其他各层平面图如下：

二层平面图如图 6.13（见附页）所示。

三层～五层平面图如图 6.14（见附页）所示。

屋顶平面图如图 6.15（见附页）、图 6.16（见附页）、图 6.17（见附页）所示。

5. 有关尺寸标注

平面图中的尺寸一般有三层，最内层为门、窗的大小和位置尺寸（门、窗的定形和定位尺寸）；中间层为定位轴线的间距尺寸（房间的开间和进深尺寸）；最外层为外墙总尺寸（房屋的总长和总宽）。内墙上的门窗尺寸可以标注在图形内。此外，还须标注某些局部尺寸，如墙厚、台阶、散水等，以及室内、外等处的标高。

6. 有关符号

在底层平面图中，除了应画指北针外，还应在剖视图的剖切位置绘制剖切号，以及在需要另画详图的局部或构件处，画出索引符号。比如图中剖切符号表示建筑剖面图的剖切位置，入口处的无障碍坡道参见国标 12J926。

6.3.5 建筑平面图的绘制步骤

以学生宿舍的底层平面图为例，说明平面图的绘制步骤。

1. 选定比例和图幅

首先，根据房屋的大小按“国家标准”的规定选择一个合适的比例，通常用 1∶100，进而确定图幅的大小，选定图幅时应考虑标注尺寸、符号和有关说明的位置。

2. 绘制底图

绘制底图的步骤如下：

（1）绘制轴线：考虑标注尺寸、轴号、图名、图框、标题栏及其他符号等，均匀布置图面，根据开间和进深尺寸绘制出定位轴线，如图 6.18（a）所示。

（2）绘制墙体：根据墙厚尺寸绘制墙体，如图 6.18（b）所示。可以暂时不考虑门窗洞口，画出全部墙线草图。草图线要画得细而轻，以便修改。

（3）门窗开洞：根据门窗的大小及位置，确定门窗的洞口。

（4）绘制门窗符号：按规定图例绘制门窗的符号，如图 6.18（c）所示。

（5）其他：包括室内家具、壁柜、卫生隔断、室外阳台、台阶、散水等，如图 6.18（d）所示。

（6）加深墙线。

（7）标注：标注尺寸、房间名称、门窗名称及其他符号，完成全图。

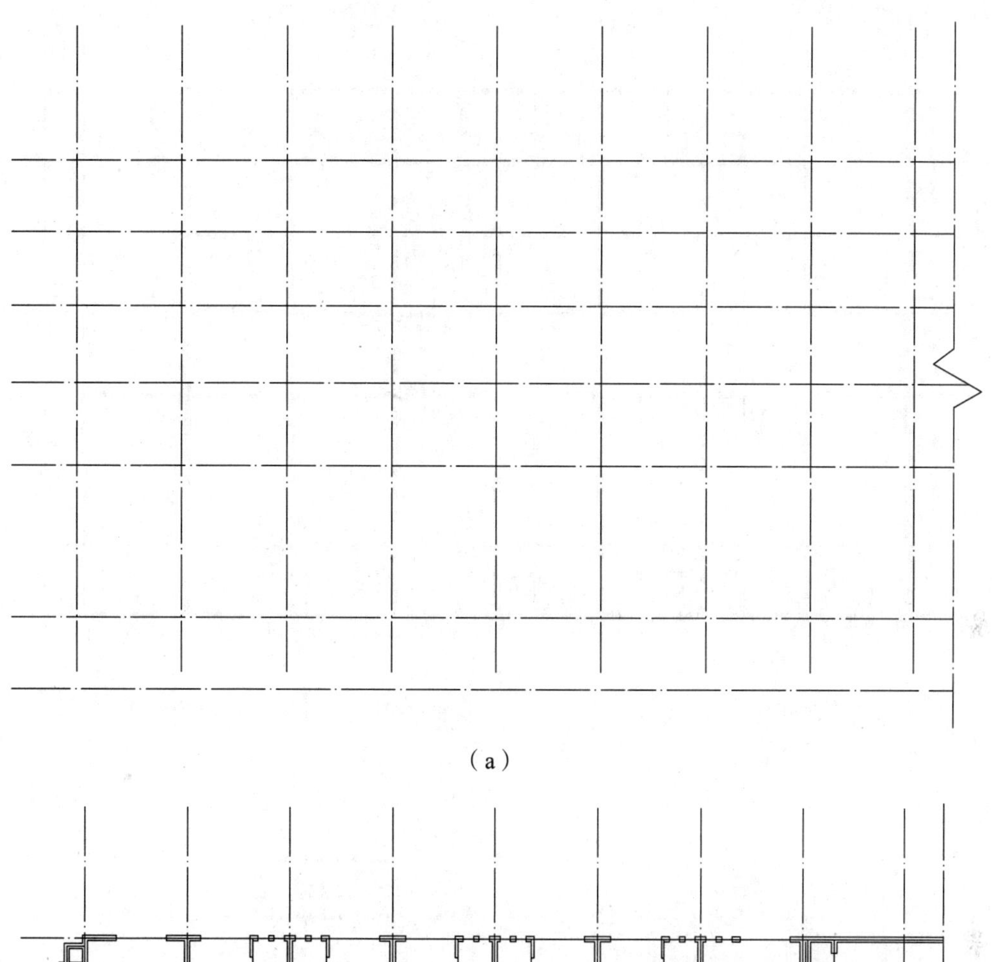
（a）

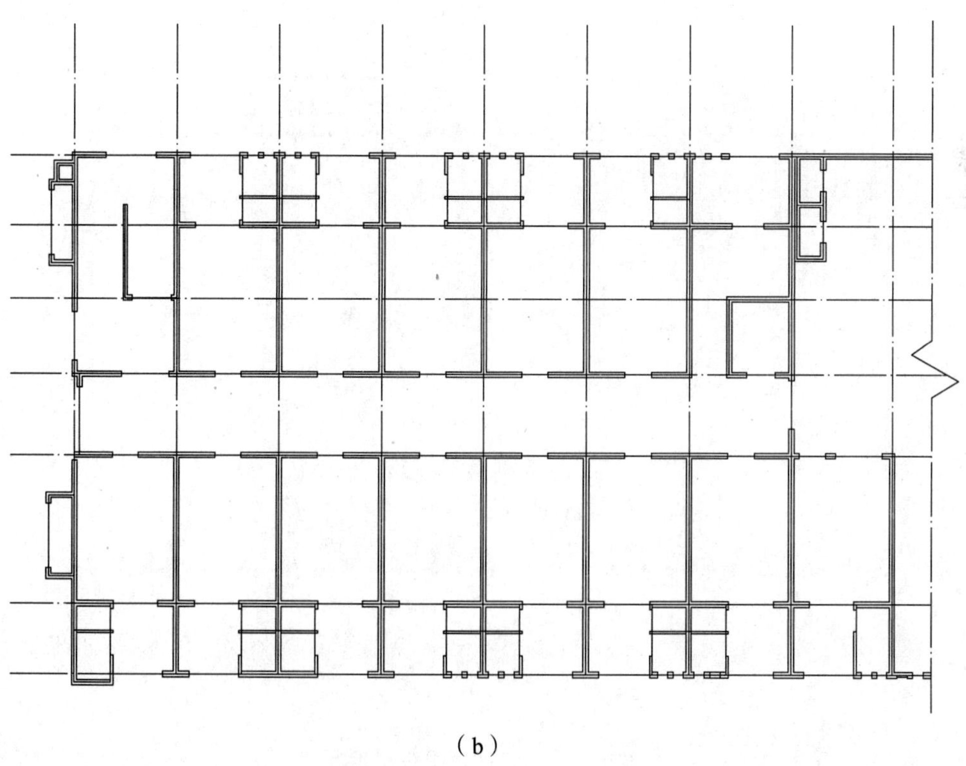
（b）

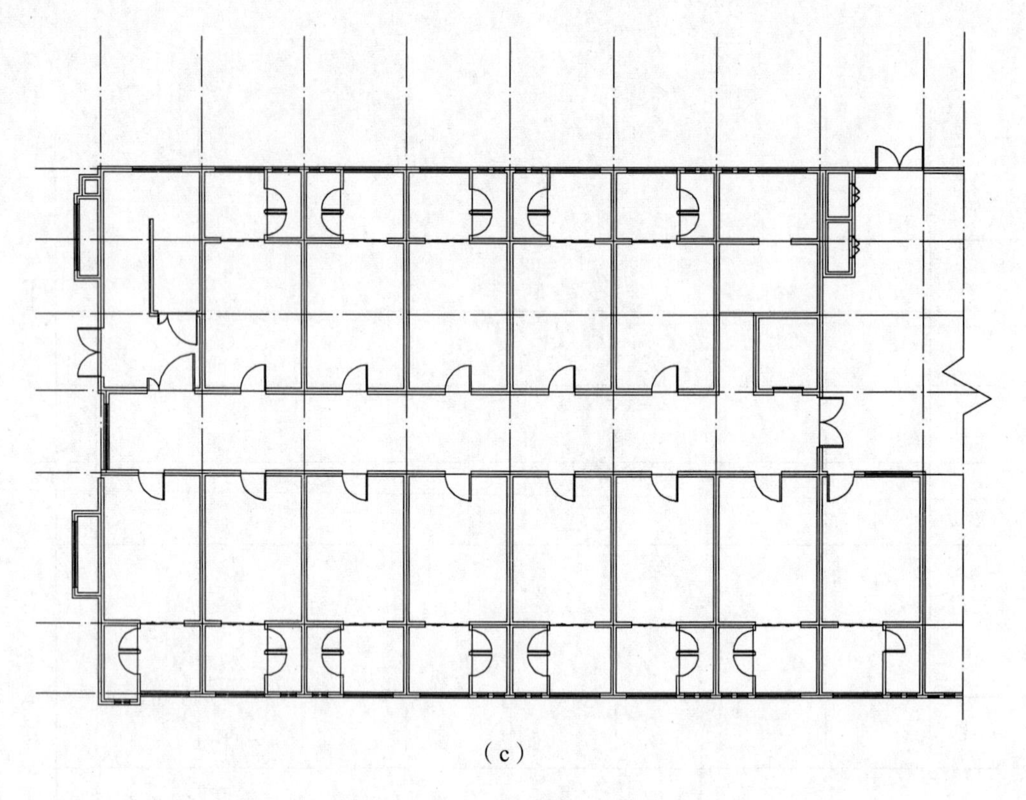

（c）

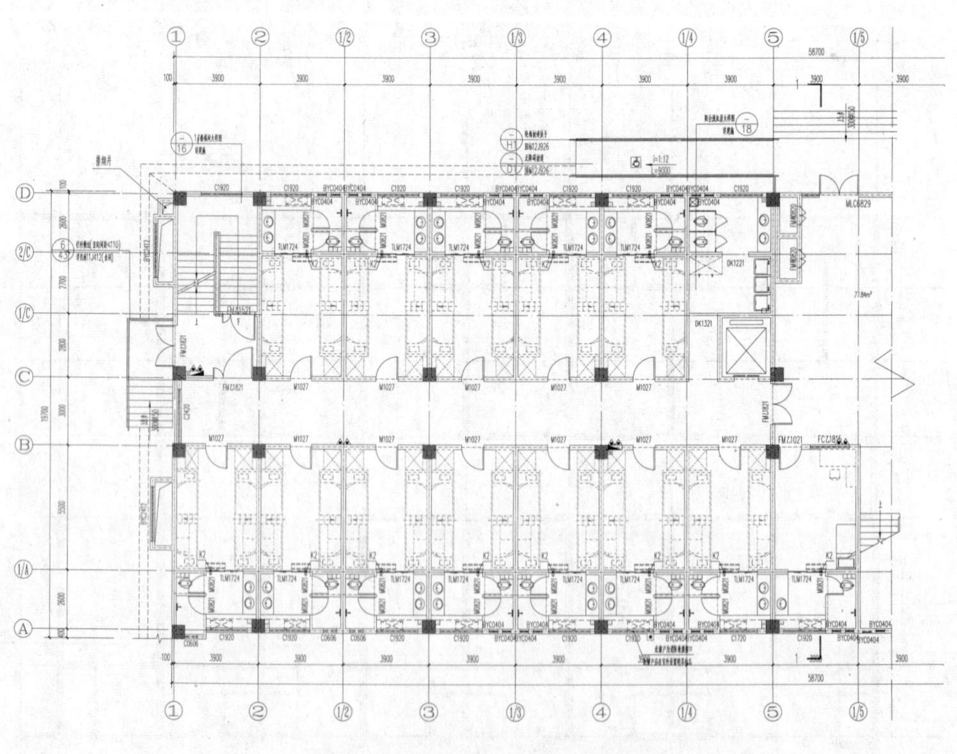

（d）

图 6.18　建筑平面图绘制步骤

6.4 建筑立面图

6.4.1 建筑立面图的作用

建筑物是否美观，很大程度上取决于它在立面上的艺术处理，包括造型和装修是否优美等。在初步设计阶段，立面图主要是用来研究这种艺术处理的。在施工图中，它主要反映房屋的外貌、门窗形式和位置、墙面的装饰材料、做法和色彩等。

建筑立面图是在与房屋的立面平行的投影面上所作的正投影，简称为立面图。原则上东南西北每一个立面都要画出它的立面图。

有定位轴线的建筑立面图宜以该图两端的轴线编号来进行命名，如①~⑤立面图、Ⓐ~Ⓒ立面图。无定位轴线的建筑物可按平面图各面的朝向确定立面图的名称，如东立面图、南立面图等。

建筑立面图应画出可见的建筑物外轮廓线、建筑构造和构配件的投影，并注写墙面做法及必要的尺寸和标高。但由于立面图的绘图比例较小，门窗扇、檐口构造、阳台、雨棚和墙面装饰等细部，往往只用图例表示。它们的构造和做法，一般都另有详图或文字说明。

6.4.2 建筑立面图的形成

立面图是房屋在与外墙面平行的投影面上的投影。一般房屋有四个立面，即从房屋的前、后、左、右四个方向所得的投影图。根据具体情况可以增加或减少。图 6.19 中的正立面图是大门入口所在的立面。

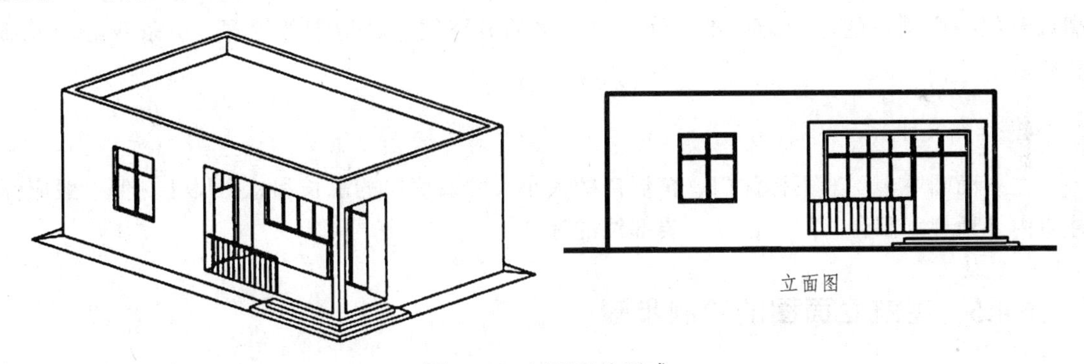

图 6.19 立面图的形成

6.4.3 建筑立面图的图示内容

一般的建筑立面图包含以下内容：

（1）图名、比例。

（2）立面两端的定位轴线及其编号。

（3）门窗的位置和形状。

（4）屋顶的外形。

（5）外墙面的装饰及做法

（6）台阶、雨棚、阳台等的位置、形状和做法。
（7）标高及必须标注的局部尺寸。
（8）详图索引符号

6.4.4 建筑立面图的读图

以所示的某学生宿舍正立面图（图 6.20，见附页）为例，说明立面图的内容的读图方法。

1. 图名和比例

对照底层平面图可以看出，该立面是这幢学生宿舍的主要入口所在立面，也可以称为⑨～①立面图。立面图的比例一般采用与平面图相同的比例，所以这里也是 1∶100。

2. 定位轴线

立面图上只标出两端的轴线及其编号（与平面图上对应），用以确定立面的朝向。

3. 立面外貌

立面图的外轮廓线所包围的范围显示出这幢房屋的总长和总高。外轮廓线之内的图形主要是门窗、阳台等构造的图例。配合建筑平面图可以知道这幢学生宿舍共六层，大门在建筑的东北、西北、东南方向，大门前都有台阶，台阶的上方有雨棚构筑物，立面左右大体对称。房屋外墙面的装饰格调主要采用条形红色 PK 砖与白色外墙砖。

为了使立面图外形清晰、层次分明，往往用不同的线型表示各部分的轮廓线。立面图的最外轮廓线画成粗实线，室外地平线的宽度画成 1.4b；台阶、阳台、雨篷等部分的外轮廓以及门、窗洞口的轮廓画成中实线；门窗扇的分格线及其他细部轮廓、引条线等画成细实线。

4. 标高尺寸

在立面图中，一般不标注门、窗洞口的大小尺寸及房屋的总长和总高尺寸。但一般应标注室内外地坪、阳台、门、窗等主要部位的标高。

6.4.5 建筑立面图的绘制步骤

立面图采用与平面图相同的图幅和比例。

1. 画定位线

考虑好图面的布置后，先画出定位辅助线：与该立面对应的轴线、各楼层的层面线以及室外地坪线，如图 6.21（a）所示。画出定位线是为了确定立面上门窗、阳台等的位置。

2. 绘制门窗、台阶、雨棚等

按门窗的定形和定位尺寸绘制门窗图例，如图 6.21（b）所示。定形尺寸即洞口的大小，一般在门窗表中表示，定位尺寸包括窗垛的尺寸（在平面图中已标注）和窗台高度（比如 900）。台阶、雨棚按标定的位置画出。

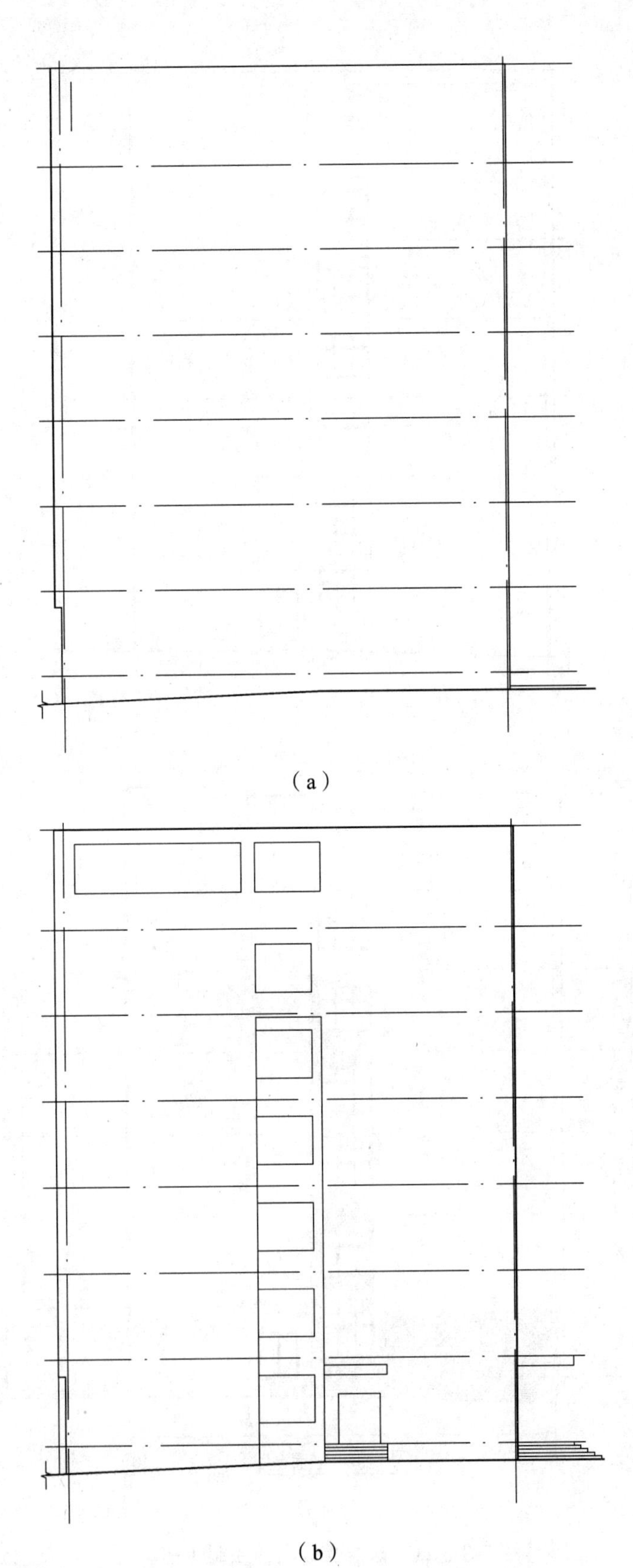

（a）

（b）

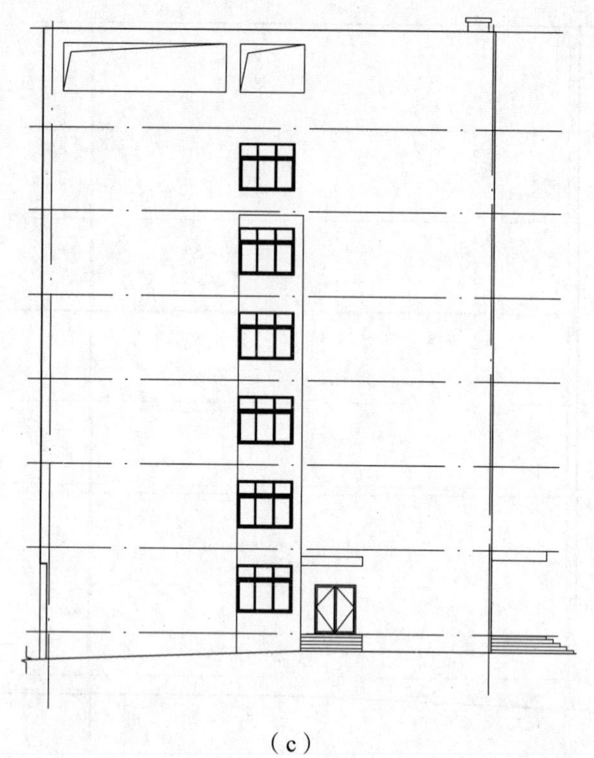

（c）

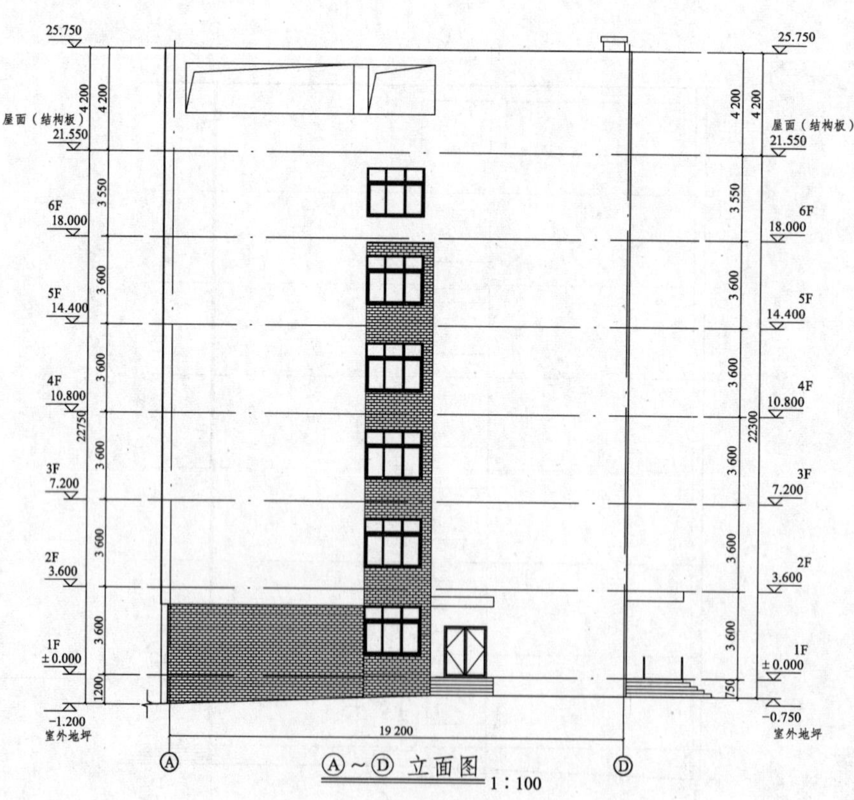

（d）

图 6.21　建筑立面图的绘制步骤

3. 画装饰图线

经检查无误，擦除多余的图线，按立面图的线性要求加深图线，并完成装饰细部，如图 6.21（c）。

4. 完成全图

标注轴线、标高、尺寸及文字说明等，完成全图，如图 6.21（d）。

6.5 建筑剖面图

6.5.1 建筑剖面图的形成与作用

如图 6.22 所示，假想用一个或多个垂直于外墙轴线的铅垂剖切面将建筑物剖开，所得的正投影图，称为建筑剖面图，简称剖面图。剖面图用以表示房屋内部的结构或构造形式、分层情况和各部位的联系、材料及其高度等，是与平、立面图相互配合的不可缺少的重要图样之一。

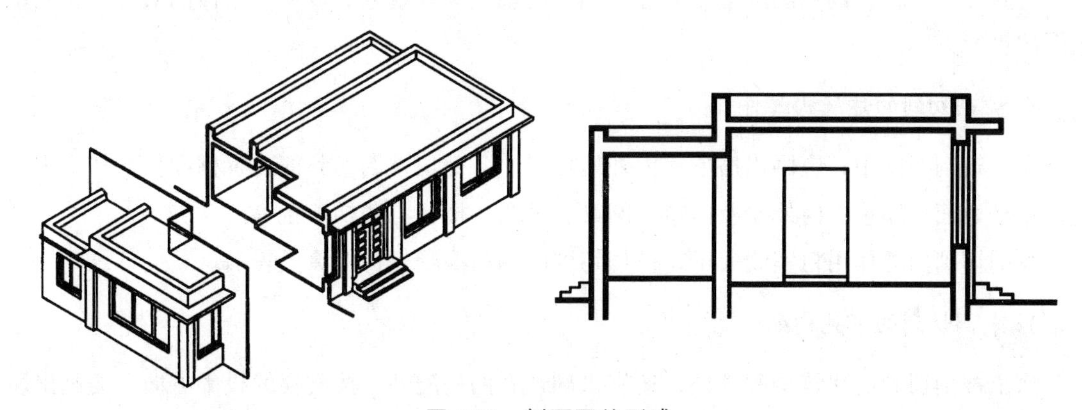

图 6.22 剖面图的形成

剖面图的数量是根据房屋的具体情况和施工实际需要而决定的。剖切面一般采用竖向剖切，即平行于侧立面，必要时也可横向剖切，即平行于正立面。

要想使剖面图达到较好的图示效果，必须合理选择剖切位置和剖切后的投射方向。剖切位置应根据图样的用途和设计深度，在平面图上选择能反映全貌、构造特征以及有代表性的部位进行剖切，并应通过门厅、门窗洞和阳台等位置。若为多层房屋，剖切位置应选择在楼梯间或层高不同、层数不同的部位。剖面图的剖切数量视建筑物的复杂程度和实际情况而定。剖面图的图名应与平面图上所标注剖切符号的编号一致，剖切符号可用阿拉伯数字、罗马数字或拉丁字母编号，如 1—1 剖面图、2—2 剖面图等。

6.5.2 建筑剖面图的图示内容

一般剖面图包含以下内容：

（1）图名、比例。

（2）外墙的定位轴线及其编号。

（3）剖切到的室内外地面、楼板、屋顶、内外墙，以及门窗、各种梁、楼梯、阳台、雨棚等的位置、形状及图例。地面以下的基础一般不画。

（4）未剖切到的可见部分，如墙面上的凹凸轮廓、门窗、梁、柱等的位置和形状。

（5）垂直尺寸及标高

（6）详图索引符号。

6.5.3 建筑剖面图的读图

1. 图名、比例、定位轴线

图 6.23（见附页）是学生宿舍的 1—1 剖视图。

从底层平面图（图 6.12）中对应的剖切符号可知：该剖视是通过入口门厅和上楼的楼梯及门窗洞口进行剖切的，投影方向是从左至右。剖视图的比例与平面图相同。

与立面图一样，剖视图上也可只标出两端的轴线及其编号，以便与平面图对照来说明剖面图的投影方向。

2. 被剖切到的建筑构配件

在建筑剖视图中，应画出房屋室内外地坪以上各部位被剖切到的建筑构配件。如室内外地面、楼地面、屋顶、内外墙及门窗、圈梁、过梁、楼梯与楼梯平台等。

被剖切到的墙体用粗实线表示，被剖切到的钢筋混凝土构件涂黑表示。

3. 未剖切到的可见构配件

除了被剖切到的建筑构配件外，还有未剖切到的构配件，按剖视的投影方向，要画出所有可见的构配件轮廓（不可见的不画）。比如 1—1 剖视图中另一楼梯段、楼梯扶手、进入另一边走廊的门、屋顶女儿墙等。

4. 有关尺寸

剖视图一般应标注垂直尺寸及标高。外墙的高度尺寸一般也标注三层，第一层为剖切到的门窗洞口及洞间墙的高度尺寸（以楼面为基准来标注），第二层为层高尺寸，第三层为总高尺寸。剖视图中还须标注室内外地面、楼面、楼梯平台等处的标高。

6.5.4 建筑剖视图的绘制步骤

1. 画定位线

考虑好图面的布置后，先画出定位线：该剖视处对应的轴线、各楼层的层面线以及室外地面线，如图 6.24（a）所示。这里的定位线是绘制被剖切的墙体、门窗和楼板的基准。

2. 画墙体、楼板、楼梯等

绘制剖切到的内外墙及楼板，绘制楼梯的投影，注意剖切到的梯段和未剖切到的梯段都要画，如图 6.24（b）所示。

3. 装饰图线

经检查无误，擦除多余的图线，按剖面图的线性要求加深墙体、圈梁、过梁及被剖切的梯段的图线，并画出断面材料图例，如图 6.24（c）。

4. 完成全图

标注标高、尺寸、轴线、索引符号等，完成全图，如图 6.24（d）。

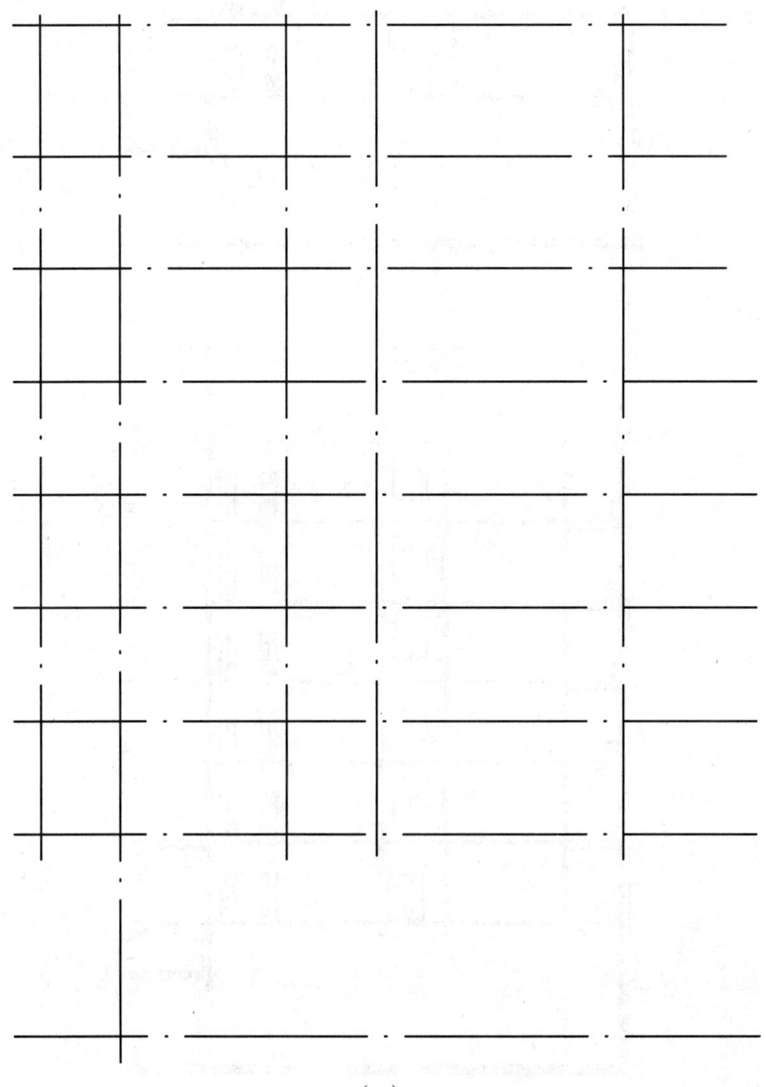

（a）

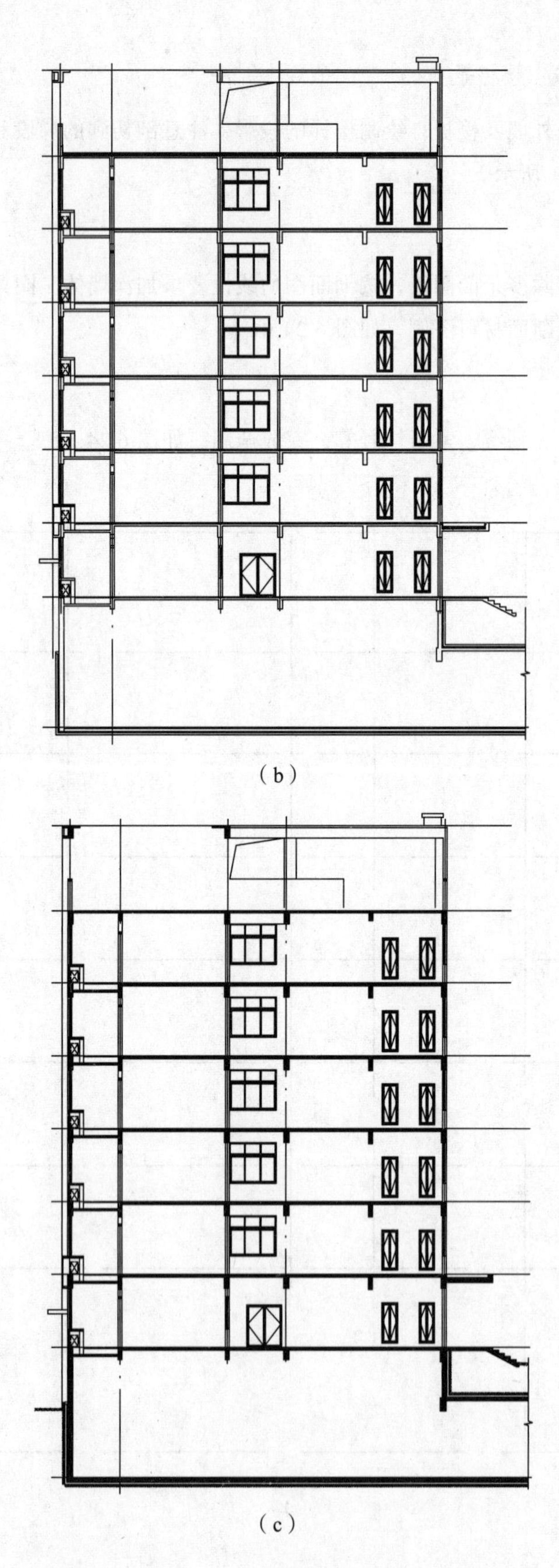

（b）

（c）

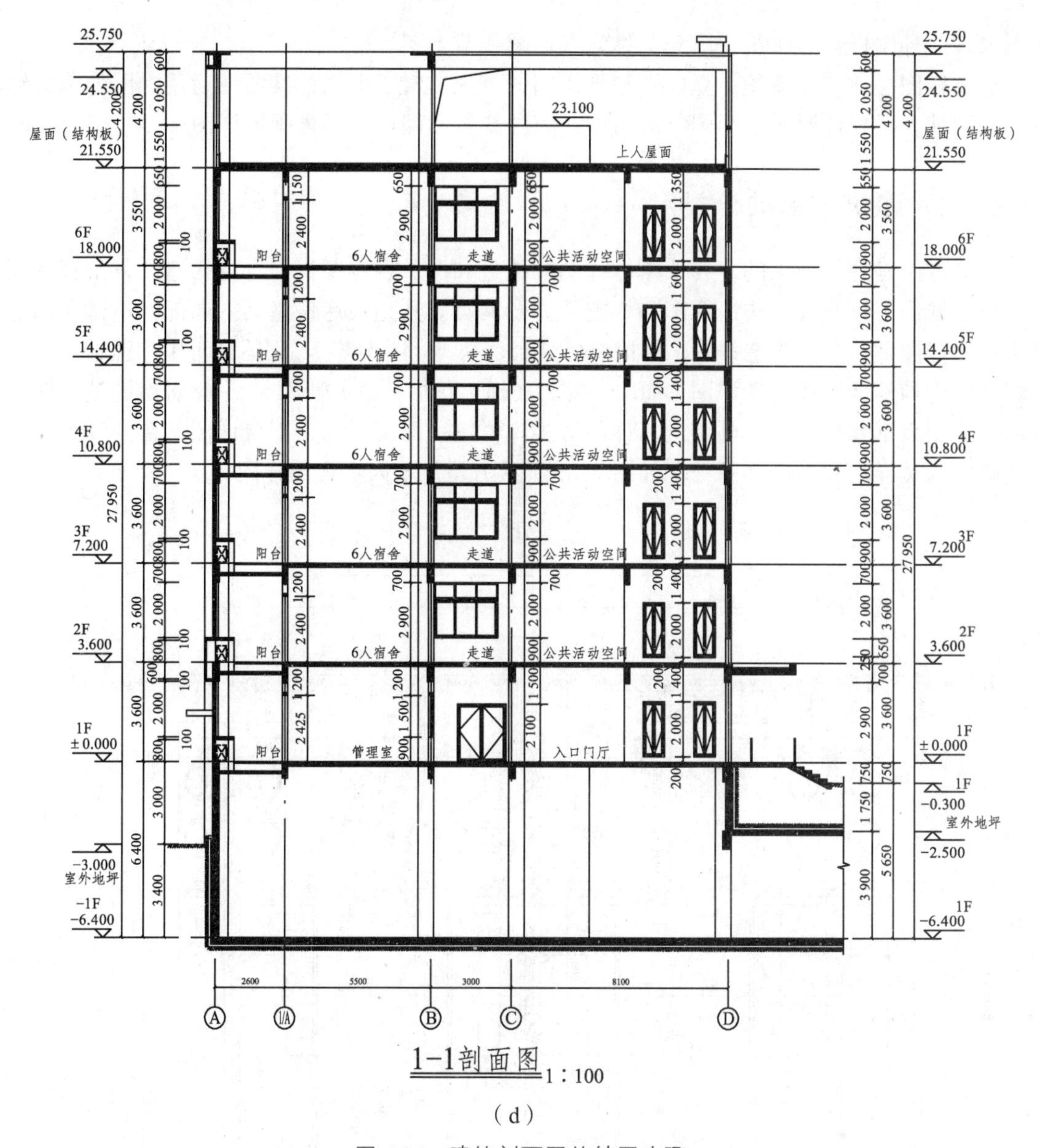

图 6.24　建筑剖面图的绘图步骤

6.6　建筑详图

6.6.1　建筑详图的形成与作用

建筑平面图、立面图和剖面图是房屋建筑施工的主要图样。虽然它们已经将房屋的形状、结构和尺寸基本表达清楚，但是所用的比例较小，房屋上的一些细部构造不能清楚地表示出来，如门、窗、楼梯、墙身、檐口、窗台、窗顶、勒脚和散水等。因此，在建筑施工图中，除了三种基本图样外，还应当把房屋的一些细部构造，采用较大的比例（如 1∶30，1∶20，1∶10，1∶5，1∶2，1∶1 等）将其形状、大小、材料和做法详细地表达出来，以满足施工的要求，这种图样称为建筑详图，又称为大样图或节点图。

建筑详图是建筑平面图、立面图和剖面图的补充。对于套用标准图或通用详图的建筑细部和构配件，只要注明所套用图集的名称、编号或页数即可，不再画出详图。

6.6.2 建筑详图的分类

建筑详图是建筑施工的重要依据，详图的数量和图示内容要根据房屋构造的复杂程度而定。建筑详图可分为节点构造详图和构配件详图两类。凡是表达房屋某一局部构造做法和材料组成的详图称为节点构造详图（如檐口、窗台、勒脚、明沟等）。凡是表明构配件本身构造的详图称为构件详图或配件详图（如门、窗、楼梯、花格、雨水管等）。一幢房屋的施工图一般需要绘制以下几种详图：外墙剖面详图、楼梯详图、门窗详图、阳台详图、台阶详图、厕浴详图、厨房详图和装修详图等。如图 6.25 所示为建筑 6 人宿舍大样图。

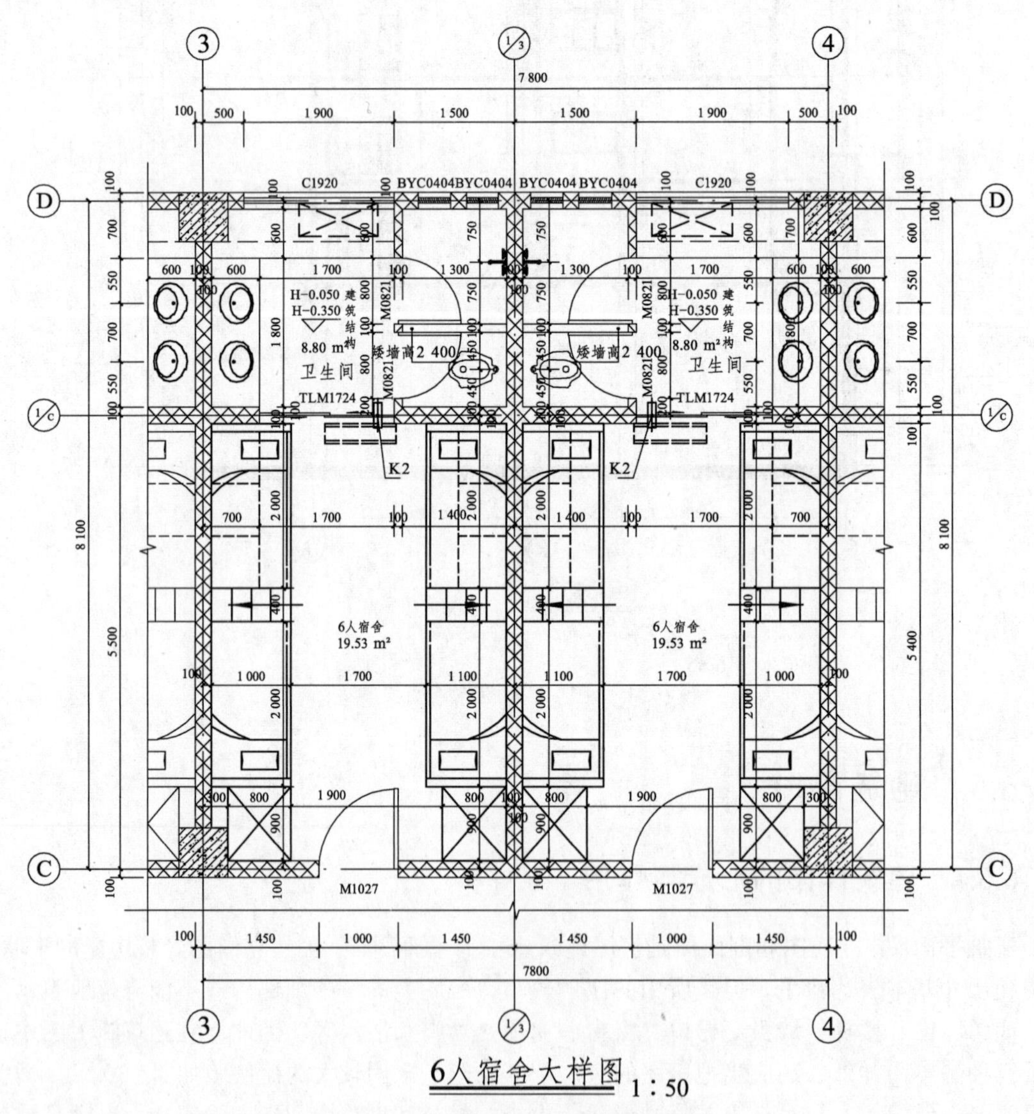

图 6.25 建筑 6 人宿舍大样图

6.6.3 建筑详图图示内容及画图特点

一般来说，建筑详图图示内容包含：

（1）比例与图名。

建筑详图一般使用比较大的绘图比例进行绘图，常用的比例 1∶50、1∶20、1∶5、1∶2 等，建筑详图的绘图比例宜符合表 6.3 的规定。建筑详图的图名应与被索引的图样上的索引符号对应，以便对照查阅。

（2）定位轴线。

在建筑详图中，一般应绘制定位轴线及其编号，以便与建筑平面图、立面图或剖面图对照。

（3）尺寸与标高。

建筑详图的尺寸标注必须完整齐全、正确无误。

（4）其他内容：

① 建筑详图应把有关的用料、做法和技术要求等用文字说明。

② 楼地面、地下层地面、阳台、平台、檐口、屋脊、女儿墙、台阶等处的尺寸及标高，在建筑详图中宜标注完成面尺寸和标高。

1. 外墙剖面详图

外墙剖面详图经常在窗洞口断开，因此在门窗洞口处会出现双折断线，成为几个节点详图的组合。在多层房屋中，若各层的构造情况一样时，可只画墙脚、檐口和中间层（含门窗洞口）3 个节点，按上下位置整体排列。有时墙身详图不以整体形式布置，而把各个节点详图分别单独绘制，也称为墙身节点详图。

在详图中，对屋面、楼层和地面的构造，一般采用多层构造说明方法来表示。

2. 外墙剖面详图的图示内容

外墙剖面详图的图示内容主要包括以下 5 个方面：

① 墙身的定位轴线及编号：主要反映墙体的厚度、材料及其与轴线的关系。

② 勒脚和散水节点构造：主要反映墙身防潮做法、首层地面构造、室内外高度差、散水做法和一层窗台标高等内容。

③ 标准层楼层节点构造：主要反映标准层梁、板等构件的位置及其与墙体的联系，构件表面抹灰和装饰等内容。

④ 檐口部位节点构造：主要反映檐口部位、圈梁、过梁、屋顶泛水构造、屋面保温、防水做法和屋面板等结构构件。

⑤ 详细的详图索引符号等。

3. 识读外墙剖面详图

图 6.26（见附页）为一个外墙剖面详图，详图的上部是屋顶外墙剖面节点详图。从图中

可知屋面的承重结构是钢筋混凝土板，做法参见设计总说明：上面有 20 mm 厚的水泥砂浆 80 mm 厚的 A 级硅质改性聚苯板以及 SEP 交联反应型自粘高分子防水卷材等，以加强屋面的隔热和防水。其中屋面泛水的做法参见西南 11J201 图集：卷材上翻≥250 mm 的高度以防止女儿墙身受雨水侵蚀。女儿墙的做法也参见西南 11J201 图集：用页岩多孔砖结构，压顶采用钢筋混凝土结构，女儿墙的高度为 1 550 mm。其中压顶的高度为 100 mm，女儿墙的外墙装修按照施工图的相关设计完成。屋面设计了排水用途的分水线。

详图的中间部分为楼层外墙剖面节点详图。外墙构造可通过设计总说明得知：包括 200 mm 厚的页岩多孔砖、20 mm 厚的水泥砂浆即 30 mm 厚 A 级硅质改性聚苯板等。从楼板与墙身的连接部分可知各层楼板与墙身的关系。卫生间楼板构造包括钢筋混凝土楼板、20 mm 厚石灰砂浆和 80 mm 厚水泥砂浆。窗台距离楼面的高度为 900 mm，由于要安放空调外机，所以窗台处的外墙向室内后退 500 mm，空调外机处用百叶遮挡以保持整个立体造型的美观。楼面的标高尺寸分别为 3.600 m、7.200 m、10.800 m、14.400 m、18.000 m 和 21.550 m。

详图的下部分为勒脚的剖面节点详图。从图中可知，室内地面为 60 mm 厚的 C20 混凝土，其施工还包括刷素水泥浆一道、冷底子油一道、热沥青两道、60 mm 厚的 C15 混凝土和素土夯实。室内的踢脚线采用 1∶2 的水泥砂浆完成施工，踢脚线的厚度为 25 mm，高度为 200 mm。室外地面的散水结构在距离室内地面 300 mm 处，使用了素土夯实、150 mm 厚 3∶7 灰土夯实、60 mm 厚 C15 混凝土等完成施工，完成后的散水结构的宽度为 900 mm，以防雨水或地面水对墙基础的侵蚀在外墙面离室外地面 500 mm 的高度范围内，用沥青玛琋脂的防水材料做成勒脚。

在详图中，一般都应标注各部位的标高和细部尺寸，因窗框和窗扇的形状和尺寸另有详图，故本详图可用图例简化表达。

6.6.4 楼梯详图

楼梯详图主要表示楼梯的类型、结构形式、各部位的尺寸及装修做法等，是楼梯施工放样主要依据。

楼梯详图一般分为建筑详图与结构详图，应分别绘制并编入建筑施工图和结构施工图中。对于一些构造和装修较简单的现浇钢筋混凝土楼梯，其建筑详图与结构详图可合并绘制，编入建筑施工图或结构施工图。

楼梯的建筑详图由楼梯平面详图、楼梯剖面详图，以及踏步和栏杆等楼梯节点详图构成，并尽可能地画在一张图纸内。

1. 楼梯平面详图

假想用一个水平剖切平面在每一层（楼）地面以上 1 m 的位置将楼梯间剖开，移去剖切平面以上部分，绘出剩余部分的水平正投影图，称为楼梯平面详图，也称为楼梯平面图，主要表明梯段的长度和宽度、上行或下行的方向、踏步数和踏面宽度、楼梯休息平台的宽度、栏杆扶手的位置及其他一些平面形状。如图 6.27 所示。

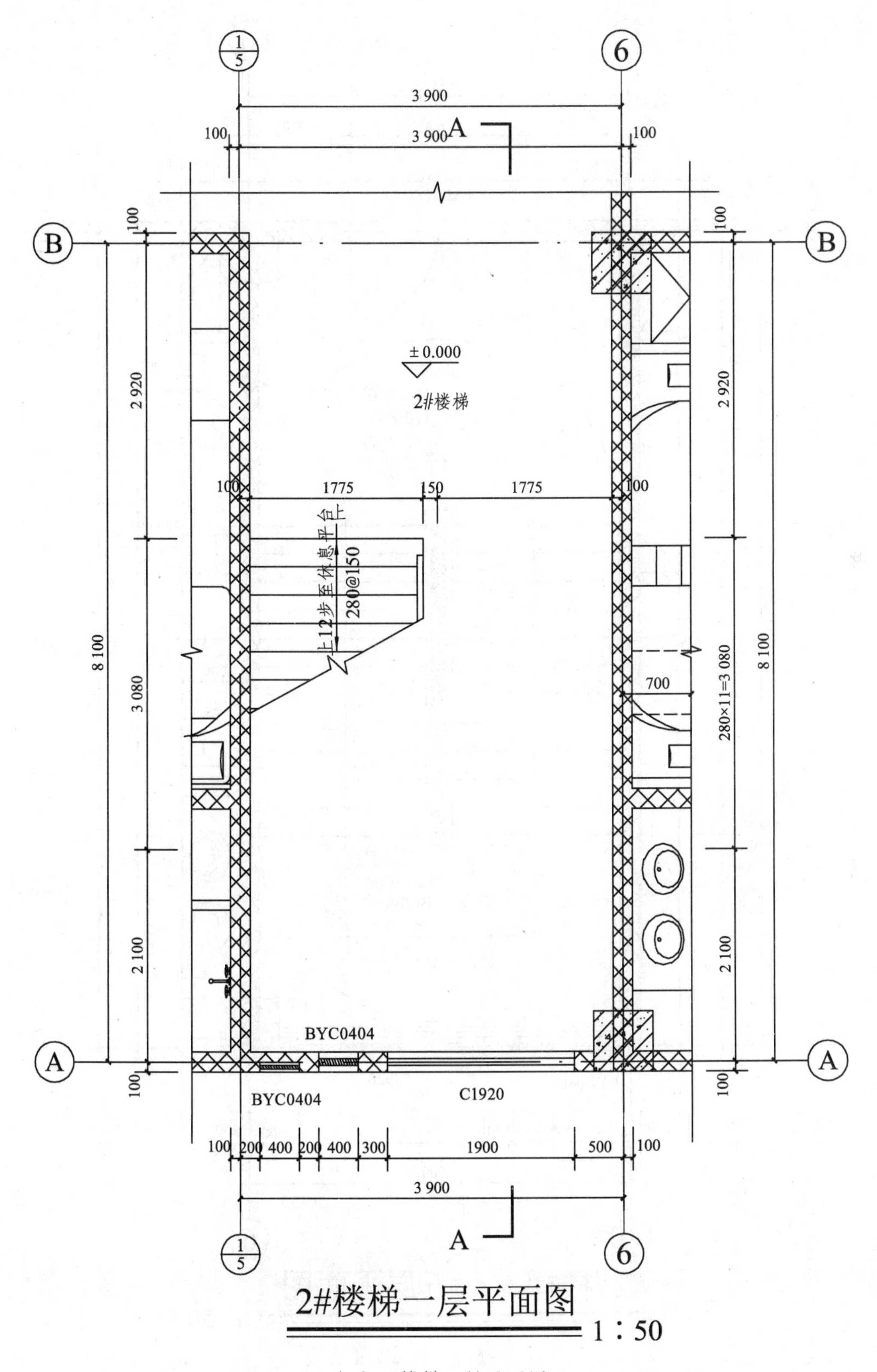

1/5
6
3 900
A
100
3 900
100
B
±0.000
2#楼梯
2 920
100
1775
150
1775
100
上12步至休息平台
280@150
8 100
3 080
700
280×11=3 080
2 100
BYC0404
A
100
BYC0404
C1920
100
200
400
200
400
300
1900
500
100
3 900
A
1/5
6
2#楼梯一层平面图
1：50

（a）2#楼梯一层平面图

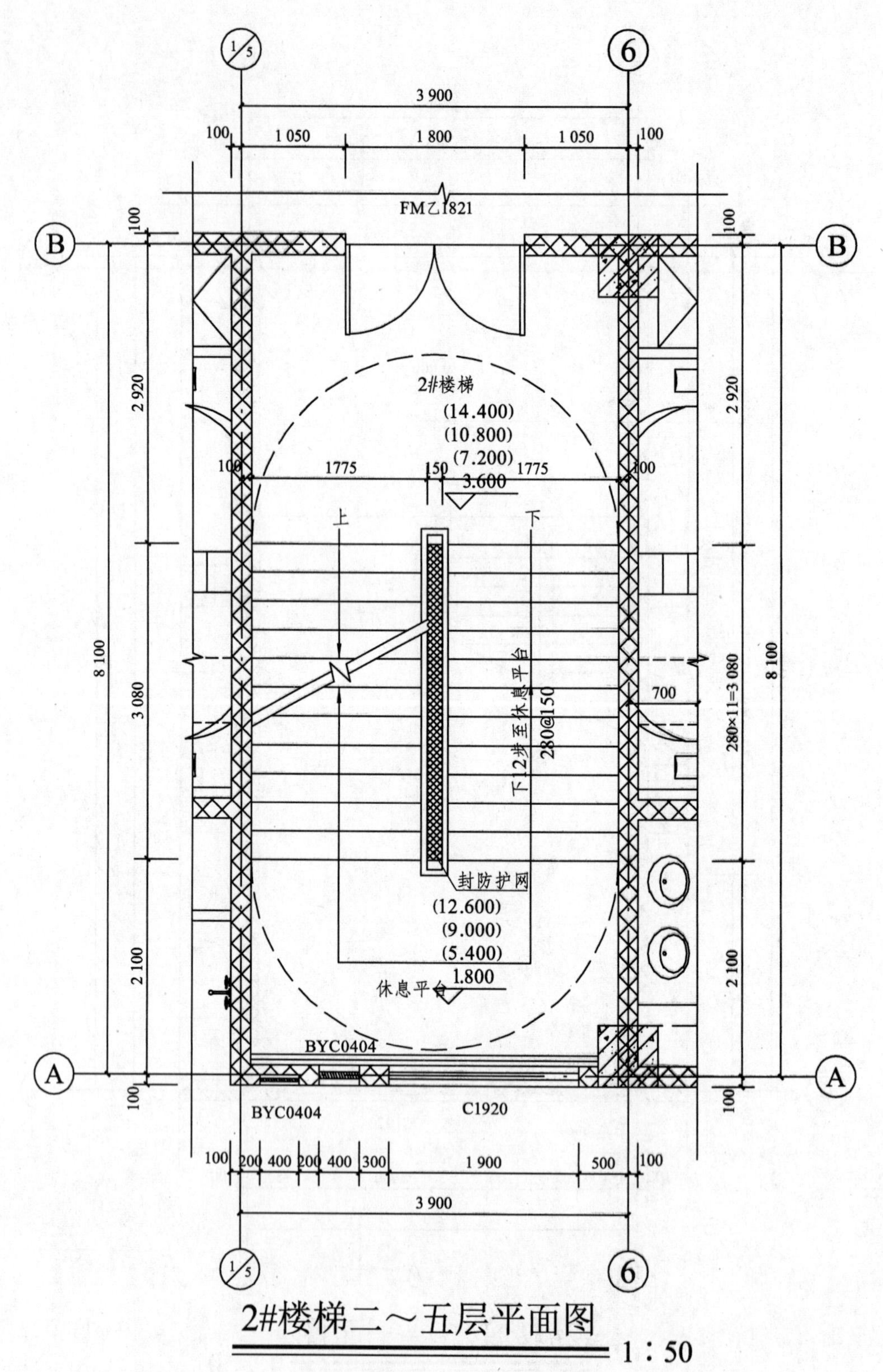

（b）2#楼梯二～五层平面图

图 6.27　2#楼梯平面图

楼梯平面详图的形成与建筑平面图相同，最大不同之处是用较大的比例绘图（一般用1：50以上的比例），以便于把楼梯的构配件和尺寸详细表达。一般每一层楼都需要绘制楼梯平面详图。三层以上的房屋，若中间各层的楼梯位置及其梯段数、踏步数和大小都相同时，通常只画出首层、中间层和顶层3个平面图即可。

楼梯平面图中，楼梯段被水平剖切后，其剖切线是水平线，而各级踏步也是水平线，为了避免混淆，规定剖切处画45°折断符号，首层楼梯平面图中的45°折断符号应以楼梯平台板与梯段的分界处为起始点画出，使第一梯段的长度保持完整楼梯平面图中，梯段的上行或下行方向是以各层楼地面为基准标注的。向上者称上行，向下者称下行，并用长线箭头和文字在梯段上注明上行、下行的方向及踏步总数。在楼梯平面图中，除注出楼梯间的开间和进深尺寸、楼地面和平台面的尺寸及标高外，还需注出各细部的详细尺寸。通常用踏面数与踏面宽度的乘积来表示梯段的长度。通常三个平面图画在同一张图纸内，并互相对齐，这样既便于阅读，又可省略标注一些重复的尺寸。

阅读楼梯平面图时，要掌握各层平面图的特点。在底层平面图中，只有一个被剖到的梯段和栏板，该梯段为上行梯段，故长箭头上注明“上”字并注出从底层到达休息平台的踏步数为12级。标准层平面图中既画出被剖到的往上走的梯段（画有“上”字的长箭头），还画出该层往下走的完整梯段（画有“下”字的长箭头）、楼梯平台及平台往下的部分梯段。这部分梯段与被剖到的梯段的投影重合，以45°折断线为界。

读图中还应注意的是，各层平面图上所画的每一分格表示梯段的一级。但因最高一级的踏面与平台面或楼面重合，所以平面图中每一梯段画出的踏面数，总比级数少一个。例如一层平面图中剖到的第一梯段有12级，但在平面图中只有11格，梯段长度为11 × 280 mm = 3 080 mm。图中还注明了楼梯剖面详图的剖切符号，如图中的*A—A*。

2. 楼梯剖视详图

楼梯剖面详图也称为楼梯剖面图，假想用一铅垂面，通过各层楼梯的一个梯段和门窗洞，将楼梯剖开，向另一未剖到的楼梯段方向投影，所作的剖视图即为楼梯剖视图，通常采用1：50的比例绘制，如图6.28（见附页）所示。

楼梯的剖面详图的形成与建筑剖面图相同，它能完整、清晰地表达楼梯间内各层地面、梯段、平台和栏板等的构造、结构形式，以及它们之间的相互关系。在多层房屋中，若中间各层的楼梯构造相同时，则剖面图可只画底层、中间层和顶层，中间用折断线分开。

当中间各层的楼梯构造不同时，应画出各层剖面楼梯剖面图应能表达出楼梯的建造材料建筑物的层数、楼梯梯段数、步级数以及楼梯的类型及其结构形式。还应注明地面、平台面、楼面等的标高和梯段、栏板的高度尺寸。梯段高度尺寸注法与楼梯平面图中的梯段长度注法相同，用梯段步级数与踢面高的乘积表示梯段高度，即“梯段步级数 × 踢面高 = 梯段高”。

如图所示的楼梯剖面详图的剖切位置在图的首层楼梯平面图中，它的绘图比例为1：50，从该图断面的建筑材料图例可知，楼梯是一个现浇钢筋混凝土板式楼梯。根据标高可知，该建筑为6层楼房，各层均由楼梯通达。各层均是两个梯段，被剖切到的梯段的步级数可从图中直接看出，未剖切到的梯段也可从尺寸标注中看出该梯段的步级数，如标高为3.600的二层楼面上到标高为 5.400 的休息平台的梯段，其尺寸为 12×150 mm＝1 800，表示步级数为 12 个，踢面高为 150 mm，梯段高为 1 800 mm。栏杆高度尺寸是从踏面中间算至扶手顶面，为 950 mm，扶手的坡度应与梯段的坡度一致。

3. 楼梯节点详图

从图 6.28 中可读出楼梯节点详图，比如踏步、楼梯栏杆、扶手等，参见西南 11J412 图集。图集中详细地表达了它们的细部构造及尺寸。

6.6.5 楼梯平面图、楼梯剖面图的绘图步骤

1. 楼梯平面图的绘制步骤

（1）确定楼梯间的轴线位置，并画出梯段长度、平台深度，梯段宽度，梯井宽度等。

（2）根据踏面数、踏面宽度，用几何作图中等分平行线的方法等分梯段长度，画出踏步。

（3）画栏板、箭头等细部，并按线型要求加深图线。

（4）标注标高、尺寸、轴线、图名、比例等。

2. 楼梯剖面图的绘制步骤

绘制楼梯剖面图时，应注意图形比例应与楼梯平面图一致。画栏杆、栏板时，其坡度应与梯段一致。具体绘图步骤如下：

（1）确定楼梯间的轴线位置，画出楼地面、平台面与梯段的位置，如图 6.29（a）。

（2）确定墙身并确定踏步位置，确定踏步时，仍用等分平行线间距的方法，如图 6.29（b）。

（3）画细部，如窗、梁、栏板等，如图 6.29（c）。

（4）经检查无误后，标注轴线、尺寸、标高、索引符号、图名、比例等，按线型要求加深图线，如图 6.29（d）。

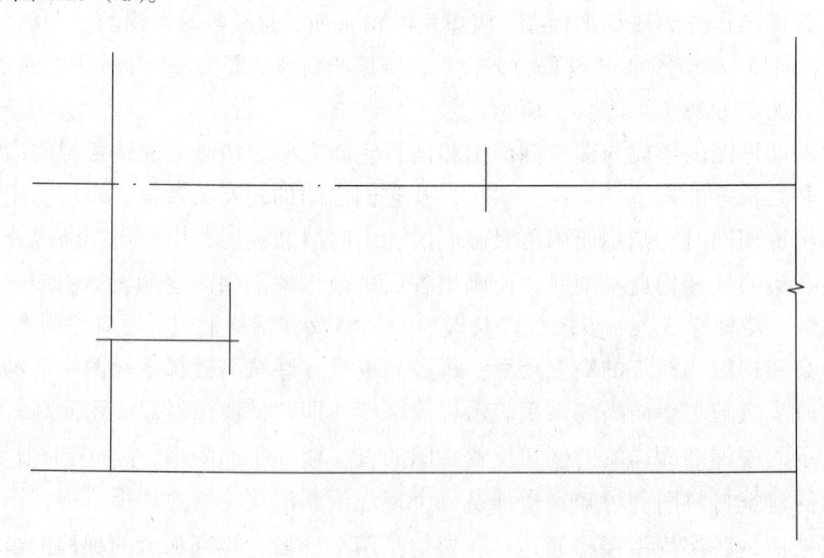

（a）

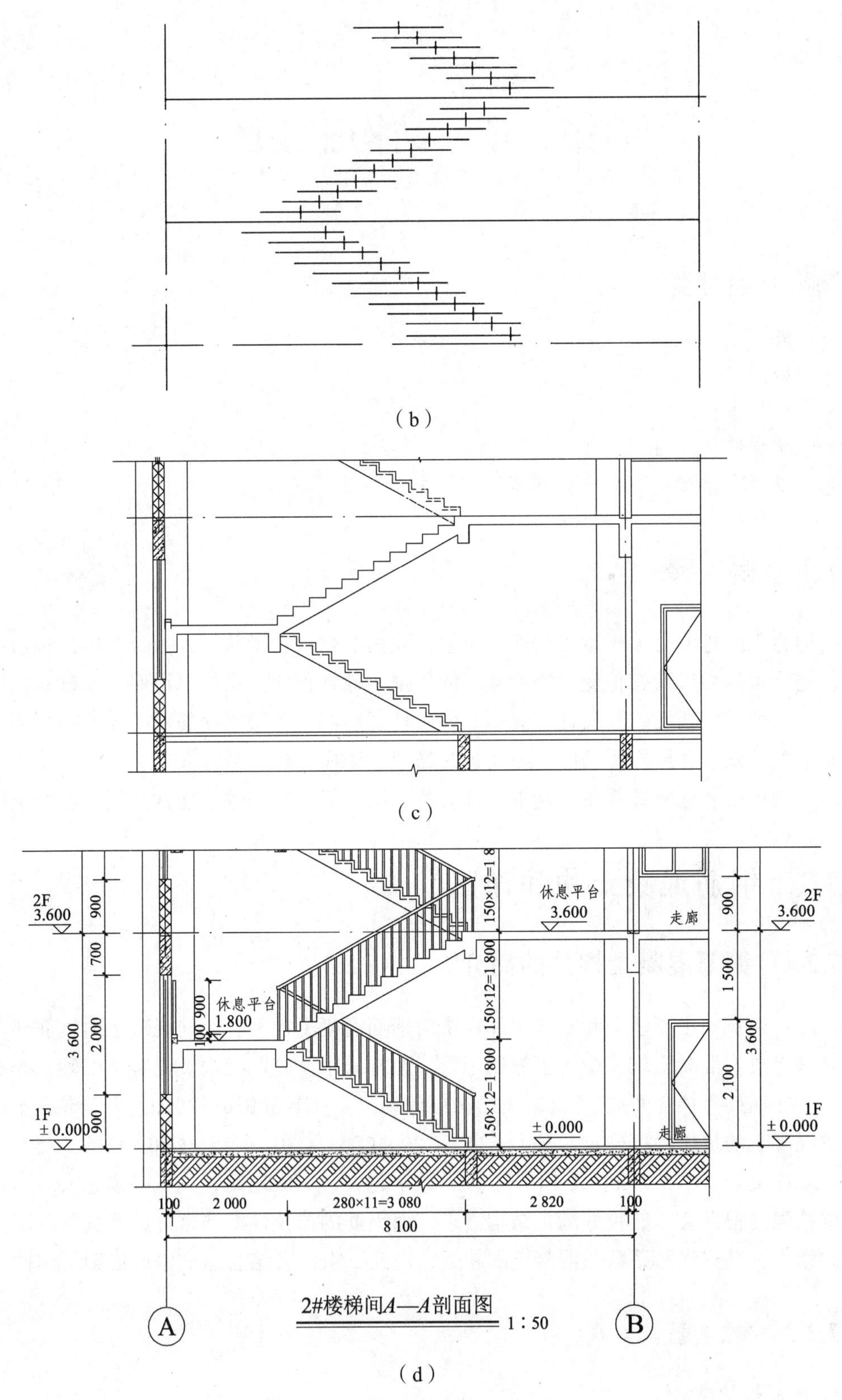

图 6.29　楼梯剖面图的绘制步骤

第7章　结构施工图

内容提要

- 概述
- 钢筋混凝土构件详图
- 结构平面图
- 楼梯结构详图
- 混凝土结构施工图平面整体表示方法

7.1　概　述

结构施工图指的是关于承重构件的布置，使用的材料，形状，大小，及内部构造的工程图样，是承重构件以及其他受力构件施工的依据。通常包含：结构总说明、基础布置图、承台配筋图、地梁配筋图、各层柱布置图、各层柱配筋图、各层梁配筋图、屋面梁配筋图、楼梯屋面梁配筋图、各层板配筋图、屋面板配筋图、楼梯大样、节点大样。

土木工程中，起支撑作用的基本构件有柱、梁、板、基础等，通常为钢筋混凝土构件。

7.2　钢筋混凝土构件详图

7.2.1　钢筋混凝土构件的简介

目前，建筑中主要承力和支撑构件通常为钢筋混凝土构件。钢筋混凝土由钢筋和混凝土两种材料组成。混凝土施工中为了方便记录，通常采用“砼”代表。混凝土由砂、碎石、水泥、水、外加剂等拌合而成。《混凝土结构设计规范》(GB 50010—2010）规定混凝土的强度等级按混凝土的抗压强度确定，分为C15、C20、C25、C30、C35、C40、C45、C50、C55、C60、C65、C70、C75、C80共14个等级，数字越大，等级越高，抗压强度越大。但是混凝土的抗拉强度很低，不能很好满足结构需求，而钢筋的抗拉性能非常好，并且与混凝土有良好的黏结力，其热膨胀系数与混凝土的相近，因此，由两者结合组成钢筋混凝土构件。

7.2.2　钢　筋

1. 钢筋的种类

如表7.1普通钢筋强度标准值所示。

表 7.1　钢筋分类表

<table>
<tr><th>牌号</th><th>符号</th><th>公称直径 d/mm</th><th>屈服强度标准值 f_{yk}</th><th>极限强度标准值 f_{stk}</th></tr>
<tr><td>HPB235</td><td>Φ</td><td>6～14</td><td>235</td><td>370</td></tr>
<tr><td>HPB300</td><td>Φ</td><td>6～14</td><td>300</td><td>420</td></tr>
<tr><td>HRB335</td><td>Φ</td><td>6～14</td><td>335</td><td>455</td></tr>
<tr><td>HRB400</td><td>Φ</td><td rowspan="3">6～50</td><td rowspan="3">400</td><td rowspan="3">540</td></tr>
<tr><td>HRBF400</td><td>Φ^{F}</td></tr>
<tr><td>RRB400</td><td>Φ^{R}</td></tr>
<tr><td>HRB500</td><td>Φ</td><td rowspan="2">6～50</td><td rowspan="2">500</td><td rowspan="2">630</td></tr>
<tr><td>HRBF500</td><td>Φ^{F}</td></tr>
</table>

注：表中 HPB 代表热轧光圆钢筋；HRB 代表热轧带肋钢筋；HRBF 代表细晶粒热轧钢筋；RRB 代表余热处理带肋钢筋。

2. 构件中钢筋的分类及作用

如图 7.1 钢筋按其在构件中作用分为：

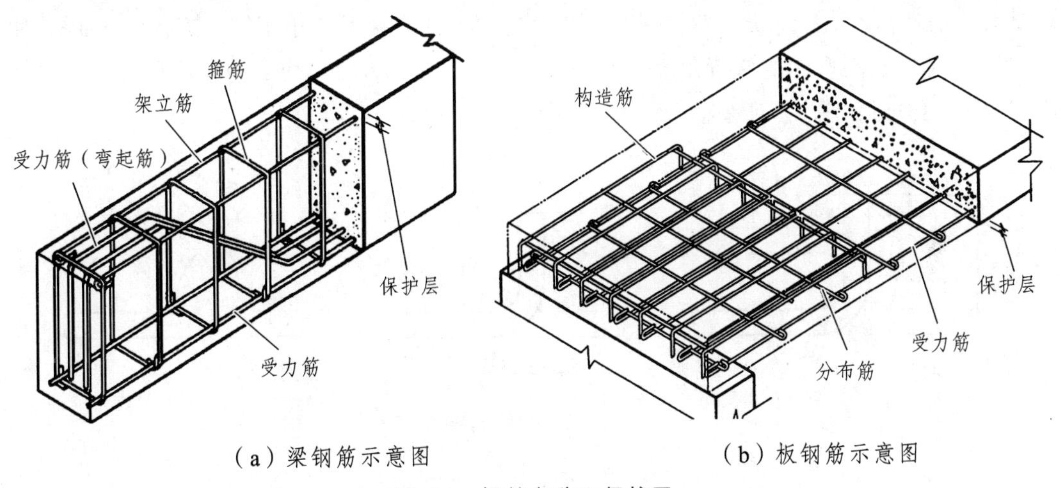

（a）梁钢筋示意图　　（b）板钢筋示意图

图 7.1　钢筋名称及保护层

（1）受力筋。

受力筋也叫主筋，是指在混凝土结构中，为受弯、受压、受拉的基本构件配置的，主要用来承受由荷载引起的拉应力或者压应力的钢筋，其作用是使构件的承载力满足结构功能要求。

（2）架立筋。

架立筋是指为满足构造上或施工上的要求而设置的定位钢筋。

（3）箍筋。

箍筋是指用来满足斜截面抗剪强度，并联结受力主筋和受压区混凝土的钢筋。

（4）构造筋。

构造筋即为钢筋混凝土构件内考虑各种难以计量的因素而设置的钢筋。

（5）分布筋。

分布筋一般都是出现在楼板上的，是指处在受力筋上方的与其成 90 度起固定受力钢筋位置的作用，并将板上的荷载分散到受力钢筋上。

（6）保护层。

保护层是指混凝土构件中，起到保护钢筋避免钢筋直接裸露的那一部分混凝土，从混凝土表面到最外层钢筋公称直径外边缘之间的最小距离。

7.2.3 钢筋弯钩

为了使钢筋和混凝土具有良好的黏结力，一般在钢筋两端做成半圆形弯钩或直钩等，统称为弯钩。钢筋搭接处的端部也要做弯钩；带肋钢筋与混凝土黏结力较强的区域可以不做弯钩。根据《混凝土结构工程施工质量验收规范》（GB 5024—2015）要求：① 受力筋中 HPB235 级钢筋末端应作 180°弯钩，其弯弧内直径不应小于钢筋直径的 2.5 倍，弯钩的弯后平直部分长度不应小于钢筋直径的 3 倍；当设计要求钢筋末端需作 135°弯钩时，HRB335 级、HRB400 级钢筋的弯弧内直径不应小于钢筋直径的 4 倍，弯钩的弯后平直部分长度应符合设计要求；钢筋作不大于 90°的弯折时，弯折处的弯弧内直径不应小于钢筋直径的 5 倍，如图 7.2 所示；② 箍筋弯钩的弯折角度，对于一般结构，不应小于 90°；对于有抗震等要求的结构，应为 135°，如图 7.3 所示。

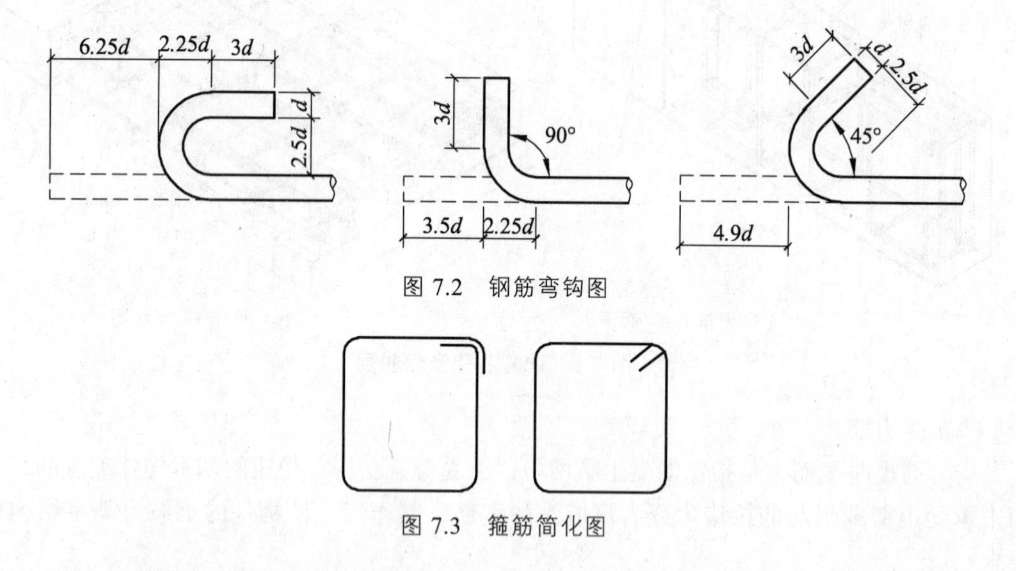

图 7.2 钢筋弯钩图

图 7.3 箍筋简化图

7.2.4 常见钢筋表示方法及标注

一般钢筋的表示方法如表 7.2 所示，表中序号 2、6 用 45°斜短画线表示钢筋投影重叠时无弯钩钢筋的末端。

表 7.2　一般钢筋表示方法

序号	名称	图例	说明
1	钢筋横断面		
2	无弯钩的钢筋端部		下图表示长、短钢筋投影重叠时，短钢筋的端部用 45°斜画线表示
3	带半圆形弯钩的钢筋端部		
4	带直钩的钢筋端部		
5	带丝扣的钢筋端部		
6	无弯钩的钢筋搭接		
7	带半圆弯钩的钢筋搭接		
8	带直钩的钢筋搭接		
9	花篮螺钉钢筋接头		
10	机械连接的钢筋接头		用文字说明机械连接的方式

钢筋的类型及数量在图纸中的常见表达方法一般有以下两种方式：

（1）表示钢筋的根数、类型、直径。

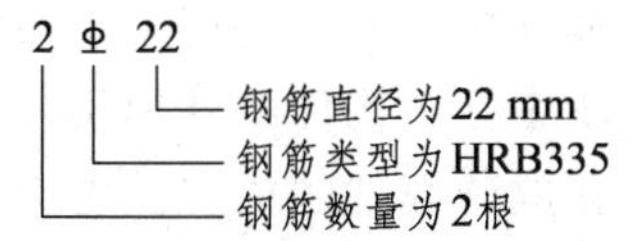

（2）表示钢筋种类、直径、相邻两根中心距。

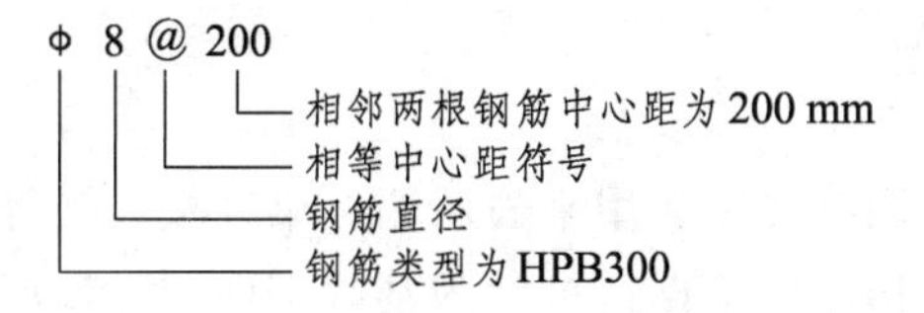

7.2.5　构件的代号

为了简明扼要地表示基础、梁、板、柱等构件，构件名称可用符号表示，表 7.3 摘自《建筑结构制图标准》（GB/T 50105—2010）中各分部常用构件代号。代号后面的数字代表编号或者型号，如 L-1，其中 L 代表梁，数字 1 代表 1 号。

预制钢筋混凝土构件、现浇钢筋混凝土构件、钢构件、木构件一般可直接采用表 7.3 中的代号，绘图中如果需要与上述构件区分时，则需要在图纸上加以说明。

预应力钢筋混凝土结构代号，应在构件代号前面加注“Y-”，如 Y-DL 表示预应力钢筋混凝土吊车梁。

表 7.3 常用构件代号

名称	代号	名称	代号	名称	代号	名称	代号
板	B	吊车梁	DL	框架	KJ	柱间支撑	ZC
屋面板	WB	圈梁	QL	柱	Z	垂直支撑	CC
空心板	KB	过梁	GL	框架柱	KZ	水平支撑	SC
槽型板	CB	连系梁	LL	构造柱	GZ	梯	T
楼梯板	TB	基础梁	JL	承台	CT	雨棚	YP
天沟板	TGB	楼梯梁	TL	基础	J	阳台	YT
梁	L	框架梁	KL	设备基础	SJ	梁垫	LD
屋面梁	WL	屋架	WJ	桩	ZH	预埋件	M

7.2.6 钢筋混凝土构件详图示例

钢筋混凝土构件详图除了要符合投影原理和《房屋建筑制图统一标准》(GB/T 50001—2010)之外，还应遵守《建筑结构制图标准》(GB/T 50105—2010)，以及国家现行的其他相关标准、规范的规定。结构施工图中采用的各种线型应符合本书第 2 章中表 2.2 的规定。

在钢筋混凝土构件详图表示方法中，断面图上不画混凝土或钢筋混凝土的材料图例，而被剖切到的或可见的砖砌体的轮廓线，用中实线表示，砖与钢筋混凝土构件在交接处的分界线，仍按照钢筋混凝土构件的轮廓线画细实线，但在砖砌体的断面上，应画出砖的材料图例。

钢筋混凝土构件的详图按其着重表示的对象不同，有配筋图和模板图。配筋图着重表示构件内部的钢筋配置、形状、数量和规格，是钢筋混凝土构件详图的主要图样。模板图是表示构件外形和预埋件位置的图样，图中标注构件的外形尺寸（也称模板尺寸）和预埋件型号及其定位尺寸，是制作构件模板和安放预埋件的依据。对于外形比较简单，又无预埋件的构件，因在配筋图中已标注出的外形尺寸，就不需要再画出模板图。

7.3 结构平面图

结构平面图也称结构平面布置图，用来表示墙、梁、板、柱等承重构件在平面图中的布置，是施工中布置各层承重构件的依据。可分为基础平面图、楼层结构平面图、屋面结构平面图。下面只着重对基础平面图和楼层结构平面图进行讲述。

7.3.1 基础图

基础是建筑物的主要组成部分，是建筑物地面以下的承重构件，它支撑着其上部建筑物的全部荷载，并将这些荷载及自重传递给下面的地基。建筑物的上部结构形式往往决定基础的形式。砖混结构一般为条形基础或作为柱的独立基础。框架结构的基础形式种类繁多，如独立基础、筏板基础、桩筏基础等。

基础图通常用基础平面图的基础详图来表示建筑物室内地面以下基础部分的平面布置及详细构造。

1. 基础平面图

假想在建筑物底层室内地面下方一水平剖切面，将剖面下方的各构件向下作水平投影，即为基础平面图。为了便于读图施工，基础平面图表示了基坑未回填土时的状况。

（1）图示内容解析。

基础平面图中，只需画出基础墙、基础底面轮廓线（表示基坑开挖的最小宽度）、基础梁、必要的定位尺寸和细部尺寸。基础的形状和其他内容用基础详图来表示。

在基础平面图中，用中实线表示剖切到的基础墙身线、基础底面轮廓线；用粗实线表示可见的基础梁，用粗虚线表示不可见的基础梁。

在基础平面图中，当被剖切到的部分断面较窄，材料图例不易画出时，可以进行简化，如基础砖墙的材料图例可省略不画，用涂红表示；钢筋混凝土柱的材料图例则用涂黑表示。

根据上部结构荷载的不同，基础底面的跨度和配筋也不同，可在基础平面图中用后面带编号的代号 J 标注，如图 7.4 中 J-1、J-2 等，再用基础详图表达。当两基础墙之间距离很近，一般将他们的基础合二为一，使两堵墙上的荷载同时落在一个基础上，但在这种情况下，基础的上部也应该配置钢筋。如图 7.4 基础平面图中，有两处基础上部配置了钢筋，双向配筋均为 ф12@150。当平面图中配置双层筋时，底层钢筋弯钩应画成向上或向左，顶层钢筋向下或向右。

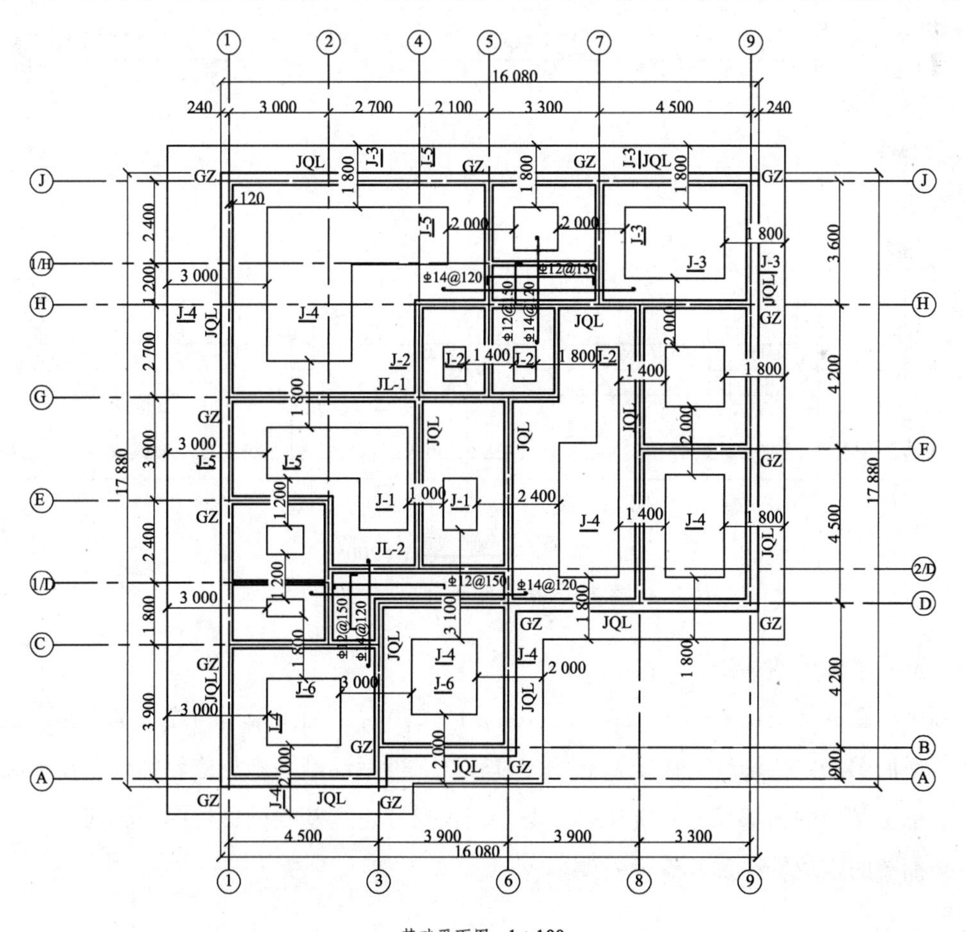

图 7.4 基础平面图

当建筑物底层有较大的洞口时，在条形基础中常设置基础梁，图 7.4 中用粗虚线表示了基础梁的位置，并写明基础梁的代号及编号，如 JL-1，JL-3 等，以便于在基础详图中查明基础梁的具体做法。

另外，在基础平面图基础墙中间所画的粗虚线，还表示基础圈梁（JQL）的平面位置。涂黑的矩形断面是构造柱（GZ）的断面，这是应考虑抗震的构造需要设置的。

图 7.5 是某车间的基础平面图。车间采用排架结构，基础采用钢筋混凝土柱下独立基础，用代号 J 表示，代号 JL 和 MK 分别表示基础梁和车间大门的门框，为了表示清楚各杯型基础、基础梁、门框柱以及它们之间的交接关系，用中实线画出独立基础上的外形轮廓线，粗实线表示预制钢筋混凝土基础梁的平面布置情况。当采用较大的比例绘制基础平面图时，基础梁也可以按投影采用双线表示。基础的详细构造尺寸由基础详图表示。图中涂黑部分表示钢筋混凝土柱的断面。

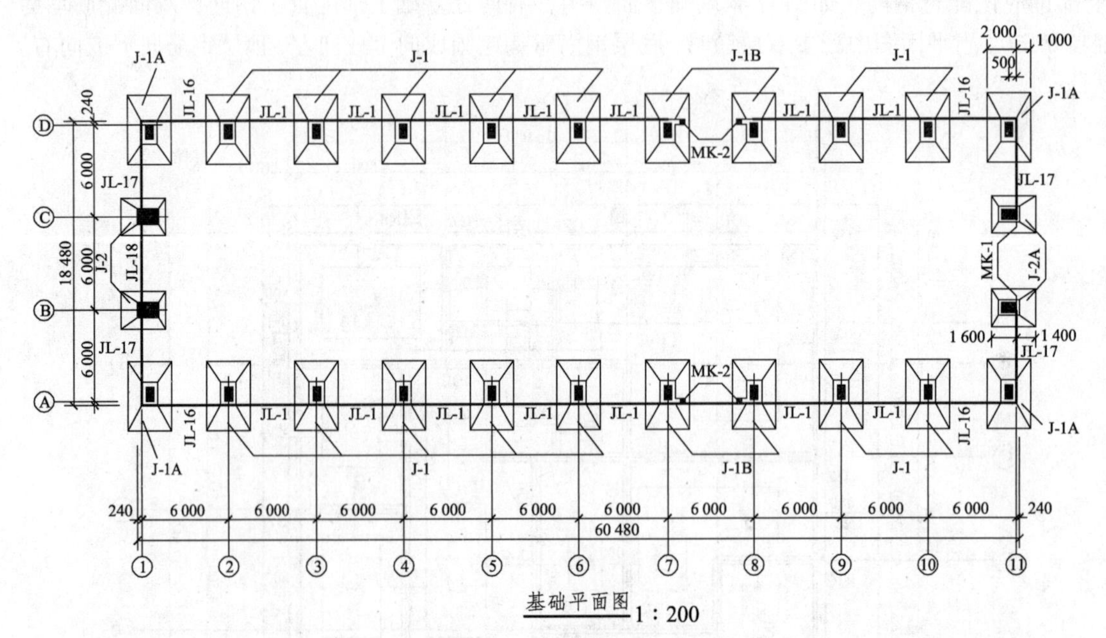

图 7.5　某车间基础平面图

（2）基础平面图的画法。

基础平面图的常用比例是 1 : 50、1 : 100、1 : 200 等，通常采用与建筑平面相同比例。根据建筑平面图的定位轴线，确定基础的定位轴线，然后绘制基础相应轮廓线。在基础平面图中，应标出基础的细部尺寸和定位尺寸等。定位尺寸也是基础梁、柱等的轴线尺寸，必须与建筑平面图的定位轴线及其编号一致。

2. 基础详图

（1）基础详图通主要表明基础各组成部分的具体形状、大小、材料及基础埋深等。

（2）基础详图通常采用垂直剖面或断面图表示，图名应与基础平面图中被剖切的相应代号剖切符号一致。

（3）基础详图为了突出表示基础钢筋的配置，轮廓线全部用细实线表示，不再画出钢筋混凝土的材料图例，而用粗实线表示钢筋。

图 7.6 为基础详图，由图可知，基础下方垫层混凝土厚度为 100 mm，采用 C10 素混凝土。基础的尺寸及受力筋①，根据编号可在表 7.4 基础表中查出。

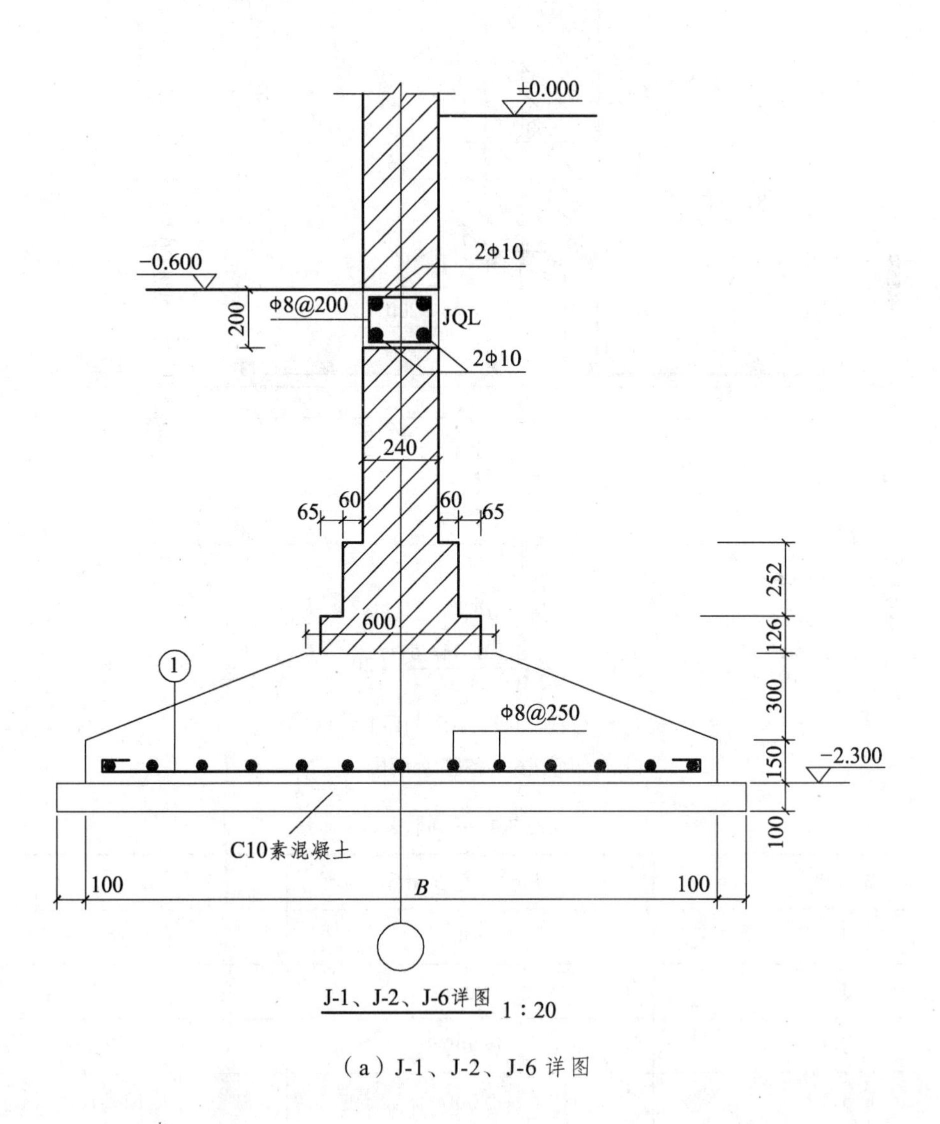

（a）J-1、J-2、J-6 详图

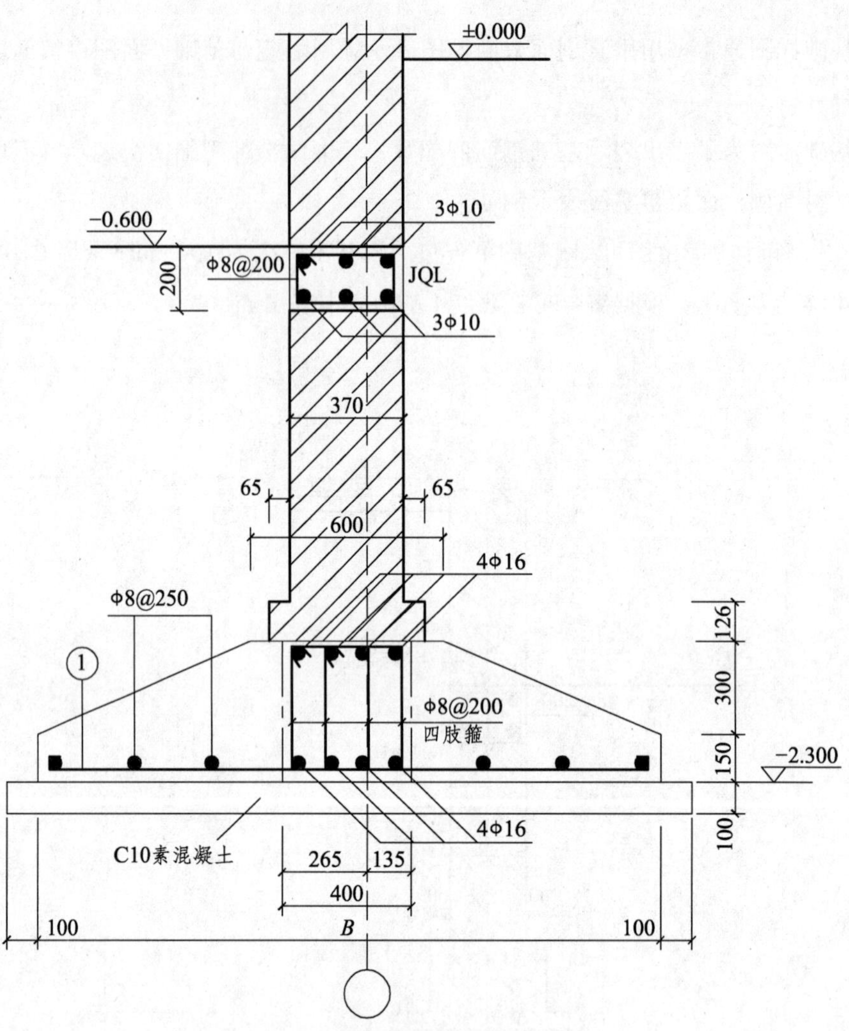

（b）J-3、J-4、J-5、JL-1 详图

图 7.6　条基断面图

表 7.4　基础表

基础编号	基础宽度 B/mm	①
J-1	700	素混凝土
J-2	900	10@180
J-3	1 800	12@200
J-4	2 000	12@160
J-5	3 000	14@125
J6	3 100	10@120

7.3.2 结构平面图的图示内容

楼层结构平面图是假想沿着楼板面的水平面将房屋水平剖开后所作的楼层的水平投影，其表示了建筑各构件的平面布置的图样。

一栋房屋如果有若干层楼面的结构布置情况一样，则可以用一个结构平面图，但应该注明合用各层的层数。不同结构布置的楼面应有各自的结构平面图。因为，屋顶结构布置要适应排水、隔热等特殊要求，例如需要设置天沟、屋面板，按要求设定坡度方向等，所以，屋顶结构的布置通常需要另用屋顶结构平面图表示，它的图示内容和图示形式与楼层结构平面图相类似，由于篇幅有限，本节仅对某宿舍楼二层平面布置图及配筋图（图 7.7）进行简述。

从图 7.7（见附页），中可以看出，板有预制板和现浇板两种。该楼板为现浇楼板，荷载是通过楼板传递给墙或者梁的。图中虚线为不可见梁部分。楼梯间的结构布置一般用较大比例单独表示，所以图中在楼梯间部分采用细实线画出其对角线，并用文字说明楼梯间及其编号。

对于标高不同的楼板，应在图中单独标注，图中网格区域代表该处楼板标高与其他区域不同。LB3 中 LB 代表楼面板，3 为编号。

如图 7.7 根据平法楼板配筋规则，当中间支座上部非贯通纵筋向支座两侧对称伸出时，可仅在支座一侧线段下方标注伸出长度，另一侧不注；当向支座两侧非对称伸出时，应分别在支座两侧线段下方注写伸出长度。当中间支座上部非贯通纵筋向支座两侧对称伸出时，可仅在支座一侧线段下方标注伸出长度，另一侧不注，亦可两侧都标注。如图 7.7 中③号轴线上，Φ8@150 表示非贯通筋采用 HPB300 级钢筋，直径为 8 mm，间距 150 mm，下面的 1 000 代表向两侧延伸 1 000 mm。对线段画至对边贯通全跨或贯通全悬挑长度的上部通长纵筋，贯通全跨或伸出至全悬挑一侧的长度值不注，只注明非贯通筋另一侧的伸出长度值。

7.3.3 结构平面图的画法

结构平面一般采用 1∶50、1∶100、1∶200 的比例绘制，通常与建筑平面图采用相同的比例。

为了清晰表达结构构件的布置情况，结构平面图中可见的钢筋混凝土楼板的轮廓线采用细实线，剖到的墙体轮廓线用中实线表示，楼板下面不可见的墙体轮廓线用中虚线表示（包括下层门窗洞口的位置）。

7.4 楼梯结构详图

如图 7.8 为现浇板式楼梯的结构平面图。板式楼梯是指梯段的结构形式，每一梯段是一块梯段板（钢筋混凝土楼梯板与其上一起浇筑的混凝土踏步，合称梯段或梯板），踏步板中不设斜梁，梯段板宜直接支承在基础或楼梯梁上。关于楼梯平面详图已在本书 6.6.4 节进行详细描述，这里仅进行简述。

7.4.1 图示内容

楼梯结构平面图和楼层结构平面图一样，表示楼梯段、楼梯梁和平台板的平面布置、代号、尺寸及结构标高。多层房屋应表示出底层、中间层和顶层楼梯结构平面。

楼梯结构平面图中的轴线编号应和建筑平面图一致，楼梯剖面图的剖切符号通常在底层楼梯结构平面图中表示，为了表示楼梯、楼梯板和平台板的布置情况，楼梯结构平面图的剖切位置通常放在两层之间的楼梯平台上方。图 7.8（a）中的底层楼梯结构平面图，投影得到的是上行第一段、楼梯平台及上行第二段的一部分，第一梯段（Atb3）一端支承在楼梯基础上，另一端支承在楼梯梁（TL1）上。中间层[图 7.8（b）]和顶层[图 7.8（c）]楼梯结构平面图的表示方法与底层相同。

在楼梯结构平面图中，除了要标注出平面尺寸，通常还应标注出梁底的结构标高和板的厚度尺寸。

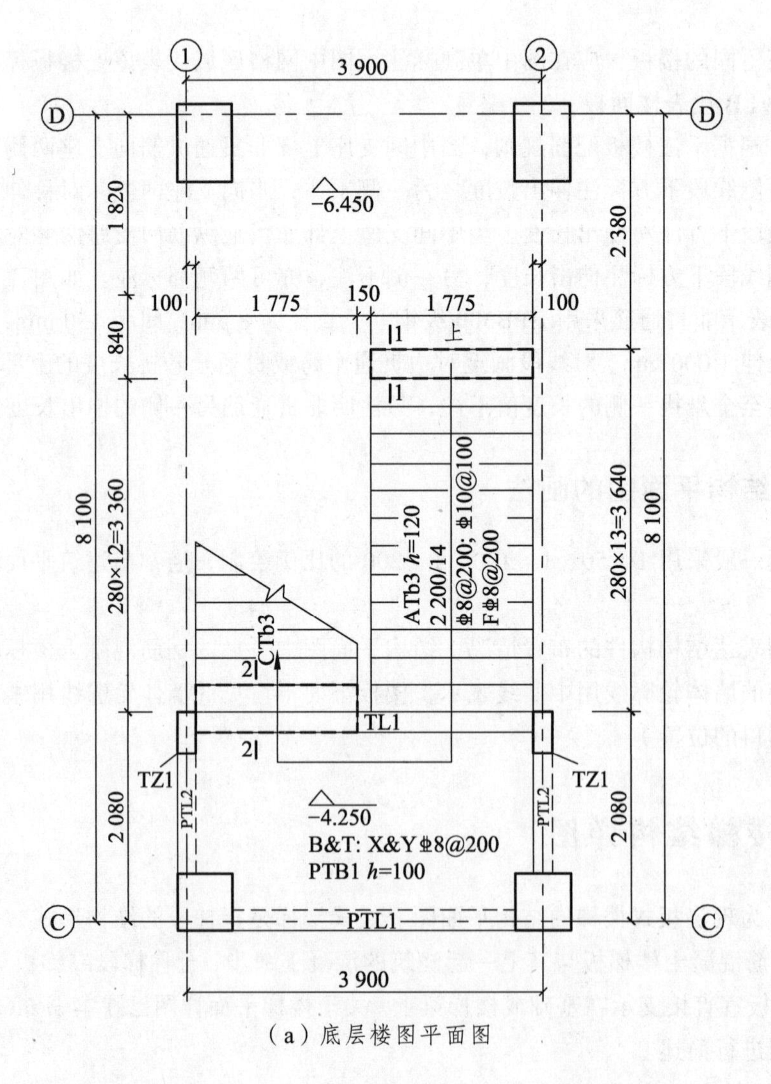

（a）底层楼图平面图

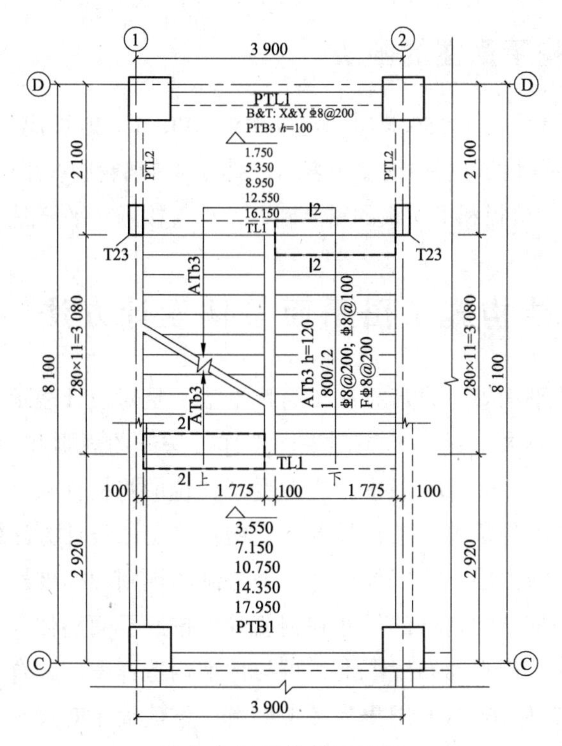

（b）中间层楼梯平面图

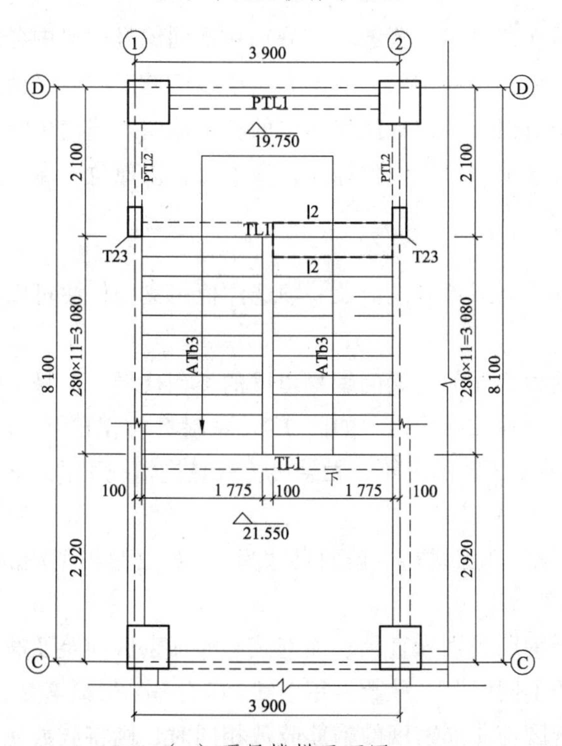

（c）顶层楼梯平面图

注：图中 ATb1 中，A 表示有抗震构造措施，ATa、ATb、ATc 都用于抗震设计。

图 7.8　楼梯结构平面图

7.4.2 楼梯结构平面图的画法

楼梯结构平面图通常采用 1∶50 画出，也可用 1∶40、1∶30 画出。钢筋混凝土楼梯的可见轮廓线用细实线表示，不可见轮廓用细虚线表示，剖到的砖墙轮廓线用中实线表示。钢筋混凝土楼梯的楼梯梁、梯段板、楼板和平台板的重合断面，可直接画在平面图上。如图 7.8 所示。

7.5 混凝土结构施工图平面整体设计方法

混凝土结构施工图平面整体设计方法（简称平法）是对设计表示方法的重大改革，以国家建筑标准设计图集《混凝土结构施工图平面整体方法制图规则和构造详图》（03G101-1）开始推广，目前已更新到 16G101 版本。它改变了传统的将构件从结构平面布置图中索引出来，再逐个绘制配筋详图的烦琐方法，是混凝土结构施工图设计方法的重大改革。图集包括常用的现浇混凝土柱、剪力墙、梁三种构件的平法制图规则和标准构造详图两大部分内容。

平法的表达方式是把结构构件的尺寸和钢筋等，按照平面整体表示方法制图规则，整体直接表达在各类构件的结构平面布置图上，再与标准构造详图相配合，即构成一套完整的结构施工图的方法。本书以 16G101 图集为参考讲解。下面简单对梁平法施工图注写方式和截面注写方式进行表达。

平面注写方式是指在梁平面布置图上，分别在不同编号的梁中各选一根梁，在其上注写截面尺寸和配筋具体数值，用这样的方式来表达梁平法施工图。平面注写包括集中标注与原位标注，集中标注通用数值，原位标注表达梁的特殊数值。当集中标注中的某项数值不适用于梁的某部位时，则将该项数值在原位标注，施工时，以原位标注取值优先。

1. 梁集中标注

梁集中标注的内容，有五项必注值及一项选注值（集中标注可以从梁的任意一跨引出），规定如下：

（1）梁编号，该项为必注值。梁的编号由梁的类型代号、序号、跨数及有无悬挑代号组成，跨数及悬挑代号应该写在括号内。如图 7.9（见附页），KL2（3）250 × 800，代号 KL 表示框架梁，2 表示 2 号梁，3 表示三跨，无悬挑（有悬挑情况下，A 表示一端有悬挑，B 表示两端有悬挑）。

（2）梁截面尺寸，该项为必注值。截面尺寸为 $b \times h$，2 号框架梁的截面尺寸为 250 × 800，单位默认为 mm，不必写出。

（3）梁箍筋，包括钢筋级别、直径、加密区与非加密区间距及肢数，该项为必注值。箍筋加密区与非加密区的不同间距及肢数需用斜线“/”分隔；当梁箍筋为同一种间距及肢数时，则不需用斜线。当加密区与非加密区的箍筋肢数相同时，则将肢数注写一次。箍筋肢数应写在括号内。加密区范围见相应抗震等级的标准构造详图。如图 7.9（见附页）中②号框架梁，采用 HRB400 级、直径为 10 mm 的箍筋，加密区间距为 100 mm，非加密区间距为 150 mm，肢数为 2。

（4）梁上部通长筋成架立筋配置（通长筋可为相同或不同直径采用搭接连接、机械连接或焊接的钢筋），该项为必注值。所注规格与根数应根据结构受力要求及箍筋肢数等构造要求而定。当同排纵筋中既有通长筋又有架立筋时，应用加号“+”将通长筋和架立筋相联。注写时需将角部纵筋写在加号的前面，架立筋写在加号后面的括号内，以示不同直径及与通长筋的区别。当全部采用架立筋时，则将其写入括号内。如②号框架梁集中标注最后的 2⌀25 表示两根 HRB400 级通常钢筋，直径为 25 mm。

（5）梁侧面纵向构造钢筋或受扭钢筋配置，该项为必注值。当梁腹板高度≥450 mm 时，需配置纵向构造钢筋，所注规格与根数应符合规范规定。此项注写值以大写字母 G 打头，接续注写设置在梁两个侧面的总配筋值，且对称配置。

（6）梁顶面标高高差，该项为选注值。梁顶面标高高差，系指相对于结构层楼面标高的高差值，对于位于结构夹层的梁，则指相对于结构夹层楼面标高的高差。有高差时，需将其写入括号内，无高差时不注（注：当某梁的顶面高于所在结构层的楼面标高时，其标高高差为正值，反之为负值）。

2. 梁原位标注

（1）梁支座上部纵筋，该部位含通长筋在内的所有纵筋。

① 当上部纵筋多于一排时，用斜线“/”将各排纵筋自上而下分开。如②号框架梁上“5⌀16 3/2”表示梁上部纵筋采用 HRB400 级 5 根，上排 3 根，下排 2 根。

② 当同排纵筋有两种直径时，用加号“+”将两种直径的纵筋相联，注写时将角部纵筋写在前面。

③ 当梁中间支座两边的上部纵筋不同时，须在支座两边分别标注；当梁中间支座两边的上部纵筋相同时，可仅在支座的一边标注配筋值，另一边省去不注。

（2）梁下部纵筋。

①当下部纵筋多于一排时，用斜线“/”将各排纵筋自上而下分开。

如②号框架梁“6⌀25 2/4”表示下部纵筋采用 HRB400 级 6 根，上排 2 根，下排 4 根，全部伸入支座。

② 当同排纵筋有两种直径时，用加号“+”将两种直径的纵筋相联，注写时角筋写在前面。

③ 当梁下部纵筋不全部伸入支座时，将梁支座下部纵筋减少的数量写在括号内。如“6⌀25 2（－2）/4”表示采用 HRB400 级 6 根，上排 2 根不伸入支座，下排 4 根，全部伸入支座。

3. 截面注写方式

（1）截面注写方式，系在分标准层绘制的梁平面布置图上，分别在不同编号的梁中各选择一根梁用剖面符号引出配筋图，并在其上注写截面尺寸和配筋具体数值的方式来表达梁平法施工图。先将“单边截面号”画在该梁上，再将截面配筋详图画在本图或其他图上。当某梁的顶面标高与结构层的楼面标高不同时，尚应继其梁编号后注写梁顶面标高高差（注写规定与平面注写方式相同）如图 7.9 中 A 轴最下方的括号内－0.050。

（2）在截面配筋详图上注写截面尺寸 $b \times h$、上部筋、下部筋、侧面构造筋或受扭筋以及箍筋的具体数值时，其表达形式与平面注写方式相同。

（3）截面注写方式既可以单独使用，也可与平面注写方式结合使用。

第 8 章　给水排水施工图

内容提要

- 建筑给排水制图的基本规定
- 建筑给排水识图方法
- 建筑给排水绘图步骤

8.1　给水排水施工图

8.1.1　给水排水图的一般规定

给水排水工程包括给水工程和排水工程两个方面。给水工程是指从水源取水，经过水厂的处理和净化，由管道输送到用户的过程；排水工程是指污水（生活和生产污废水、雨水等）通过管道汇总，经污水处理后排放的过程。

给水排水工程图就是表达室内外管道及其附属设备、水处理构筑物、储存设备的结构形状、大小、位置、材料以及有关技术要求等的图样，是给水排水工程施工的技术依据。根据其作用和内容可分为室内给水排水工程图、室外给水排水工程图、水处理设备构筑物工艺图。图纸的一般组成包括：图纸目录、设计说明、材料表、平面图、系统图、大样详图等。

8.1.2　制图与识图

给水排水施工图与其他专业图一样，要符合投影原理和《房屋建筑制图统一标准》（GB/T 50001—2010）的规定。管道是给水排水施工图的主要表达对象。管道的截面形状变化小，一般是细而长，分布范围广，纵横交错，还有众多管道附件，因此，还应遵守《建筑给水排水制图标准》（GB/T 50106—2010），以及国家规定的有关标准、规范。

1. 图　线

给水排水施工图图线的宽度为 b，应根据图纸类型、比例和复杂程度，按《建筑给水排水制图标准》（GB/T 50106—2010）中的规定选用。给水排水施工图的各种线型宜符合表 8.1，线宽 b 一般为 0.7 mm 或 1 mm。

表 8.1　给水排水施工图的线型

名称	线型	线宽	用途
粗实线	━━━━━━	b	新设计的各种排水和其他重力流管线
粗虚线	━ ━ ━ ━	b	新设计的各种排水和其他重力流管线的不可见轮廓线
中粗实线	━━━━━━	$0.7b$	新设计的各种给水和其他压力流管线；原有的各种排水和其他重力流管线
中粗虚线	━ ━ ━ ━	$0.5b$	新设计的各种给水和其他压力流管线及原有的各种排水和其他重力流管线的不可见轮廓线
中实线	──────	$0.5b$	给水排水设备、零（附）件的可见轮廓线； 总图中新建的建筑物和构筑物的可见轮廓线； 原有的各种给水和其他压力流管线
中虚线	- - - - - -	$0.5b$	给水排水设备、零（附）件的不可见轮廓线； 总图中新建的建筑物和构筑物的不可见轮廓线； 原有的各种给水和其他压力流管线的不可见轮廓线
细实线	──────	$0.25b$	建筑的可见轮廓线； 总图中原有的建筑物和构筑物的可见轮廓线； 制图中的各种标注线
细虚线	- - - - - -	$0.25b$	建筑的不可见轮廓线； 总图中原有的建筑物和构筑物的不可见轮廓线
单点长画线	— - — - —	$0.25b$	中心线、定位轴线
折断线	───╲╱───	$0.25b$	断开界线
波浪线	～～～～	$0.25b$	平面图中水面线； 局部构造层次范围线； 保温范围示意线

2. 比　例

给水排水工程常用比例见表 8.2。

表 8.2　给水排水工程常用比例

名　称	比　例	备　注
水处理构筑物，设备间，卫生间，泵房平、剖面图	1∶100、1∶50、1∶40、1∶30	
建筑给水排水平面图	1∶200、1∶150、1∶100	宜与建筑专业一致
建筑给水排水轴测图	1∶150、1∶100、1∶50	宜与相应图样一致
详图	1∶50、1∶30、1∶20、1∶10、1∶5、1∶2、1∶1、2∶1	

注：① 在管道纵断面图中，竖向与纵向可采用不同的组合比例。
② 在建筑给水排水轴测系统图中，如局部表达有困难时，该处可不按比例绘制。
③ 水处理工艺流程断面图和建筑给水排水管道展开系统图可不按比例绘制。

3. 标　高

标高符号及一般标注方法应符合现行国家标准《房屋建筑制图统一标准》（GB/T 50001—2017）的规定。其中，室内工程应标注相对标高；室外工程宜标注绝对标高，当无绝对标高资料时，可标注相对标高，但应与总图专业一致。压力管道应标注管中心标高；重力流管道和沟渠宜标注管（沟）内底标高。标高单位以 m 计时，可注写到小数点后第二位。

标高的标注方法应符合下列规定：

（1）平面图中，管道标高如图 8.1 所示。

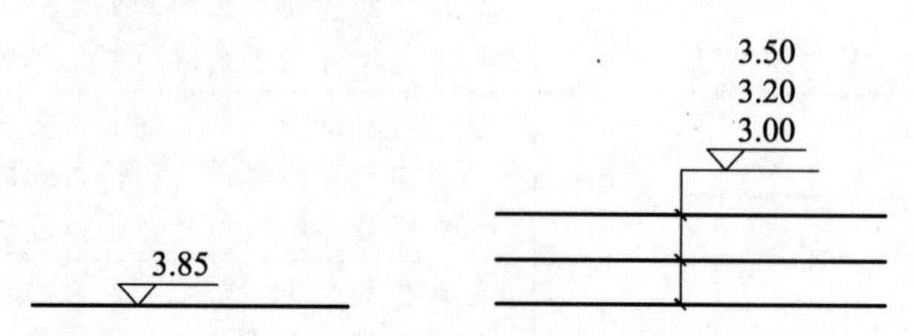

图 8.1　平面图管道标高表示方法

（2）轴测图中，管道标高如图 8.2 所示。

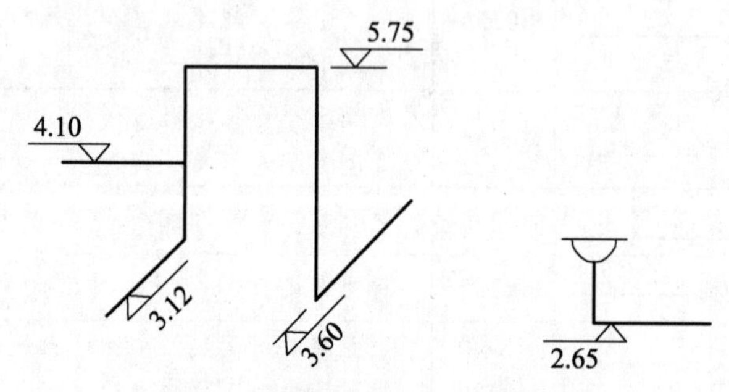

图 8.2　轴测图图管道标高表示方法

4. 管　径

管径的表示应符号下列要求：

（1）水煤气输送钢管（镀锌或非镀锌）、铸铁管等管材，管径宜以公称直径 *DN* 表示。

（2）无缝钢管、焊接钢管（直缝或螺旋缝）等管材，管径宜以外径 *D*×壁厚表示。

（3）铜管、薄壁不锈钢管等管材，管径宜以公称外径 *Dw* 表示。

（4）建筑给水排水塑料管材，管径宜以公称外径 *DN* 表示。

（5）钢筋混凝土（或混凝土）管，管径宜以内径 *d* 表示。

（6）复合管、结构壁塑料管等管材，管径应按产品标准的方法表示。

（7）当设计中均采用公称直径 *DN* 表示管径时，应有公称直径 *DN* 与相应产品规格对照表。

（8）管径标注方法应符合下列规定：

① 单根管道时，管径应按图 8.3 的方式标注。

② 多根管道时，管径应按图 8.4 的方式标注。

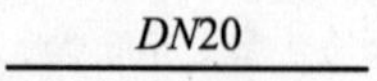

*DN*20

图 8.3　单管管径表示法

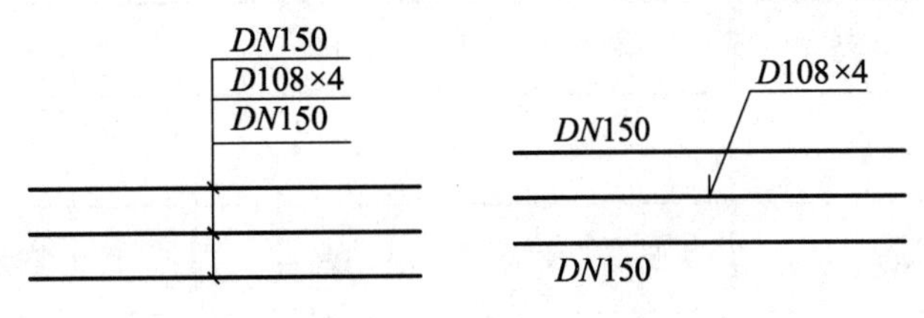

图 8.4　多管管径表示法

5. 编　号

当建筑物的给水引入管或排水排出管的数量超过一根时，宜用阿拉伯数字进行编号，作为管道系统的编号，编号宜按图 8.5 所示方法表示

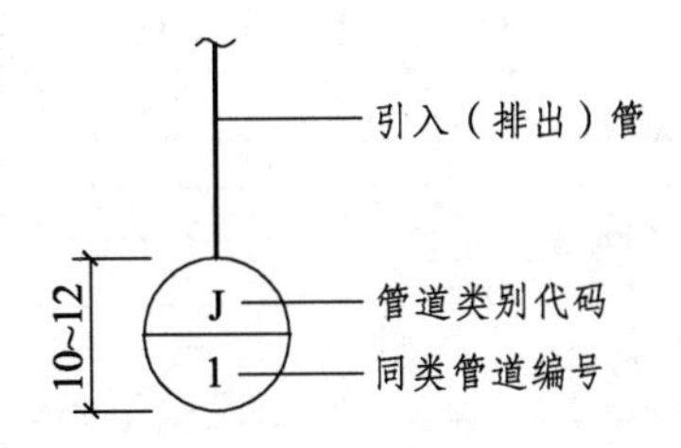

图 8.5　给水引入（排水排出）管编号表示法

对于建筑物内穿越楼层的立管，表示方法如图 8.6（a）。用指引线注明管道的类别代号，例如 JL、WL、FL（分别表示给水立管、污水立管、废水立管）。当一种系统的立管数量多于一根时，应按阿拉伯数字进行编号，如图 8.6（b）

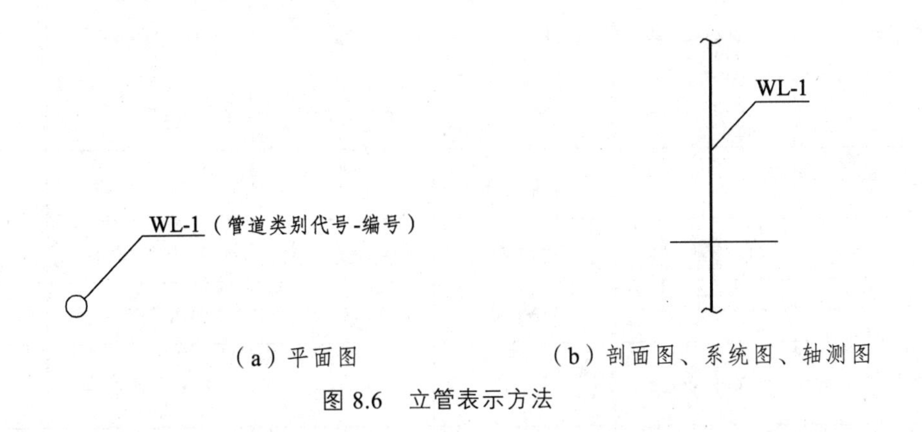

（a）平面图　　（b）剖面图、系统图、轴测图

图 8.6　立管表示方法

6. 常用图例

给水排水施工图常用图例如表 8.3 所示。常用卫生器具图例如表 8.4 所示。

表 8.3　给水排水施工图常用图例

名称	图例	名称	图例	名称	图例
生活给水管	—J—	蝶阀		下垂型喷头	
直饮水供水	—ZY—	截止阀 DN>50		直立型喷头	
直饮水回水	—ZH—	截止阀 DN<50		湿式报警阀	
中水给水管	—ZJ—	止回阀		信号阀	
热水供水管	—R—	消音止回阀		水流指示器	L
热水回水管	—RH—	持压泄压阀		消防水泵接合器	
消火栓给水管	—X—	角阀		手提式灭火器	
自动喷淋给水管	—ZP—	液压水位控制阀		推车式灭火器	
生活污水管	—W—	倒流防止器		金属软管	
废水管	—F—	Y 型过滤器		可曲挠橡胶接头	
压力废水管	—YF—	延时自闭冲洗阀		立管检查口	
通气管	—T—	浮球阀		清扫口	
雨水管	—Y—	自动排气阀		通气帽	
管道立管	JL-1	室内消火栓		雨水斗	YD- YD-
空调凝结水管	—N—	压力表		圆形地漏	
闸阀		水表		温度计	
压力开关	?	流量开关	0	水锤吸纳器	
水表井		减压阀		矩形补偿器	
污水检查井		电磁阀		套管补偿器	
空调凝结水管	—Y—○—Y—	补偿器		波纹管补偿器	
固定支架		减压孔板		水泵	
气压罐		容积式热交换器			

表 8.4　常用卫生器具图例

名称	图例	名称	图例
立式洗脸盆	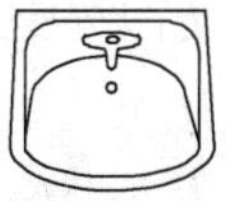	台式洗脸盆	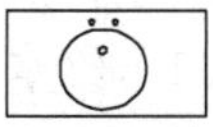
浴盆	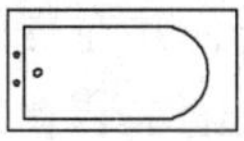	厨房洗涤盆	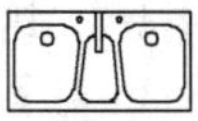
污水池	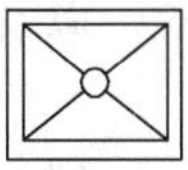	立式小便器	
蹲式大便器	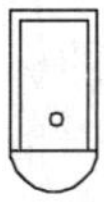	坐式大便器	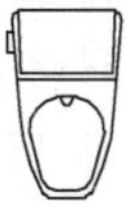
淋浴喷头			

8.1.3　建筑给排水施工图的识图要求

1. 设计说明

通过阅读设计说明，掌握工程概况、设计依据、室内生活给水、室内消防给水、室内排水、工程施工及验收等项目的要求和做法，同时注意各项图例代表的意思、图纸目录、主要设备及材料表等内容。

2. 平面图的识读

平面图一般自底层开始逐层阅读，从建筑给排水平面图可以看出下述内容：

（1）识读给水进户管和污（废）水排出管的平面位置、走向、定位尺寸、系统编号，以及建筑小区给水排水管网的连接形式、管径、坡度等。通常，给水进户管与排水排出管均有系统编号。读图时可根据系统编号一个系统一个系统地进行。

（2）识读给水排水干管、立管、支管的平面位置尺寸、走向和管径尺寸以及立管编号。其中，建筑内部给水排水管道的布置一般有：水平配水干管敷设在底层或地下室天花板下的下行上给方式；水平配水干管敷设在顶层天花板下或吊顶之内的上行下给方式；在高层建筑内也可设在技术夹层内的中分式。给水排水立管通常沿墙、柱敷设；在高层建筑中，给水排水管敷设在管井内；排水横管应于地下埋设，或在楼板下吊设等。

（3）识读卫生器具和用水设备的平面位置、定位尺寸、型号规格及数量。

（4）识读升压设备（水泵、水箱）等的平面位置、定位尺寸、型号规格及数量等。

（5）识读消防给水管道，确定消火栓的平面位置、型号、规格，水带材质与长度，水枪的型号与口径，消防箱的型号，采用明装还是暗装。

3. 给排水系统图的识读

在阅读给排水系统图时，先注意给水排水进出口的编号。通常先将给水系统和排水系统分层绘出，然后对照给水排水平面图，各个管道系统图分类识读。注意以下事项：

（1）给水系统。

在给水系统图上，卫生器具并不画出来，水龙头、淋浴器、莲蓬头也只画符号，用水设备如锅炉、热交换器、水箱等则画成示意性立体图，并在支管上注以文字说明。看图时需了解室内给水方式，清楚地下水池和屋顶水箱或气压给水装置的设置情况，管道的具体走向，干管的敷设形式，管井尺寸及变化情况，阀门和设备，以及引入管和各支管的标高。

（2）排水系统。

在排水系统图上只画出相应的卫生器具的存水弯或器具排水管。看图时需了解排水管道系统的具体走向，管径尺寸，横管坡度、管道各部位的标高，存水弯的形式，三通设备设置情况，伸缩节和防火圈的设置情况，弯头及三通的选用情况。

4. 详图的识读

建筑给水排水工程详图常用的有：水表、管道节点、卫生设备、排水设备、室内消火栓等。看图时可了解具体构造尺寸、材料名称和数量，详图可供安装时直接使用。

以上为总体识图思路，下面将分小节详细叙述。

8.2 室内管道平面图

8.2.1 给水排水平面图的规定

建筑给水排水平面图应按下列规定绘制：

（1）建筑物轮廓线、轴线号、房间名称、楼层标高、门、窗、梁柱、平台和绘制比例等，应与建筑专业一致，但图线应用细实线绘制。

（2）各类管道、用水器具和设备、消火栓、喷洒水头、雨水斗、立管、管道、上弯或下弯，以及主要阀门、附件等，均应按《建筑给水排水制图标准》（GB/T 50106—2010）规定的图例，以正投影法绘制在平面图上，其图线应符合规定。当管道种类较多，在一张平面图内表达不清楚时，可以将给水排水、消防或直饮水管分开绘制其相应的平面图。

（3）各类管道应标注管径和管道中心距建筑墙、柱或轴线的定位尺寸，必要时还应标注管道标高。

（4）管道立管应按不同管道代号在图面上自左至右按《建筑给水排水制图标准》（GB/T 50106—2010）的规定分别进行编号，且不同楼层同一立管标号应一致。消火栓也可分楼层自左至右按顺序进行编号。

（5）敷设在该层的各种管道和为该层服务的压力流管道均应绘制在该层的平面图上；辐射在下一层而为本层器具和设备排水服务的污水管、废水管和雨水管应绘制在本层平面图上。如有地下层时，各种排出管、引入管可绘制在地下层平面上。

（6）设备机房、卫生间等另需绘制放大图时，应在这些房间内按《房屋建筑制图统一标准》（GB/T 50001—2017）规定绘制引出线，并应在引出线上面注明“详见水施-××”字样。

（7）平面图、剖面图中局部部位需要另绘制详图时，应在平面图、剖面图和详图上按《房屋建筑制图统一标准》（GB/T 50001—2017）的规定绘制被索引详图图样和编号。

（8）引入管、排出管应注明与建筑轴线的定位尺寸、穿建筑外向的标高和防水套管形式，并按标准以管道类别自左至右按顺序进行编号。

（9）管道布置不相同的楼层应分别绘制其平面图；管道布置相同的楼层可绘制一个楼层的平面图，并按《房屋建筑制图统一标准》（GB/T 50001—2017）的规定标注楼层地面标高。

（10）地面层（±0.000）平面图应在图幅的右上方按《房屋建筑制图统一标准》（GB/T 50001—2017）的规定绘制指北针。

（11）建筑专业的建筑平面图采用分区绘制时，给水排水专业的平面图也应分区绘制，分区部位和编号应与建筑专业一致，并绘制分区组合示意图，各区管道相连但在该区中断时，第一区应用“至水施-××”，第二区左侧应用“自水施-××”，右侧应用“至水施-××”方式表示，以此类推。

（12）建筑各楼层地面标高应以相对标高标注，并应与建筑专业一致。

8.2.2 给水排水平面图表达内容

室内给水排水施工图将同一建筑相应的给水平面图与排水平面图画在同一图纸上，用来表示卫生器具、用水设备、管道及其附件在该建筑物的平面布置情况、安装方法等的图样。读图一般包括以下内容：

1. 图名、比例

从图名了解这个平面图是表示房屋哪一层的平面。比例是视房屋大小和复杂程度而定，宜与建筑平面一致。

2. 轴线号

建筑墙身轮廓线，门、窗、平台和房间名称，卫生设备和地漏等用水、排水设备点。了解和确定各类给水排水设施、管道在房屋平面中定位与布置。

3. 各种管道布置、立管位置及编号

敷设在该层的各种管道均绘制在该层的平面图上，根据管线类型识别管道。各类给水排水管道立管按不同管道代号在图上分别进行编号，且不同楼层同一立管编号一致。

（4）楼地面标高、轴间尺寸、各类管道管径和管道中心的定位尺寸、管道标高。

8.2.3 给水排水平面图实例分析

如图 8.7～图 8.11（见附页）所示为某学校六层宿舍的平面图，图中包含了给水管道系统、消防管道系统、热水管道系统、污水管道系统、雨水管道系统。图 8.7 为一层平面图，图 8.8 为二层平面图，图 8.9 为三到五层平面图，因管道布置相同而合为一图，图 8.10 和图 8.11 分别为六层平面图及屋顶平面图。

1. 给水管道系统

从一层平面图（图 8.7）上看，室外给水管网有两处，其中一处在楼正北方，由 JL-31 向上至屋面层，给水管道环屋面一周，分别接出 JL-1 至 JL-30 向各宿舍供水，结合二层（图 8.8）、三到五层、六层平面图，该宿舍采用上行下给的供水方式。另外一处在楼转角内侧，接 JL-32 专供洗衣房用水，到六层截止。

2. 消防管道系统

从一层平面图上看，室外消防管道分别在宿舍楼右上角和右下角，两个入水口共同向消防系统供水。从图 8.12（见附页）可以看出，一楼室内消防管道呈 L 型，分别接出 XL-1 至 XL-6 向上供水，每个立管上均连接有消火栓，之后的每一层消火栓位置不变。在屋顶层，各立管再次通过消防横管连接起来，故该宿舍消防系统竖向成环（消防系统识图详见本书第 10 章）。

3. 热水供水系统

从图 8.13（见附页）可以看出，热水管道系统的起端在屋顶层平面，由六个燃气热水炉分别向左右两侧的宿舍供出，共计 30 个热水立管，其进水口冷水由 JL-31 分流供给，即该宿舍的热水系统是由上向下供水，每个热水立管旁边均设有热水回水管。热水管道系统与给水管道均设在各宿舍大便器旁。

4. 污水管道

从图 8.12 可以看出该宿舍污水系统比较简单，每个宿舍污水均设有污水管，各层立管位置不变汇流至一层排出室外，共计 32 个立管。

5. 雨水系统

该宿舍共设有 10 个雨水立管，平面位置如图 8.11 所示。其中 2—10 均在外墙周围，从屋面层将屋面雨水排至地面。1 号立管只在屋面层，将不上人屋面的雨水散排至屋面。

8.2.4 给水排水平面图绘图步骤

（1）先画底层给水排水平面图，然后画各楼层和屋顶的给水排水平面图。

（2）画各层平面图时，先抄绘建筑平面图，然后画卫生器具或水池，接着画管道，最后标注尺寸、符号、标高和文字说明

（3）画管道平面图时，先画立管，然后按水流方向，画出分支管和附件，对底层平面图还应画引入管和排出管。

8.3 管道轴测系统图

给水排水管道轴测系统图是用来表示管道的空间布置和走向，各管段的管径、坡度、标高以及附件在管道上位置的图样，简称系统图。

管道系统图按底层给水排水平面图中进出口的编号所分的系统，分别绘制出各个系统的管道轴测系统图，每个管道轴测图的编号应与底层给排水平面图中管道进出口的编号一致。

8.3.1 管道轴测系统图制度的一般规定

管道轴测系统图制度的一般规定如下：

（1）轴测系统图应以45°正面斜轴测的投影规则绘制。

（2）轴测系统图应用与相对应的平面图相同的比例绘制。当局部管道密集或重叠处不容易表达清楚时，一般采用断开绘制画法，也可采用细虚线链接画法绘制。

（3）轴测系统图应绘出楼层地面线，并应标注出楼层地面标高。

（4）轴测系统图应绘出横管水平转弯方向、标高变化、接入管或接出管及末端装置等。

（5）轴测系统图应将平面图中对应的管道上的各类阀门、附件、仪表等给水排水要素按数量、位置、比例一一绘出。

（6）轴测系统图应标注管径、控制点标高或距楼层面垂直尺寸、立管和系统编号，并应于平面图一致。

（7）引入管和排出管均应标出所穿建筑外墙的轴线号、引入管和排出管编号、建筑室内地面线与室外地面线，并应标出相应标高。

（8）卫生间放大图绘制支管道轴测图。多层建筑宜绘制管道轴测系统图。

8.3.2 管道轴测图读图包含的内容

1. 图名、比例

从图名了解这个管道系统图是表示给水排水平面图的哪一管道系统，管道系统图的比例宜与给水排水平面图相同的比例。

2. 给水、废水、污水管道

管道系统图反映了管道横管水平转弯方向、标高变化、接入管或接出管以及末端装置等。与平面图对应的各类阀门、附件、仪表等给水排水要素按数量、位置、比例一一绘出。相同布置的各层，可只将其中一层画完整，其他各层只需要在立管分支处用折断线表示，注明同该层即可。排水横管虽有坡度，但由于比例较小，可画成水平管道。在管道系统图中不必画出管件的接头形式。当管道在管道系统图中交叉时，应在鉴别其可见性后，在交叉处将可见的管道画成延续，而将不可见的管道断开。

3. 轴线号、楼层地面线

引入管和排出管穿建筑外墙，应用细实线画出被管道穿越的墙，标出所穿外墙轴线号；系统立管穿越地面、楼层与屋面，应用细实线画出地面线、楼面线、屋面线的位置，并标注标高。

4. 管道系统编号、立管类别和编号、管径、控制点标高

管道系统编号应与底层给水排水平面图中管道系统编号一致，立管类别和编号应与该层的平面图上立管标号一致。

管道的管径一般标注在该管段旁边，标注位置不够时可用指引线引出标注，管道各管段的管径要逐段标注；当连续几段管径都相同时，可以仅标注它的始端和末端，中间段省略。

凡有坡度的横管（主要为排水管），都要在管道旁边或引出线上标注坡度，单边箭头表示下坡方向。当排水横管采用标准坡度时，则在图中可省略不标，写在施工图说明中。

管道轴测系统图中标注的标高是相对标高，即以底层室内主要地面为零点。在给水管道系统图中，标高以管中心为准，一般要注出引入管、横管、阀门及放水龙头、卫生器具的连接支管，各层楼地面及屋面等的标高。在排水管道系统图中，横管的标高以管内底为准，一般应标注立管上的检查口、排出管的起点标高。其他排水横管的标高，一般根据卫生器具的安装高度和管件的尺寸，由施工人员现场决定，不在图中标出。此外还要标注各层楼地层及屋面等的标高。

8.3.3 管道轴测图实例分析

图 8.12 为消火栓系统图、污废水系统图、雨水系统图。从图中可以看出，消防系统有两个进水口，竖向成环，消防横管分别安装在一楼吊顶和屋顶层面，每层 6 个消火栓（消防系统识图详见本书第 10 章）。污废水系统比较简单，32 个立管的布置方式相同，每层的污水流入立管后至一层地下排出，伸顶通气。雨水系统 2 ~ 10 号立管直接排出雨水，1 号立管安装在屋面层，用来排出不上人屋面的雨水。

图 8.13 为给水及热水管道系统图。对于给水系统，从图右下角可以看出有两个入水口，一个连接 JL-32 单独供水，另一个通过 JL-31 向上至屋面层，临近燃气热水炉时分流，一部分从上向下供给冷水，另一部分作为热水水源，具体布置位置见平面图。热水系统由 6 个商用容积式燃气热水炉作为热媒，共计 30 个热水管与 30 个热水回水管，采用循环水泵机械循环，热水供水管与回水管布置方式相似，具体位置见平面图。

8.3.4 绘图步骤

管道轴测图的绘图步骤为：

（1）先画各系统的立管。

（2）定出各层的楼地面及屋面。

（3）在给水管道系统图中，先画引入管，转折成立管，在立管上引出横支管和分支管，从各支管画到水嘴及洗脸盆、大便器的冲洗水箱进水口等；在废水、污水管道系统图中，先画出户的排水管，转折成立管或竖管，在立管或竖管上画出承接支管、存水弯等。

（4）定出穿墙的位置。

（5）标注公称管径、坡度、标高等数据及说明。

8.4 室外管道平面图

室外给水排水施工图主要是表示一个小区范围内的各种室外给水排水管道布置的图样，它还表示了与室内管道的引入管和排出管之间的连接，管道敷设的坡度、埋深和交接等。室外给水排水施工图包括给水排水总平面图、管道纵断面图、附属设备的施工图等。这里只简单介绍给水排水总平面图。

图 8.14 是某办公楼室外管道平面图，可以看到给水系统、排水系统均从办公楼北面引入，分别接市政给水管、市政排水管。从图中可以看到各类系统管道走向及管径大小。

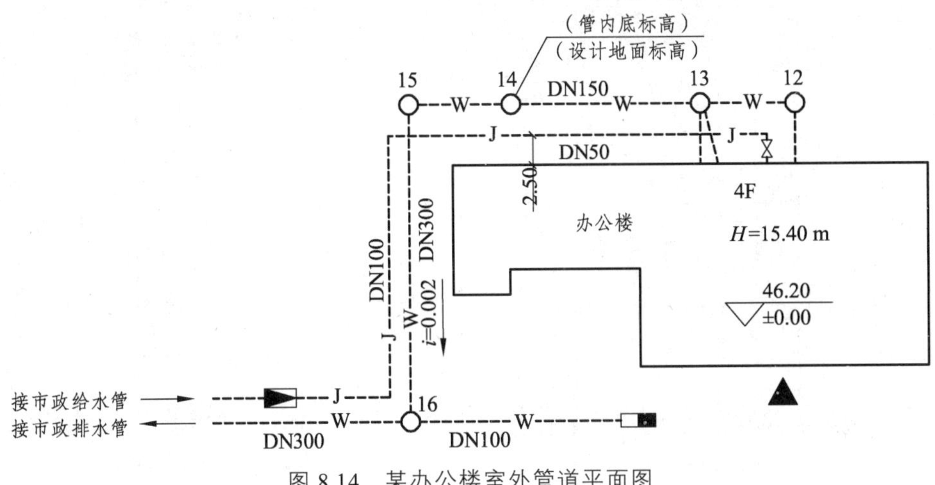

图 8.14　某办公楼室外管道平面图

8.5 局部平面放大图

当专业设备机房、局部给水排水设施和卫生间等按《建筑给水排水制图标准》(GB/T 50106—2010) 规定的平面图难以表达清楚时，就需要绘制局部平面放大图（也称大样图或详图）。局部平面放大图应将设计选用的设备和配套设施，按比例全部用细实线绘制出其外形和平面定位尺寸，对设备、设施及构筑物自左向右、自上而下地进行编号。各类管道上的阀门、附件应按图例、按比例、按实际位置绘出，并应标注出管径。局部平面放大图应以建筑轴线编号和地面标高定位，并应于建筑平面图一致。

图 8.15 为某学校六层宿舍卫生间局部平面放大图。从之前的平面图 8.7 ~ 图 8.10 中可以看出，该宿舍楼内共有 4 个不同的卫生间布置类型，因此局部平面图共有 4 张。以图 8.15（a）为例，读图时首先注意局部平面图轴网编号，以此来对应平面图轴网，找到相应卫生间位置，如图 8.15（a）所示的卫生间位于建筑Ⓙ ~ Ⓗ、④ ~ ⑥轴线间，实际就是普通宿舍内卫生间给排水管道布置，在此为了方便识图，大样图旋转了 90°。由图 8.15（a）可知，宿舍内左右两个卫生间建筑结构对称，故两个卫生间管道布置也对称。图 8.15（a）中左侧卫生间绘制了给水、热水管道的支管走向，右侧卫生间绘制了污水管道的支管布置。给水立管、热水立管、热水回水立管均设置在大便器旁并排排列，污水立管位于柱体旁。其余大样图阅读方法一致，因此当平面图无法清楚表达出局部给排水管道布置情况时，可以通过局部平面放大图来识读详细布置情况。

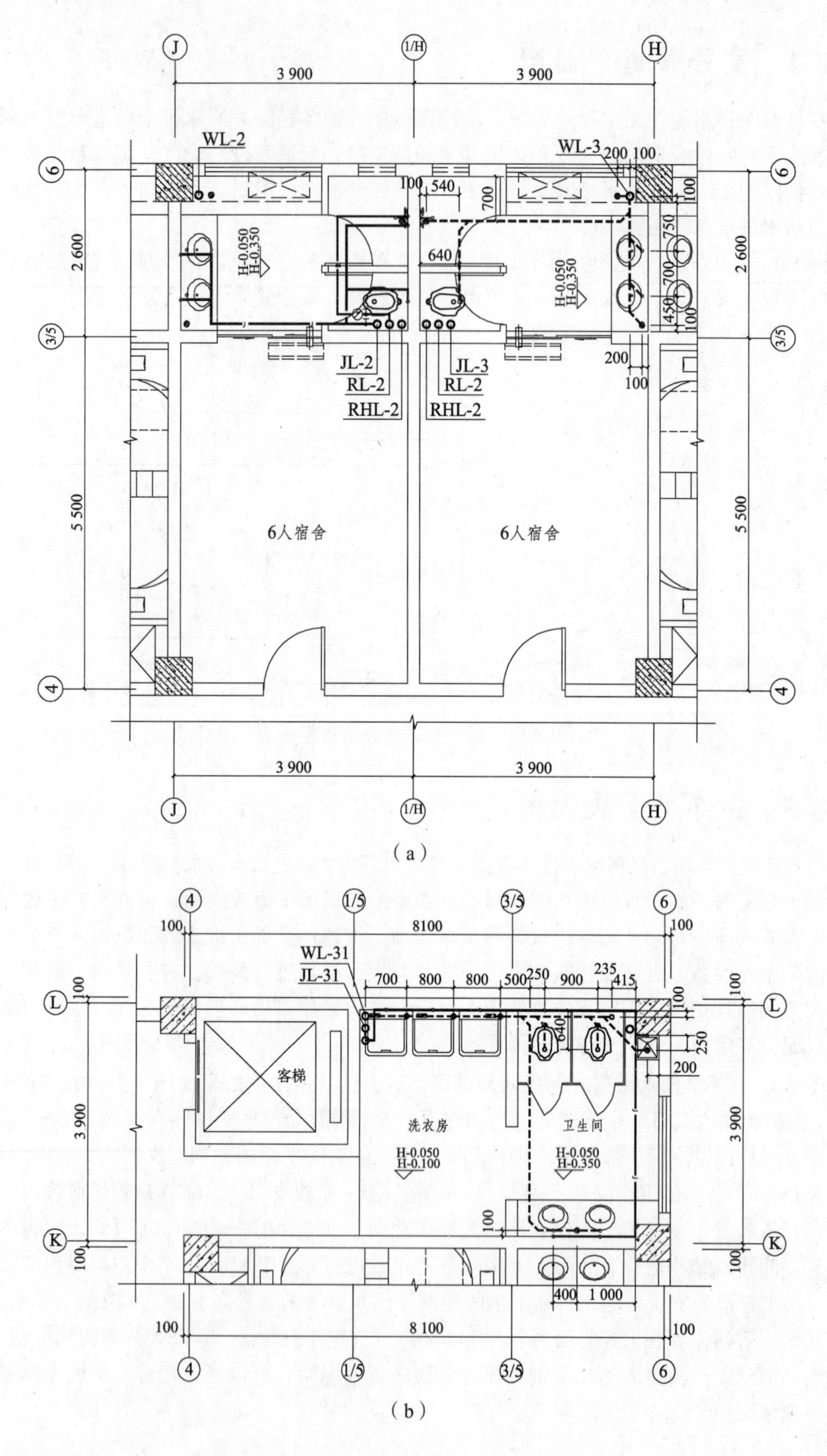

J
1/H
H
3 900
3 900
WL-2
WL-3
200 100
100
540
700
640
750
700
450
100
200
100
6
3/5
4
2 600
5 500
H-0.050
H-0.350
JL-2
RL-2
RHL-2
JL-3
RL-2
RHL-2
6人宿舍
6人宿舍
（a）
4
1/5
3/5
6
8100
8 100
WL-31
JL-31
700
800
800
500
250
900
235
415
640
250
200
L
K
3 900
400
1 000
客梯
洗衣房
H-0.050
H-0.100
卫生间
H-0.050
H-0.350
（b）

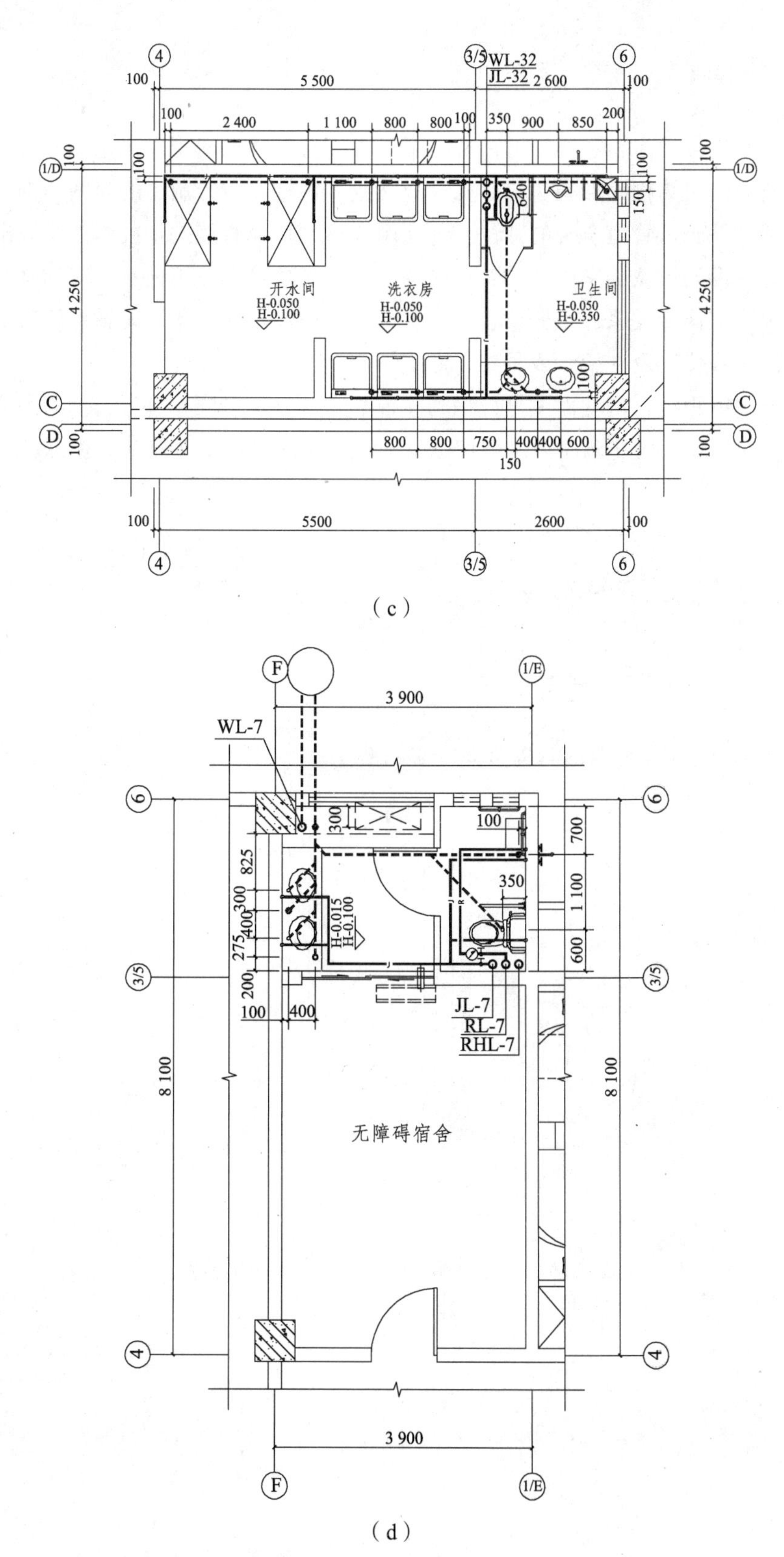

图 8.15　某学校六层宿舍卫生间局部平面放大图

8.6 剖面图

当设备、设施数量多，各类管道重叠、交叉多，且用轴测图难以表达清楚时，应绘制剖面图。剖面图的建筑结构外形与建筑结构专业一致，用细实线绘制。剖面图的剖切位置应选在能反应设备、设施及管道全貌的部位。剖面图应在剖切面直接按正投影法绘制出沿投影方向看到的设备和设施形状、基础形式、构筑物内部的设备设施和不同水位线标高、设备设施和构筑物各种管道连接关系、仪器仪表的位置等。还应表示出设备、设施和管道上的阀门、附件和仪器仪表等位置及支架（或吊架）形式。

剖切线应用中粗线，剖切面编号应用阿拉伯数字从左至右顺序编号，剖切编号应标注在剖切线一侧，剖切编号所在侧应为该剖切面的剖示方向。图 8.16 为某标准游泳池吸污口安装剖面图。

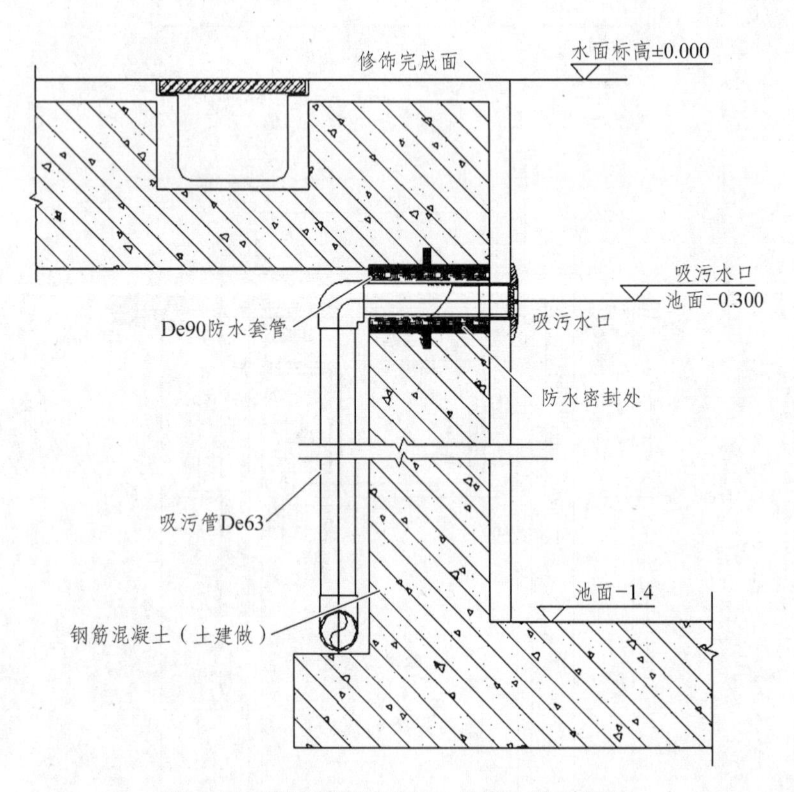

图 8.16　标准游泳池吸污口套管安装大样图

第9章　通风空调工程施工图

内容提要

- 风管系统的表达方法
- 通风空调工程图的识读

通风是通过引入新风换气以稀释或者排除室内污染空气，来保障室内空气品质的一种建筑环境控制技术。通风系统包含风机、管道、降温及采暖系统、过滤系统、进风口、排风口等，常见的通风系统有防排烟系统，正压送风系统，卫生间、厨房排风系统等，以达到排烟、排毒、除尘等目的。

空调系统是对空气进行制冷、加热、加湿、除湿、过滤等处理，将室内空气控制在一定的温度、湿度，并保持一定的空气流速和洁净度范围，以保证室内具有适宜舒适的环境和良好的空气品质。空调系统主要包含空气处理系统、风机、风管及附件、风口、空气调节装置等。

由于通风、空调系统在制图表达方法上基本相同，本章重点讲解空调系统的制图基本原则，并结合空调系统施工图详述具体的制图方法。

9.1　风管系统的表达方法

9.1.1　风道代号和系统代号

风道代号如表9.1所示，各系统代号如表9.2所示。

表9.1　风道代号

风道名称	代号
空调风管	K
排烟管	PY
排风管	P
新风管	X
送风管	S
回风管	H

表 9.2　系统代号

系统名称	代号
空调系统	K
送风系统	S
回风系统	H
新风系统	X
通风系统	T
排风系统	P
排烟系统	PY
排风兼排烟系统	P（Y）
加压送风系统	JS

9.1.2　常用图例

通风空调系统在制图时常采用的图例如表 9.3 所示。

表 9.3　通风空调系统常用图例

序号	名称	图例
1	送风管、新（进）风管	
2	回风管、排风管	
3	混凝土或砖砌风管	
4	异径风管	
5	天圆地方	

续表

序号	名称	图例
6	柔性风管	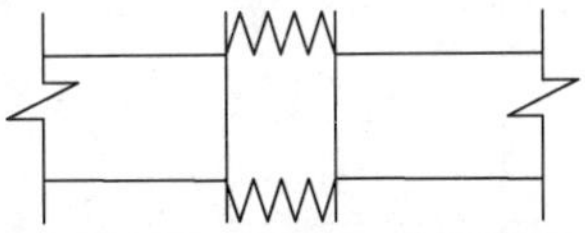
7	风管检查孔	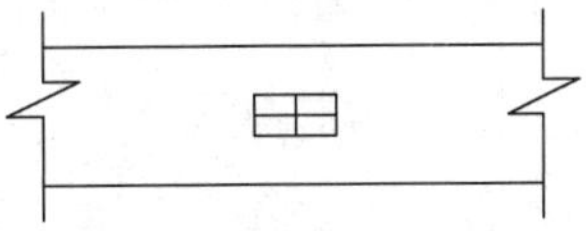
8	风管测定孔	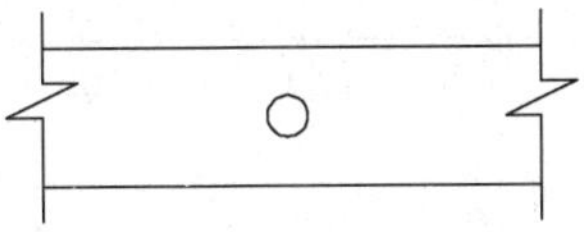
9	矩形三通	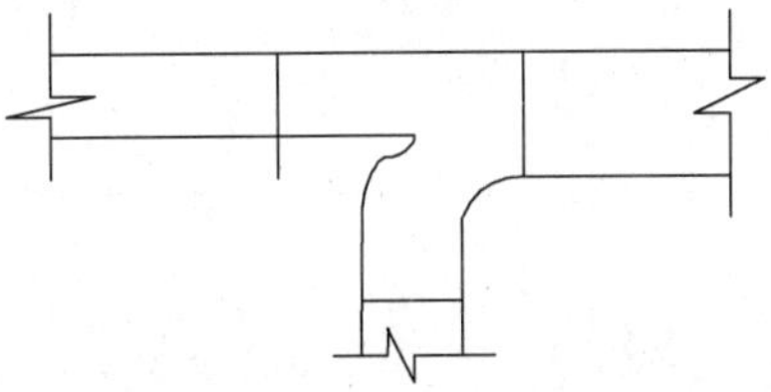
10	圆形三通	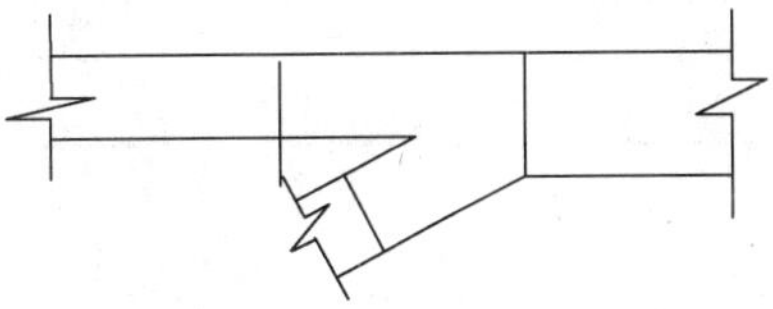
11	弯头	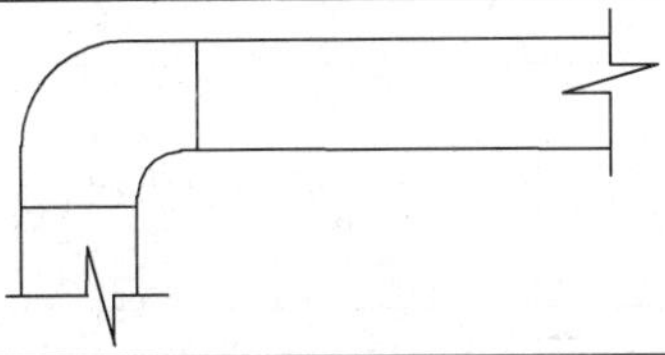
12	带导流片弯头	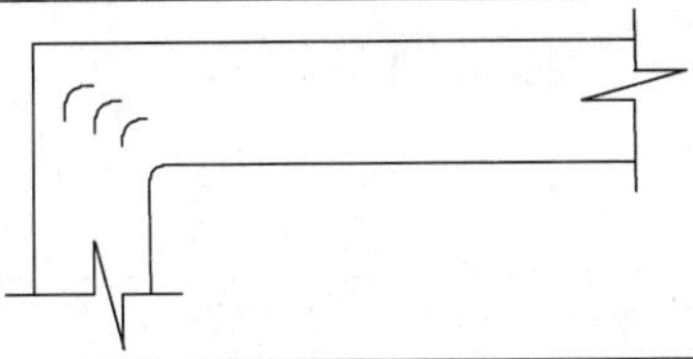
13	安全阀	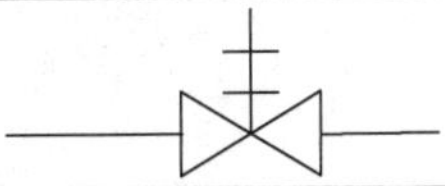
14	蝶阀（水系统）	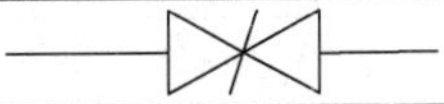
15	手动排气阀	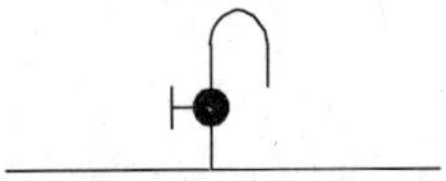
16	插板阀	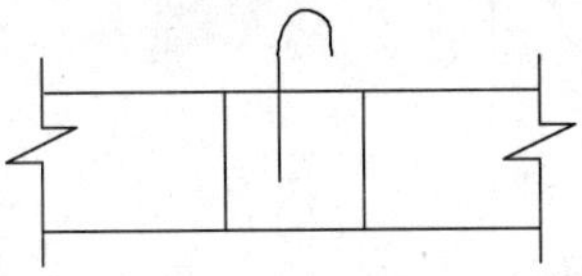

续表

序号	名称	图例
17	蝶阀（风系统）	
18	手动对开式多叶调节阀	
19	电动对开式多叶调节阀	M
20	三通调节阀	
21	防火（调节阀）	
22	余压阀	
23	止回阀	
24	送风口	
25	回风口	
26	方形散流器	

续表

序号	名称	图例
27	圆形散流器	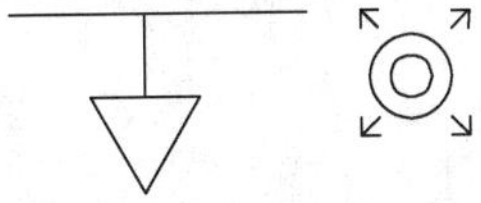
28	伞形风帽	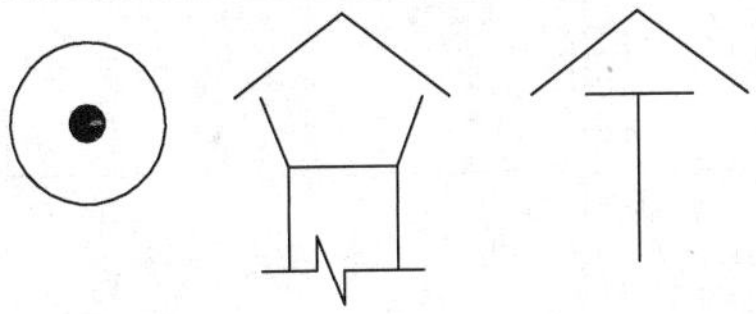
29	锥形风帽	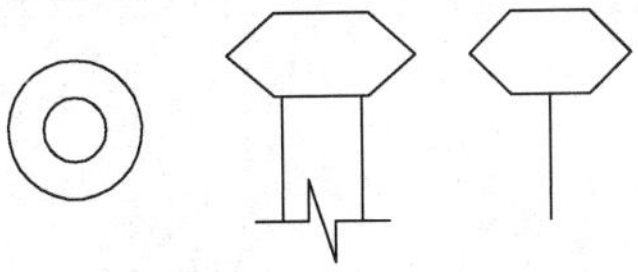
30	筒形风帽	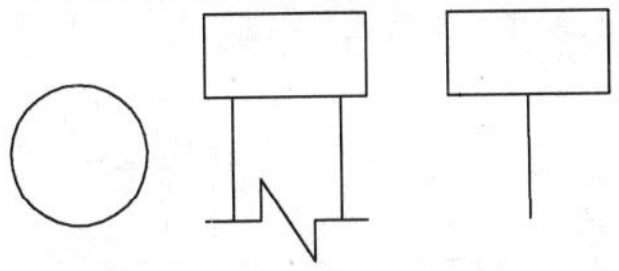
31	离心式通风机	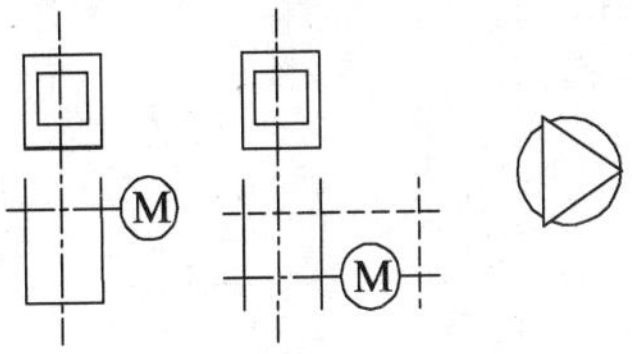 M M
32	轴流式通风机	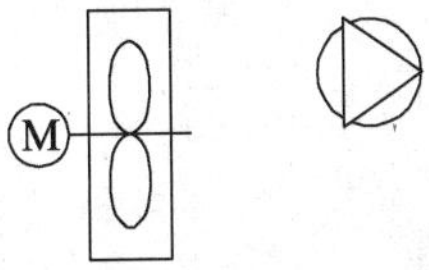 M
33	离心式水泵	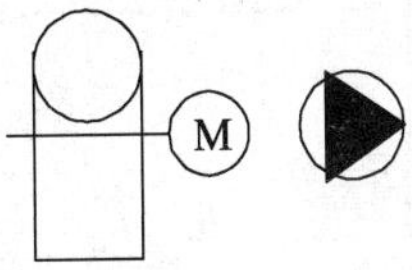 M
34	制冷压缩机	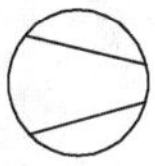
35	水冷机组	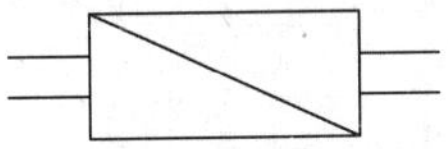
36	空气过滤器	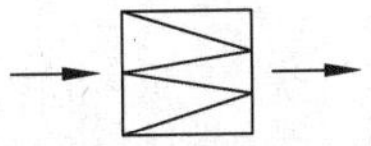
37	空气加热器	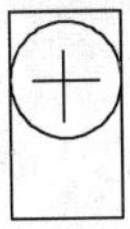

续表

序号	名称	图例
38	空气冷却器	
39	空气加湿器	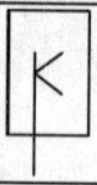
40	窗式空调器	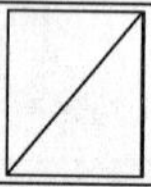
41	风机盘管	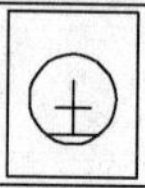
42	消声器	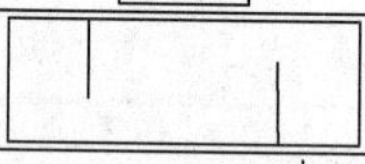
43	减振器	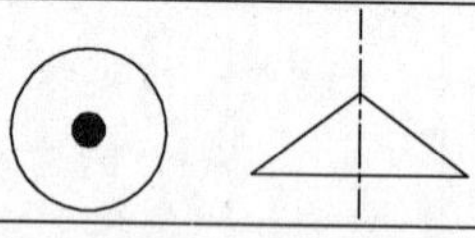
44	消声弯头	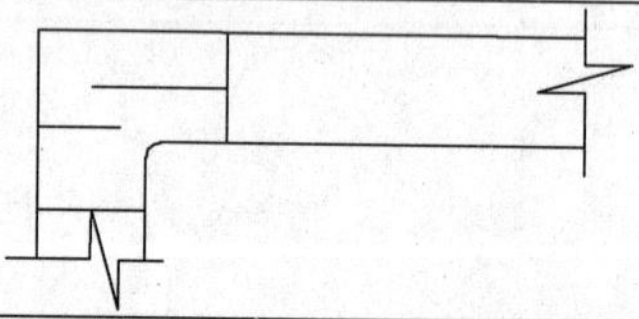
45	喷雾排管	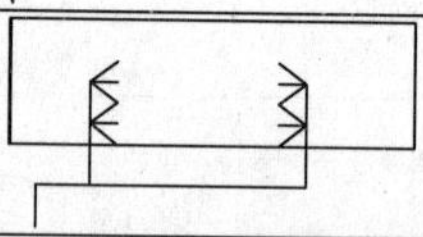
46	挡水板	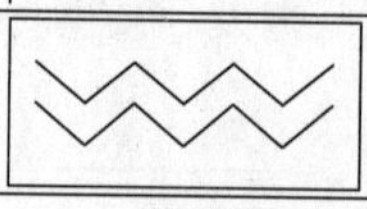
47	水过滤器	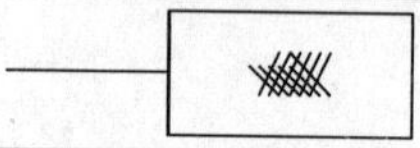
48	通风空调设备	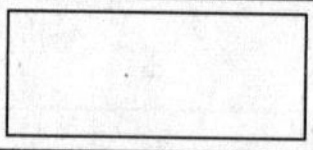
49	温度传感元件	
50	压力传感元件	
51	流量传感元件	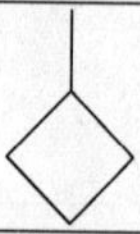
52	湿度传感元件	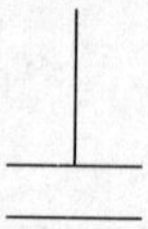

9.1.3 风管类型及尺寸与标高标注

常用风管有圆形和矩形两种类型。圆形风管的截面定形尺寸应以直径符号“ϕ”后跟以mm为单位的数值表示，通常指内径。矩形风管的截面定形尺寸以“$A \times B$”表示，以mm为单位时，通常省略。

风管尺寸与标高标注的画法详图9.1，风口、散流器的表示方法详图9.2。

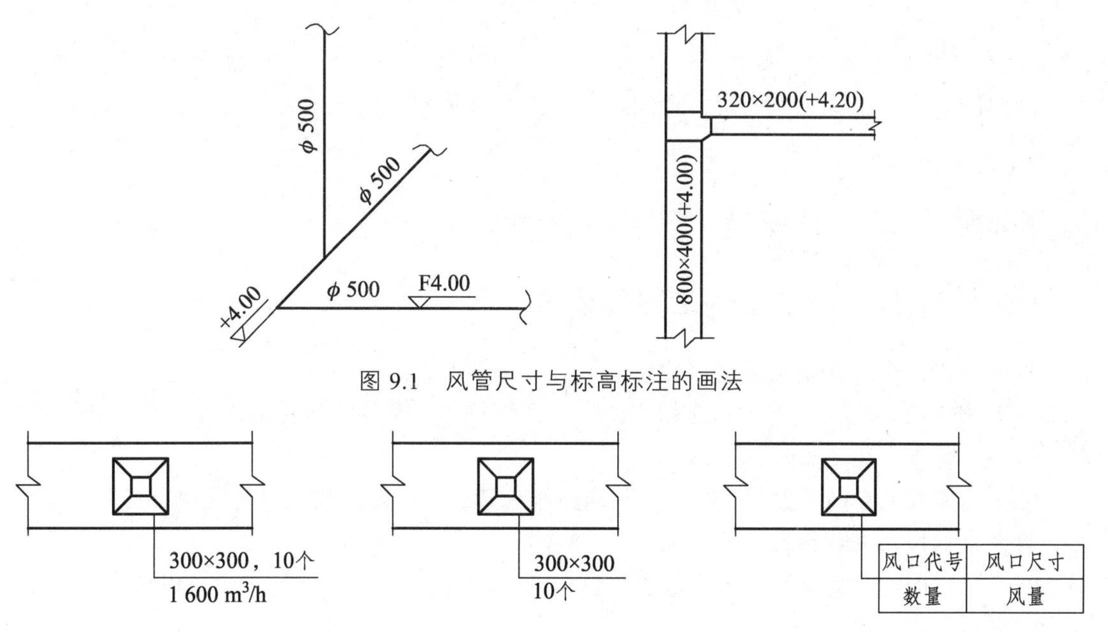

图9.1 风管尺寸与标高标注的画法

图9.2 风口、散流器的表示方法

9.2 通风空调工程图的识读

9.2.1 通风空调工程施工图的组成

通风空调工程图是进行通风空调安装施工的依据，也是编制施工图预算的依据。通风空调工程图应采用规定的图例符号、统一的标注形式、绘图规则来表达通风空调系统的实际空间走向和设备位置，由封面、说明、主要设备材料表、平面图、系统图、剖面图、原理图及详图组成。

1. 说　明

说明包括设计说明和施工说明。设计说明主要包括工程概况、设计依据、设计形式、设计参数；施工说明主要包括材料、安装方式、防腐、保温、试压等基本施工方法和施工质量要求。

2. 主要设备材料表

主要设备材料表将用到的材料和设备以表格的形式详细列出，包含型号、规格、数量等。

3. 平面图

平面图主要表达通风空调系统的管道、设备的平面布置情况。

4. 系统图

系统图表达了整个通风空调系统的管道和设备的空间位置关系，能一目了然的表达整个系统的全貌，有助于与平面图、剖面图等进行详细对照。

5. 剖面图

剖面图表达了在垂直方向上管道与设备的空间关系和主要尺寸、标高等。

6. 详　图

详图即大样图，包括制作加工详图和安装详图。

9.2.2　通风空调工程施工图的识读

识读通风空调工程施工图时应注意：

（1）阅读设计施工说明，熟悉相关图例、系统符号，掌握系统组成形式、设备选型、材料、防腐、保温等施工方法。

（2）阅读通风空调平面图，以空气流动路线识读，如送风系统从空气处理设备开始识读，排风系统从回风口开始识读。

（3）将平面图、系统图、剖面图结合起来，以便了解管道、设备、附件的空间位置关系、规格、型号、尺寸等。

9.2.3　通风空调工程施工图的识读举例

1. 说　明

（1）工程概况：本工程为 X 市妇幼保健院二期工程建设项目，工程位于 X 市 Y 区 Z 大道中段。本项目总建筑面积 39 708.04 m^2，为地下三层、地上十六层建筑。本建筑使用性质为综合医院，机动车总停车数为 267 辆。本工程耐火等级为一级，建筑工程等级为一级。

（2）工程设计内容：VRV 空调系统设计（手术室净化区域由专业净化公司设计）。

（3）工程设计依据：

① 《民用建筑供暖通风与空气调节设计规范》（GB 50736—2012）;

② 《建筑设计防火规范》（GB 50016—2014）;

③ 《全国民用建筑工程设计技术措施》（2009 JSCS—1）;

④ 《公共建筑节能设计标准》（GB 50189—2015）;

⑤ 《通风与空调工程施工质量验收规范》（GB 50243—2016）;

⑥ 甲方对本工程的使用要求。

（4）室内外主要设计计算参数：

夏季空调室外计算干球温度——34.6 °C;

夏季空调室外计算湿球温度——27.2 °C；

夏季通风室外计算干球温度——30.5 °C；

夏季室外风速——1.6 m/s；

室内设计温度——26 ~ 27 °C；

室内相对湿度——45% ~ 50%。

（5）空调系统：本工程采用变频多联空调系统，总冷负荷为 3080 kW，总热负荷为 2150 kW。空调送回风采用上送上回的气流组织，送风口采用双层格栅风口，回风口采用可开铰链式回风口（带过滤网）。新风由新风处理机组处理送至空调房间，新风机组置于空调机房。本项目空调系统分区，内部区域为一系统，外部区域为一系统。负一层至七层室外机和新风室外机均置于五层屋顶，八层至十六层室外机和新风室外机均置于十六层屋顶。空调、新风处理机组冷凝水集中排往卫生间。

（6）管道材料与连接：

① 风管：空调风管采用镀锌钢板制作，风管的厚度按《通风与空调工程施工质量验收规范》（GB 50243—2016）中的相关规定执行。

② 风管间连接采用法兰连接，法兰垫片的厚度宜为 3 ~ 5 mm。

③ 空调冷凝水管：空调凝结水管坡度 $i \geqslant 0.01$，坡向与排出方向一致，且不能上翻。

（7）保温：

① 风管保温：空调风管及通风管道保温采用（B1 级）难燃型 M022 多样化复合发泡橡塑绝热材料，保温厚度为 25 mm，导热系数 $\lambda = 0.033$（0 °C 时），撕裂强度≥13 N/cm，湿阻因子= 20 000，抗细菌性能、抗霉菌性能符合 I 级。

② 冷热水管，凝结水管保温材料采用闭孔柔性橡塑保温管壳。水管采用难燃 B1 级橡塑发泡保温材料，氧指数≥32，阻湿因子 $u \geqslant 7\,000$，导热系数 $\lambda \leqslant 0.035$ W/（m·K），用专用胶水黏合。

（8）隔声减震：

① 变制冷剂流量空调的室外机设减震器。

② 吊装的空调机组均须采用减震吊架。

③ 吊顶中安装的空调机组、新风机均要求为低噪声设备，设备噪声高于 55 dB（A）时需采取降噪措施。

（9）防腐：

① 涂漆施工应在管道试压合格后进行。管道安装后不易涂漆的部位应预先涂漆。

② 管道涂漆前被涂表面应无污垢、油迹、水迹、锈斑、焊渣、毛刺。

③ 保温空调冷、热水管道均涂刷防锈底漆两遍。

④ 所有露天设置的设备电机应采取防护措施。

⑤ 金属支、吊、托架在表面除锈后刷防锈底漆与调和漆各两遍，调和漆颜色为黄色。

2. 施工安装

所有空调留洞及预埋套管均由安装队配合土建预埋及预留。在现场安装施工中，若空调与其他工种有矛盾之处，请及时协调解决。其他未说明之处均详《通风与空调工程施工质量验收规范》（GB 50243—2016）。

3. 主要设备材料表

主要设备材料表如表 9.4 所列。

表 9.4　主要设备材料表

序号	名称	型号规格	单位	数量
1	新风机机组	$G=4\ 000\ m^3/h$，$Q_{冷}=45.0\ kW$，$Q_{热}=27.0\ kW$，$N=1.15\ kW$，$H=400\ Pa$	台	5
2	新风机机组	$G=3\ 000\ m^3/h$，$Q_{冷}=33.5\ kW$，$Q_{热}=18\ kW$，$N=1.15\ kW$，$H=400\ Pa$	台	6
3	新风机机组	$G=5\ 000\ m^3/h$，$Q_{冷}=56\ kW$，$Q_{热}=35\ kW$，$N=1.5\ kW$，$H=500\ Pa$	台	2
4	室内机	$Q_{冷}=10.0\ kW$，$Q_{热}=11.2\ kW$，$G=1\ 400\ m^3/h$，$N=246\ W$，噪声≤43 dB（A）	台	27
5	室内机	$Q_{冷}=8.0\ kW$，$Q_{热}=9.0\ kW$，$G=980\ m^3/h$，$N=157\ W$，噪声≤40dB(A)	台	65
6	室内机	$Q_{冷}=6.3\ kW$，$Q_{热}=7.1\ kW$，$G=800\ m^3/h$，$N=98\ W$，噪声≤33 dB（A）	台	207
7	方形散流器	250×250	个	196
8	方形散流器	350×350	个	37
9	方形散流器	300×300	个	194
10	方形散流器	200×200	个	316
11	方形散流器	150×150	个	125
12	方形散流器	100×100	个	170

4. 平面图

图 9.3 和图 9.4 所示为该妇幼保健院空调系统平面图,空调系统为独立新风加室内多联机的形式。由新风处理机组单独处理新风后送入室内，以保证室内有足够的新风量，图 9.3 的新风处理机组位于正上方的空调机房内，图 9.4 的机房位于右下方的麻醉器械房的吊顶内。室内机负责处理室内空气，让室内的空气保持循环，其中回风口位于室内机的下方。图中的风管标高、设备标高未标明，应做单独说明。

在图 9.3 中，从正上方的新风机房开始，以 630×250 的风管开始送风，在穿过外墙后，有一个防火阀，之后继续下行利用三个风口往室内送风。除了空调系统本身外，图中还标注了风管的定位尺寸，以确定空调机组、室内机、风管、风口等的安装位置。

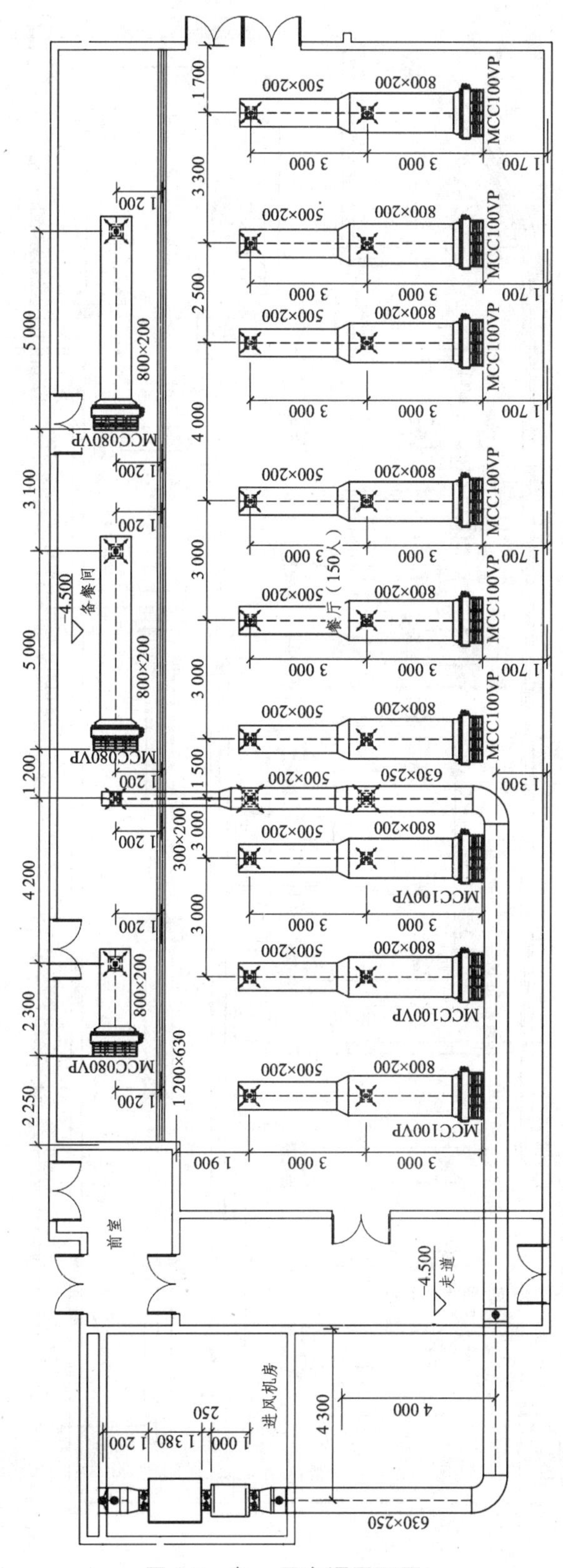

图 9.3　负一层空调平面图

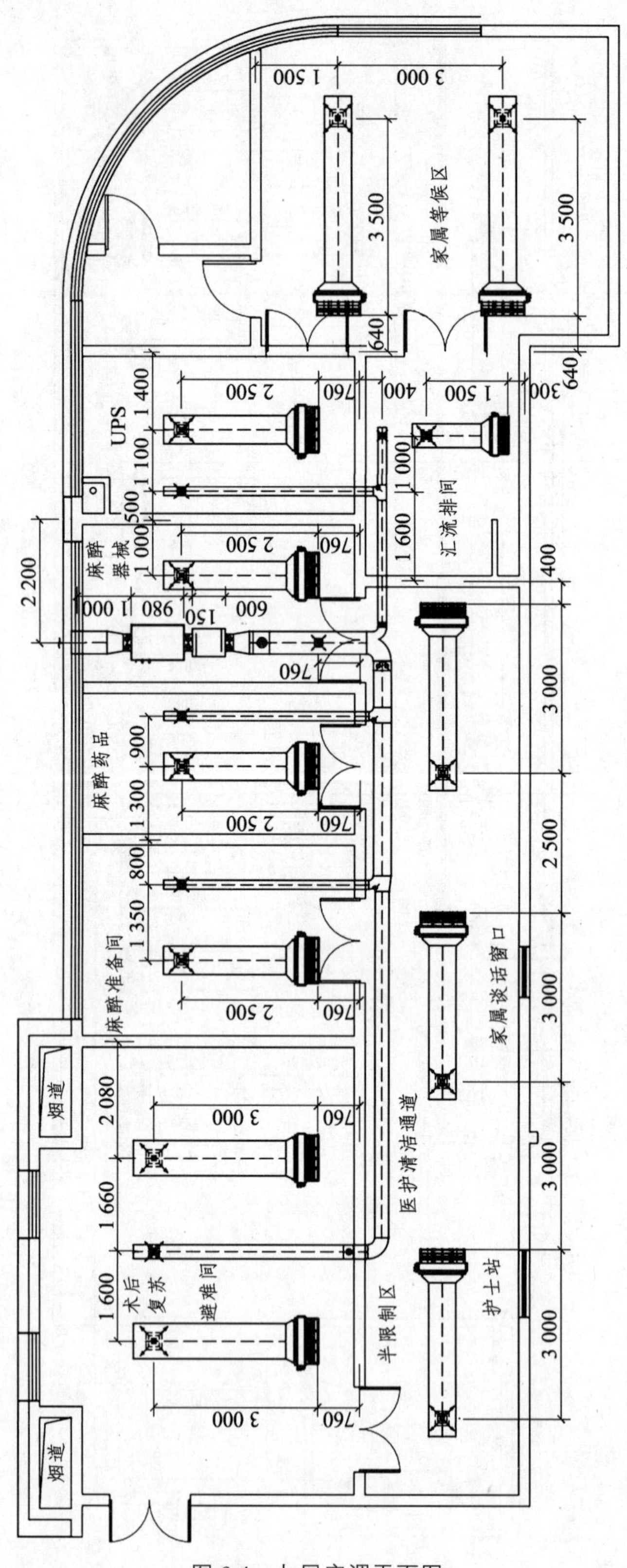
家属等候区
3 000
1 500
3 500
3 500
640
UPS
1 400
1 100
500
1 000
2 500
760
400
1 500
300
1 000
1 600
汇流排间
400
麻醉
器械
2 200
1 000
980
150
600
麻醉药品
900
1 300
800
1 350
麻醉准备间
3 000
2 500
家属谈话窗口
2 080
1 660
1 600
医护清洁通道
烟道
术后
复苏
避难间
半限制区
护士站
3 000

图 9.4　七层空调平面图

5. 大样图

机房大样图如图 9.5 和图 9.6 所示。

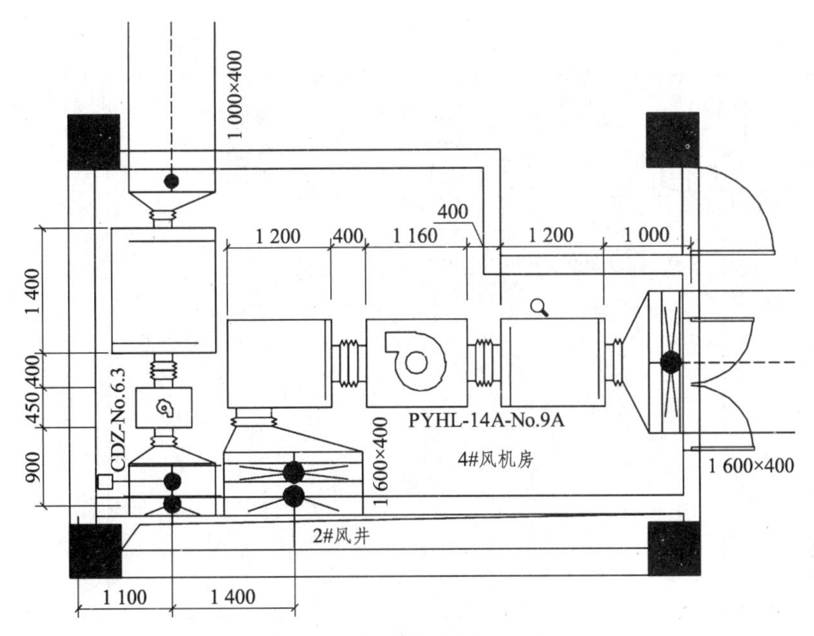

图 9.5 机房大样图（一）

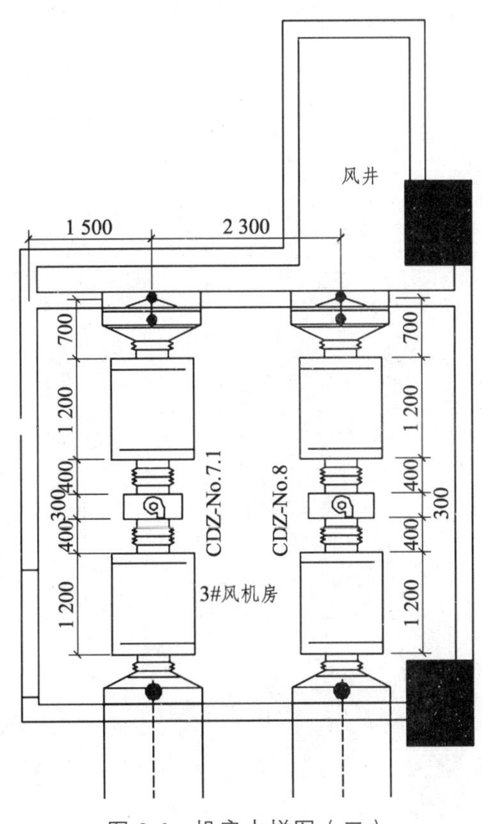

图 9.6 机房大样图（二）

6. 剖面图

剖面图如图 9.7 所示。

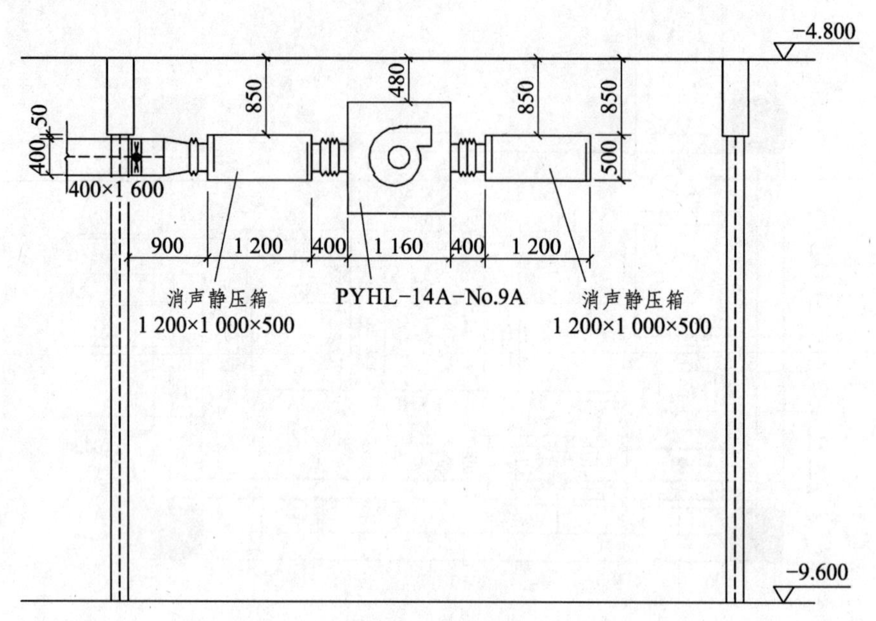

图 9.7　剖面图

第 10 章　消防工程施工图

内容提要

- 消防工程的组成
- 制图规定
- 消防工程施工图识读

消防工程是为有效监测、控制、迅速扑灭火灾，保障人民生命和财产的安全而建立的一套完整有效的系统体系。项目在规划设计过程中必须按照国家相关规范规定设置必需的火灾自动报警系统、消防设备联动控制系统、消火栓灭火系统、自动喷水灭火系统、二氧化碳灭火系统、泡沫灭火系统、干粉灭火系统等建筑消防设施。

10.1　消防工程的组成

消防工程包含以下内容：

1. 火灾自动报警系统

火灾自动报警系统由触发装置、火灾报警装置、联动输出装置以及具有其他辅助功能的装置组成。火灾自动报警系统能在火灾初期，将燃烧产生的烟雾、热量、火焰等物理量，通过火灾探测器变成电信号，传输到火灾报警控制器，并同时以声、光的形式通知整个楼层疏散，控制器会记录火灾发生的部位、时间等，使人们能够及时发现火灾，并及时采取有效措施，扑灭初期火灾，最大限度地减少因火灾造成的生命和财产的损失。

2. 消防设备联动控制系统

火灾探测器探测到火灾信号后，消防设备联动控制系统能自动切除报警区域内有关的空调设备，关闭通风空调管道上的防火阀，停止有关换风机工作，开启有关管道的排烟阀，自动关闭有关部位的电动防火门、防火卷帘门，按顺序切断非消防用电源，接通事故照明及疏散标志灯，停运除消防电梯外的全部电梯，并通过控制中心的控制器，立即启动灭火系统，进行自动灭火。

3. 灭火系统

（1）消火栓灭火系统。

消火栓灭火系统是由消防给水管网、消火栓、水带、水枪、消火栓箱柜、消防水池、消防水箱、增压设备等组成的固定式灭火系统。消火栓给水灭火系统主要依靠水对燃烧物冷却降温来及时扑灭火灾。火灾发生后，消防人员打开消火栓箱，将水带和消火栓栓口连接，打开消火栓的阀门，按下消火栓箱内的启动按钮，消火栓即可投入使用。启动按钮可直接启动消火栓泵，并向消防控制中心报警。

（2）自动喷水灭火系统。

自动喷水灭火系统是由洒水喷头、报警阀组、水流指示器、压力开关、末端试水装置、管道、供水设施等组成，并能在发生火灾时自动喷水进行灭火的系统。可以用于公共建筑、工厂、仓库、装置等一切可以用水灭火的场所。它具有工作性能稳定、灭火效率高、使用期长、不污染环境、维修方便等优点。

（3）气体灭火系统。

气体灭火系统是以气体作为灭火介质，通过气体在整个防护区或保护对象周围的局部区域建立起达到灭火浓度的气体灭火剂，来实现灭火的灭火系统，其适用范围是由气体灭火剂的灭火性质决定的。

气体灭火系统按防护对象的保护形式，可以分为全淹没系统和局部应用系统两种形式；按其安装结构形式，又可以分为管网灭火系统和预制灭火系统，在管网灭火系统中又可以分为组合分配灭火系统和单元独立灭火系统；按使用的灭火剂，可分为二氧化碳灭火系统、卤代烷烃灭火系统和惰性气体灭火系统等。

气体灭火系统一般由灭火剂瓶组、驱动气体瓶组、单向阀、选择阀、减压装置、驱动装置、集流管、连接管、喷嘴、信号反馈装置、安全泄放装置、控制盘、检漏装置、低泄高封阀、管路管件等部件构成。不同的气体灭火系统其结构形式和组成部件的数量也不完全相同。

（4）泡沫灭火系统。

泡沫灭火系统是指泡沫灭火剂与水按一定比例混合，经泡沫产生装置产生灭火泡沫的灭火系统。泡沫灭火系统具有安全可靠、经济实用、灭火效率高、无毒等优点，是扑灭甲、乙类液体火灾和某些固体火灾的一种主要灭火设施。

泡沫灭火系统在火灾时能否按设计要求投入使用，要由平时的定期检查、试验和检修来保证。泡沫灭火系统的管理操作和维护要由经过专门培训的人员负责。维护管理人员需要熟悉泡沫灭火系统的原理、性能和操作维护规程，维护管理人员需要每天对系统进行外观检查，并认真填写检查记录。

（5）干粉灭火系统。

干粉灭火系统由干粉储存装置，输送管道和喷头等组成。其中，干粉储存装置内设有启动气体储瓶、驱动气体储瓶、减压阀、干粉储存容器、阀驱动装置、信号反馈装置、安全防护装置、压力报警及控制器等。为确保系统工作的可靠性，必要时系统还需设置选择阀、检漏装置和称重装置。

干粉灭火系统按照储存方式，可分为储气瓶型干粉灭火系统和储压型干粉灭火系统；按照安装方式，可分为固定式干粉灭火系统和半固定式干粉灭火系统；按照系统结构特点，可分为管网干粉灭火系统、预制干粉灭火系统和干粉炮灭火系统；按照系统应用方式，可分为全淹没灭火系统和局部应用系统。

本章主要介绍消火栓灭火系统和自动喷水灭火系统的制图与识图知识。

10.2 制图规定

10.2.1 制图常用标准

消防工程施工图有关的图纸涉及了建筑、给排水、暖通空调、电气等专业，各个专业有不同的侧重点。建筑专业要明确建筑的耐火等级、防火间距、防火分区、安全疏散、防火构造等内容；给排水专业要明确消火栓给水灭火系统及自动喷水灭火系统的设计；暖通空调专业要明确建筑排烟、通风系统及机房的设计；电气专业要明确火灾报警、消防联动控制、紧急照明等系统的设计。以上内容都有相应的设计规范和行业规范可以遵循，专业性极强。消防工程施工图在制图的过程中，要多专业结合，遵守相关专业国家有关标准、规范的规定。消防工程施工图常用制图标准有：

《房屋制图统一标准》（GB/T 5001—2017）

《建筑给水排水制图标准》（GB/T 50106—2010）

《消防技术文件用消防设备图形符号》（GB/T 4327—2008）

《暖通空调制图标准》（GB/T 50114—2010）

《火灾自动报警系统设计规范》（GB 50116—2013）

10.2.2 制图一般规定

消防工程图纸幅面规格、字体、符号等均应符合现行国家标准《房屋建筑制图统一标准》（GB/T 50001—2010）的有关规定，参见本书第 2 章 2.2 节相关内容。

消防工程图样图线、比例、管径、标高和图例等应符合《建筑给水排水制图标准》（GB/T 50106—2010）的有关规定，参见本书第 8 章 8.1 节相关内容。

根据《建筑给水排水制图标准》（GB/T 50106—2010）规定，消防设施的图例宜符合表 10.1 的要求。

表 10.1 消防灭火系统常用文字符号及图例

序号	名称	图例
1	消火栓给水管	——XH——
2	自动喷水灭火给水管	——ZP——
3	室外消火栓	
4	室内消火栓（单口）	平面 系统
5	室内消火栓（双口）	平面 系统
6	水泵接合器	
7	自动喷洒头（开式）	平面 系统

续表

序号	名称	图例
8	自动喷洒头（闭式下喷）	平面 系统
9	自动喷洒头（闭式上喷）	平面 系统
10	自动喷洒头（闭式上下喷）	平面 系统
11	侧墙式自动喷洒头	平面 系统
12	水喷雾喷头	平面 系统
13	雨淋灭火给水管	YL
14	水幕灭火给水管	SM
15	水炮灭火给水管	SP
16	干式报警阀	平面 系统
17	消防炮	平面 系统
18	湿式报警阀	平面 系统
19	预作用报警阀	平面 系统
20	信号闸阀	
21	水流指示器	L
22	水力警铃	
23	雨淋阀	平面 系统

续表

序号	名称	图例
24	末端试水装置	平面 系统
25	手提式灭火器	
26	推车式灭火器	
27	感温火灾探测器（点型）	
28	感烟火灾探测器（点型）	
29	感光火灾探测器（点型）	
30	火警电铃	

注：① 分区管道用加注角标方式表示；

② 建筑灭火器的设计图例可按现行国家标准《建筑灭火器配置设计规范》（GB 50140—2005）的规定确定。

消防专业的图纸一般与给水排水共同绘制在同一张图纸上，当在一张平面图内表达不清楚时，可将给水排水、消防或直饮水管分开绘制。在同一个工程项目的设计图纸中，所用的图例、术语、图线、字体、符号、绘图表示方式等应一致。

设备和管道的平面布置、剖面图均应符合现行国家标准的规定，并应按直接正投影法绘制。图样中尺寸的数字、排列、布置及标注，应符合现行国家标准的规定；单体项目平面图、剖面图、详图、放大图、管径等尺寸应以 mm 表示；标高、距离、管长、坐标等应以 m 计，精确度可取至 cm。

10.3 消防工程施工图识读

10.3.1 消防工程施工图的组成

消防工程图一般由设计施工说明、主要设备材料表、平面图、系统图、局部平面放大图和剖面图等组成。

（1）设计施工说明。

设计施工说明包括工程概况、设计依据、设计用途、管路形式及设备类型、规格型号、材质与安装质量要求，并列有主材设备表。

（2）主要设备材料表。

主要设备材料表将用到的材料和设备以表格的形式详细列出，包含型号、规格、数量等。常用设备有消火栓、消防水泵、水泵接合器、喷头、水流指示器、报警阀组、探测器以及阀门附件等。

（3）平面图。

消防平面图应按规定的图例，以正投影法绘制在平面图上，其图线应符合制图规范规定。平面图应表示出消防管道、消火栓、水池水泵、喷洒水头、消防水箱、消防稳压装置、灭火器、立管、上弯或下弯以及主要阀门、附件等的位置、尺寸、型号、管道的坡度等。

（4）系统图。

系统图应表示出管道内的介质流经的设备、管道、附件、管件等连接和配置情况。系统图应与平面图中的引入管、立管、支管、消防设备、附件和仪器仪表等要素相对应，表明消防用管道、设备、阀门等在空间上相互连接的位置情况、相关规格尺寸和安装尺寸。系统图与平面图结合紧密，应相互对照进行识读。

（5）局部平面放大图。

本专业设备机房、局部消防设施和末端试水装置等在平面图难以表达清楚时，应绘制详图。详图应按图例绘出各种管道与设备、设施及器具等相互接管关系及在平面图中的平面定位尺寸，各类管道上的阀门、附件应按图例、按比例、按实际位置绘出，并应标注出管径。

（6）剖面图。

当消防设备、设施数量多，管道重叠、交叉多，且用轴测图难以表示清楚时，应绘制剖面图。剖面图的剖切位置应选在能反映设备、设施及管道全貌的部位。剖面图还应表示出设备、设施和管道上的阀门、附件和仪器仪表等位置及支架（或吊架）形式。剖面图中应标注出设备、设施、构筑物、各类管道的定位尺寸、标高、管径，以及建筑结构的空间尺寸。

10.3.2 消防工程施工图的识读

施工图的识读按水流方向先整体后局部、先粗看后细究、先文字说明后图样、先基本图样后详图、先图形后尺寸进行仔细阅读，并应注意平面系统、各专业图样之间的联系。

（1）阅读设计施工说明。读工程概况、设计范围、系统形式、管材、附件设备选用以及防腐保温等基本内容，重点把握设计意图。

（2）阅读平面图。读消防管道规格、走向、坡度，读消防设备布置位置、设备型号、大小，读主要阀门附件规格、型号、布置位置。识读过程中，将平面图与系统图对照，重点把握系统的工作状态及连接方式。

（3）读系统图。读立管编号、规格、走向、位置，读阀门附件布置、设备布置等所有内容，重点与平面图对照把握整体布置情况。

（4）读局部平面放大图、剖面图。将图纸内容进一步细化，直至读懂消防管道布置、设备的安装方式、位置及连接方式等。

10.3.3 消火栓给水灭火系统识图举例

（1）设计施工说明。

本工程位于四川省巴中市通江县，为四川省某中学项目，本工程由综合楼、教学楼、体育馆、艺术楼、1#～6#学生宿舍、教室宿舍、体育馆、食堂一、食堂二、报告厅、地下车库以及附属设施组成；其中地下车库为Ⅰ类汽车库，本工程规划净用地面积 245 330 m^2，总建筑面积 143 175.71 m^2。消火栓系统的工作压力为 0.50 MPa。

工程设计内容：报告厅消火栓给水灭火系统

设计依据：

《建筑给水排水设计规范》（GB 50015）

《建筑设计防火规范》（GB 50016）

《消防给水及消火栓系统技术规范》（GB 50974）

《公共建筑节能设计标准》（GB 50189）

《全国民用建筑工程设计技术措施》给水排水部分

《四川省绿色建筑设计标准》（DBJ51/T 037）

《建筑灭火器配置设计规范》（GB 50140）

建设单位提供的市政给水压力为 0.30 MPa；地块南侧的市政雨、污水接口资料。

消火栓系统：

本工程消火栓系统不分区，消火栓水泵共 2 台，1 用 1 备，从水池吸水，供至室内消火栓系统环网。消防水泵应采用消防专用水泵。本工程消火栓箱配用普通 SN65 型消火栓，内设 DN65 消火栓一支、QZ19 型直流水枪一支、DN65 衬胶水带一条（长 25 m）、消防按钮一个，消火栓栓口距安装外完成地面 1.10 m。消防给水系统管道上的阀门及附件，未注明阀体者，均为球墨铸铁阀体。

管道材料及接口：

消防给水管道均采用热浸锌镀锌钢管，当管径 $DN \leq 50$ mm 时，采用螺纹或卡压连接；当管径 $DN > 50$ mm 时，采用沟槽连接件连接或法兰连接，当安装空间较小时应采用沟槽连接件连接。消防水泵吸水管及水泵接合器的连接管采用无缝钢管，焊接连接。

建筑灭火器配置：

灭火器均采用磷酸铵盐干粉灭火器，在每个组合式消防柜的灭火器箱内均配置两具手提式灭火器，对于保护距离不够的部位增设灭火器设置点；位置及数量详各平面图，确保其最大保护距离满足规范要求。

（2）主要设备材料表。

主要设备材料见表 10.2。

表 10.2　主要设备材料表

序号	名称	型号及性能参数	数量	备注
1	消火栓管道（内外壁热镀锌钢管）	N65、DN80、DN100、DN150、DN200	按实计	管道公称压力 2.00 MPa
2	室内消火栓	详设备样本	按实计	普通单栓
3	室内消火栓泵	Q = 40 L/S、H = 70 m、N = 55 kW	2 台	一用一备 卧式消防泵
4	灭火器	手提式 MF/ABC4	按实计	配置标准 2A
5	蝶阀	DN50、DN65、DN80、DN100、DN150	按实计	
6	闸阀	DN50、DN65、DN80、DN100、DN150	按实计	

（3）平面图。

图 10.1（见附页）所示为四川省某中学报告厅消防平面图。平面图上可以看出消防水管的布置情况、消火栓布置位置、灭火器布置位置、立管布置位置和立管编号等。

如图 10.1 所示，整个消防系统呈环状布置，总供水管一共有两根，一根在左上方，一根在右上方，均接自室外消火栓加压环管。

总供水管与建筑物外消防环管碰头处设置了一处阀门井，阀门井内安装有两个阀门，根据给排水常用图例可知为闸阀，设置于阀门井内是为了方便维护和检修。平面图下方供水干管上也设置了一处阀门井，井内有 1 个闸阀。因此平面图中共设有 3 处阀门井，井内设置共 5 个闸阀。

建筑物上下左右各有一根消防干管，连接成环状。当左上角总供水管故障停水时，右上角的总供水管仍然可以保障整栋建筑物的消防给水，反之亦然。因此，充分保证了消防系统给水的可靠性。

从环管上一共引出了 12 根消防进户管，每一根进户管又紧接着连接了一根消防立管，每一根消防立管都有各自的编号，例如 XL-1 表示 1 号消防立管；消防立管出来均连接有一套消火栓设备，图中表示的就是一套消火栓，根据设计施工说明可知消火栓型号为普通 SN65 型消火栓。右下角无障碍卫生间 XL-7 连接的消火栓还兼做试验消火栓。

每一套消火栓旁边还设有一组配套的手提式干粉灭火器。

平面图中未注明管道尺寸。

（4）系统图。

图 10.2 所示为四川省某报告厅首层消防工程系统图。

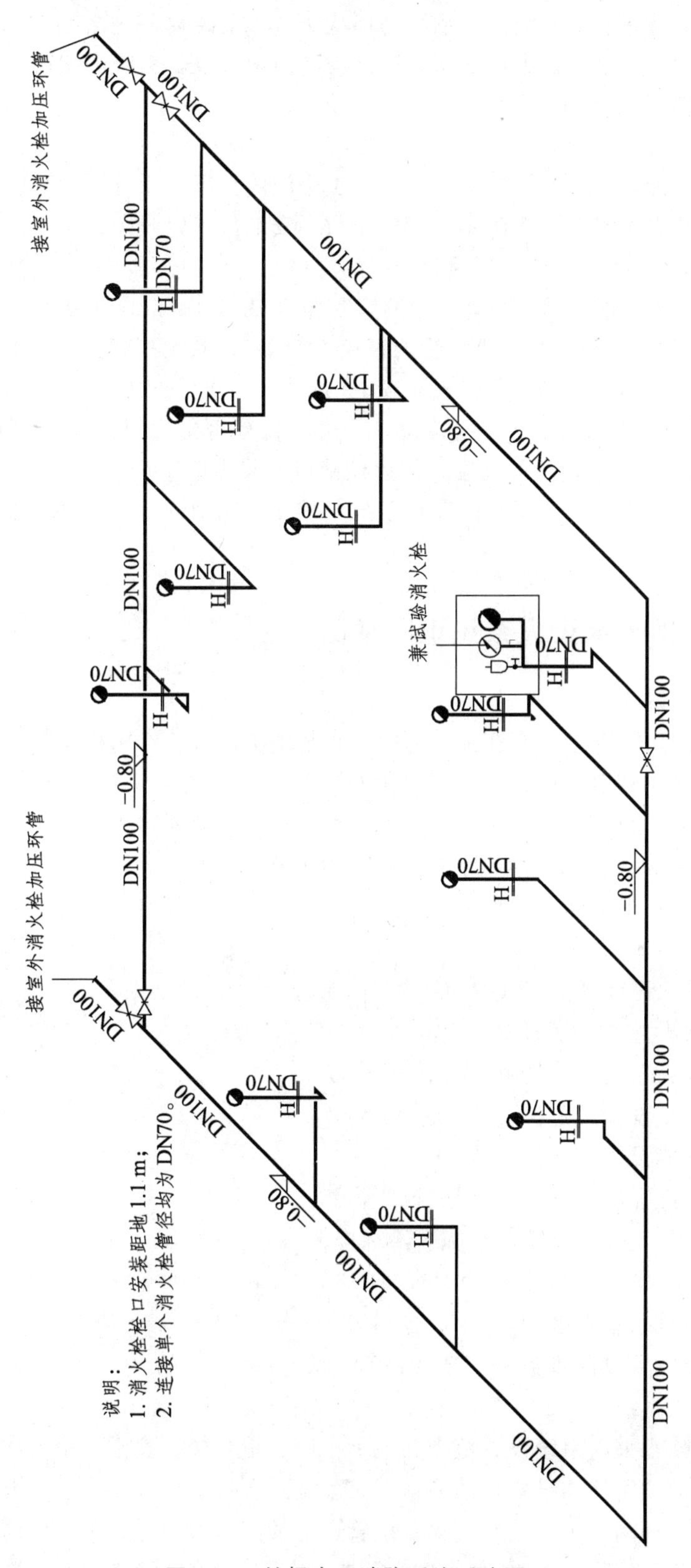

图 10.2　某报告厅消防系统系统图

从图 10.2 中可以看出，整个消防系统呈环状布置，总供水管一共有两根，一根在左上方，一根在右上方，均接自室外消火栓加压管道，与平面图一致。系统图中还标注出了总供水管的管径 DN100，敷设深度为 – 0.8 m。

总供水管与消防干管管网碰头处均了一处阀门井，每个阀门井内有 2 个闸阀；系统图下方的供水干管上也设置了一处阀门井，井内有 1 个闸阀。因此系统图中可以看出系统中共设有 3 处阀门井，井内设置共 5 个闸阀。阀门个数、安装位置以及图例与平面图相互印证。阀门安装于管径为 DN100 的管道上，因此阀门的规格与管道相匹配亦为 DN100。

消防干管整个连接成环状，所有干管的管径均为 DN100，敷设深度均为 – 0.8 m。从环管上引出了 12 根消防进户管，消防进户管的管径为 DN70，敷设深度同消防干管。每一根消防进户管均连接了一根消防立管，每一根立管上均连接了一套消火栓设备。消防立管的位置和编号、消火栓型号对应平面图。同平面图，右下角无障碍卫生间的消火栓还兼做试验消火栓；

系统图中 H 表示室内地坪的高度，消火栓栓口安装距地 1.1 m。

（5）在识图的过程中，应将平面图和系统图相互对照细读，将图纸内容进一步细化，读懂每一处布置。

10.3.4 自动喷水灭火系统识图举例

（1）设计施工说明。

本工程位于四川省巴中市通江县，为四川省某中学项目，本工程由综合楼、教学楼、体育馆、艺术楼、1# ~ 6#学生宿舍、教室宿舍、体育馆、食堂一、食堂二、报告厅、地下车库以及附属设施组成；其中地下车库为Ⅰ类汽车库，本工程规划净用地面积 245 330 m^2，总建筑面积 143 175.71 m^2。自动喷淋系统的工作压力为 0.50 MPa。

工程设计内容：报告厅自动喷水灭火系统

设计依据：

《建筑给水排水设计规范》（GB 50015）

《建筑设计防火规范》（GB 50016）

《自动喷水灭火系统设计规范》（GB 50084）

《气体灭火系统设计规范》（GB 50370）

《公共建筑节能设计标准》（GB 50189）

《工程建设标准强制性条文 房屋建筑部分》

《全国民用建筑工程设计技术措施》给水排水部分

《四川省绿色建筑设计标准》（DBJ51/T 037）

《四川省城市排水管理条例》

《建筑灭火器配置设计规范》（GB 50140）

自动喷水灭火系统：

本工程自动喷水灭火系统设置范围为地下车库、综合楼、食堂、报告厅以及除电气房间等不宜用水扑救的场所外均设置自动喷水灭火系统。自喷水泵共 2 台，1 用 1 备，从水池吸水，供至报警阀前环网。自动喷水灭火系统管道上的阀门及附件，未注明阀体者，均为球墨铸铁阀体。水流指示器采用 ZSJZ 型水流指示器，公称压力均为 1.0 MPa。喷头均采用 ZST-15

系列标准玻璃球闭式喷头，流量系数 $K = 80$，喷头的公称动作温度为 68 °C，公称压力为 1.20 MPa。末端试水装置采用 ZSPM 系列简易手动型末端试水装置，末端试水装置处设专用排水措施。

管道材料及接口：

自动喷水灭火系统管道采用热浸锌镀锌钢管，当管径 DN≤50 mm 时，采用螺纹或卡压连接；当管径 $DN > 50$ mm 时，采用沟槽连接件连接或法兰连接，当安装空间较小时应采用沟槽连接件连接。

（2）主要设备材料表。

主要设备材料见表 10.3。

表 10.3　主要设备材料表

序号	名称	型号及性能参数	数量	备注
1	喷淋管道（内外壁热镀锌钢管）	DN25、DN32、DN40、DN50、DN50、DN65	按实计	管道公称压力 2.00 MPa
2	水流指示器	DN150	3 套	
3	喷淋泵	Q = 40 L/S　H = 70 m　N = 55 kW	2 台	一用一备 卧式消防泵
4	信号阀	DN150	9 套	
5	喷头	ZST-15 系列标准玻璃球闭式	按实计	下垂型
6	蝶阀	DN50、DN65、DN80、DN100、DN150	按实计	
7	闸阀	DN50、DN65、DN80、DN100、DN150	按实计	

（3）平面图。

图 10.3 ~ 图 10.5（见附页）为四川省某高校食堂自动喷水灭火系统平面图。

先整体看一至三层自动喷水灭火系统（以下简称自喷系统）平面图，进水口在图 10.3 一层右下角，指明 ZPL-1 接自地下室自喷系统，一至三层的自喷系统给水均来自 ZPL-1。每一层自喷系统管道的平面布置和喷头的布置情况大致相同，喷头相互之间间隔多数为 3.1 m，根据房间大小功能的不同也有间隔 2.6 m、2.8 m、2.9 m 等的，整体呈矩形均匀布置。根据设计施工说明和主要设备材料表可知采用的是 ZST-15 系列标准玻璃球闭式下垂型喷头，图例与表 10.1 中自动喷洒头（闭式下喷）所绘一致。

每一层施工图中均未标注消防管道管径，但每一层施工图下方均给出了标准自喷管径对照表，根据该表可以通过计取某管段上喷头的数量，从而得出该管段的管径。例如，某管段后接有喷头 3 个，则该管道管径应为 DN40；若某管段后接有喷头 10 个，则该管道管径应为 DN80。各层左上角的卫生间内均设有末端试水阀，试水阀排水通过地漏进入 FL-1，通过排水系统排出室外。

细看图 10.3 一层自动喷水灭火平面图。消防用水从地下室首先接入右下角自喷立管 ZPL-1，一层的自喷给水干管从 ZPL-1 取水后通过给水支管将水输送到每一个洒水喷头。干管先沿餐厅往上，在接近餐厅中部时转弯向左，经过配餐室、厨房操作间，然后转弯向下，接入洗碗间、超市。干管行进过程中将水送入临近支管中，形成庞大的自喷给水系统。

图 10.4 二层自动喷水灭火平面图、图 10.5 三层自动喷水灭火平面图布置情况与一层基本一致。

（4）系统图。

图 10.6 所示为四川省某高校食堂自动喷水灭火系统图。

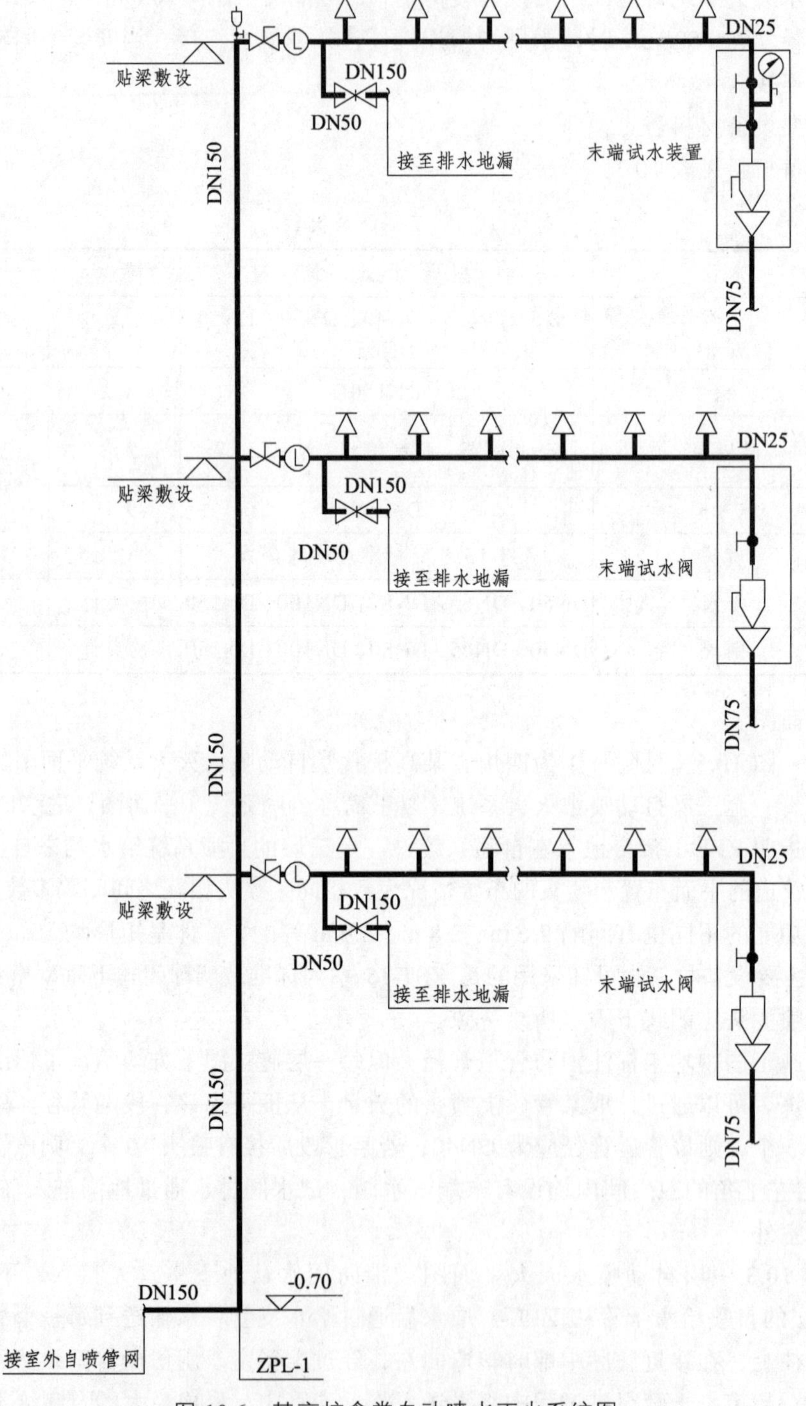

图 10.6　某高校食堂自动喷水灭火系统图

从系统系统图中可以看出该食堂一共分为三层，消防水从室外自喷管网引入，引入管管径为 DN150，敷设高度为地平面一下 0.7 米，立管 ZPL-1 从一层一直引向三层，立管管径为 DN150，每一层均由信号阀、水流指示器、若干喷头，末端试水装置等组成，每一层供水管布置高度均为贴梁敷设，并在设置末端试水装置，管段上接有用于检修时的泄水装置，管径为 DN50，官道上安装一阀门，平时关闭，检修时开启泄水，水接至排水地漏。

系统图中未绘制出所有的洒水喷头，省略部分用打断符号表示。

第 11 章　建筑电气工程施工图

内容提要

- 建筑电气制图的基本规定
- 常用照明线路分析
- 系统图和平面图
- 智能建筑工程
- 防雷工程

建筑电气工程是建筑设备工程的重要组成部分，为现代建筑物提供能源、动力、照明、监控、消防、防雷接地及信息传输。建筑电气施工图纸是建筑电气设计施工、购置设备材料、编制审核工程概预算及指导电气设备的运行、维护和抢修的基本依据，因此识读建筑电气工程图是建筑设备工程技术人员的基本技能之一。本章根据建筑工程管理和建筑工程造价的需要，主要介绍建筑电气相关的规定和图形符号、分类、特点、组成及阅读方法。

11.1　概　述

11.1.1　电气工程图的适用标准

电气工程图一般遵循以下标准：

《建筑电气制图标准》（GB/T 50786）

《民用建筑电气设计规范》（JGJ/16）

《电气技术用文件的编制》（GB/T 6988）

《电气简图用图形符号》（GB/T 4728）

《民用建筑设计通则》（GB 50352）

《低压配电设计规范》（GB 50054）

《建筑物防雷设计规范》（GB 50057）

《综合布线系统工程设计规范》（GB 50311）

《建筑设计防火规范》（GB 50016）

《供配电系统设计规范》（GB 50052）

《建筑照明设计标准》（GB 50034）

《智能建筑设计标准》（GB/T 50314）

《安全防范工程技术规范》(GB 50348)
《建筑机电工程抗震设计规范》(GB 50981)

11.1.2 电气工程图的组成

建筑电气工程图大多采用统一的图形符号并加注文字说明绘制而成。根据《建筑电气制图标准》(GB/T 50786—2012),常用的建筑电气工程图有以下内容:

1. 图纸目录与设计说明

设计说明包括图纸内容、数量、工程概况、设计依据以及图中未能表达清楚的有关事项。如供电电源、供电方式、电压等级、线路敷设方式、防雷接地、设备安装高度及安装方式,工程主要技术数据及施工期间的注意事项等。

2. 主要材料设备表

主要材料设备表包括工程中各种设备和材料的名称、型号、规格和数量,它是编制购置设备、材料计划的重要依据。

3. 系统图

电气系统图用来表示电气系统各组成分系统或组成部分的主要特征和关系,反映了系统的基本组成,主要电气设备、元件之间的连接情况和它们的型号、规格、参数等。如变配电工程的供配电系统图,照明工程的照明系统图,弱电工程的电缆电视系统图等。

4. 平面布置图

平面布置图是电气施工图的重要图纸之一,比如变配电所电气设备安装平面图、照明平面图、防雷接地平面图等,用来表示电气设备的编号、名称、型号及安装位置,线路的起始点、敷设部位、敷设方式及所用导线型号、规格、根数、管径大小等。通过阅读系统图,了解系统基本组成后,就可以依据平面图编制工程预算和施工方案,再组织施工。

5. 控制原理图

控制原理图用来表示电气系统中各种控制设备、保护设备和用电设备的连接原理,用以指导电气设备的安装和控制系统的调试工作。

6. 安装接线图

安装接线图包括电气设备的布置和接线,与控制原理图对照阅读。

7. 安装大样图(详图)

安装大样图(详图)是详细表示电气设备安装方法的图纸,对安装部件的各部位注有具体图形和详细尺寸,是进行安装施工的编制工程材料计划时的重要参考。

11.1.3 电气工程图的阅读方法

电气工程图的阅读方法如下：

（1）熟悉电气图例符号，知道图例、符号所代表的内容。常用的电气工程图例及文字符号参见国家标准《电气简图用图形符号》（GB/T 4728）。

（2）针对一套电气工程图纸，一般应先按以下顺序阅读，然后再对某部分内容进行重点识读。

① 看标题栏及图纸目录，了解工程名称、项目内容、设计日期及图纸内容、数量等。

② 看设计说明，了解工程概况、设计依据等，了解图纸中未能表达清楚的各有关事项。

③ 看设备材料表，了解工程中所使用的设备、材料的型号、规格和数量。

④ 看系统图，了解系统基本组成，主要电气设备之间的连接关系，及其规格、型号、参数等，掌握系统的组成概况。

⑤ 看平面布置图，了解电气设备的规格、型号、数量，以及线路的起始点、敷设部位、敷设方式和导线根数等。平面图的阅读可按以下顺序进行：电源进线总配电箱、干线支线分配电箱电气设备。

⑥ 看控制原理图，了解系统中电气设备的电气控制原理，以指导设备安装调试工作。

⑦ 看安装接线图，了解电气设备的布置与接线。

⑧ 看安装大样图，了解电气设备的具体安装方法，安装部件的具体尺寸等。

（3）抓住电气施工图要点进行识读。

在识图时应抓住以下要点进行识读：

① 在明确负荷等级的基础上，了解供电来源的来源、引入方式及路数。

② 了解电源的进户方式是由室外低压架空引入还是电缆直埋引入。

③ 明确各配电回路的路径、管线敷设部位、敷设方式以及导线的型号和根数。

④ 明确电气设备、器件的平面安装位置。

（4）结合土建施工图进行阅读。

电气施工与土建施工结合得非常紧密，施工中常设计各工种之间的配合问题。电气施工平面图只反映了电气设备的平面布置情况，结合土建施工图的阅读还可以了解电气设备的立体布设情况。

（5）熟悉施工顺序，便于阅读电气施工图。如识读配电系统图、照明与插座平面图时，就应首先了解室内配线的施工顺序。

① 根据电气施工图确定设备安装位置、导线敷设方式、敷设路径及导线穿墙或楼板的位置。

② 结合土建施工进行各种预埋件、线管、接线盒、保护管的预埋。

③ 装设绝缘支持物、线夹等。

④ 安装灯具、开关、插座及电气设备。

⑤ 进行导线绝缘测试、检查及通电试验。

⑥ 工程验收。

（6）识读时，施工图中各图纸应协调配合阅读。

对于具体工程来说，为说明配电关系时需要有配电系统图，为说明电气设备、器件的具体安装位置时需要有平面布置图，为说明设备工作时需要有控制原理图，为表示元件连接关系时需要有安装接线图，为说明设备、材料的特性、参数时需要有设备材料表等。这些图纸各自的用途不同，但相互之间是有联系并协调一致的。在识读时应根据需要，将各图纸结合起来识读，以达到对整个工程或分部项目全面了解的目的。

11.2 建筑电气制图基本规定

11.2.1 图 线

建筑电气专业的图线宽度 b 应根据图纸的类型、比例和复杂程度按照规定选用，并宜为 0.5 mm、0.7 mm、1.0 mm，各图线的用途见表 11.1。

表 11.1 图线用图表

<table>
<tr><th colspan="2">图形名称</th><th>线宽</th><th>一般用途</th></tr>
<tr><td rowspan="5">实线</td><td>粗</td><td>b</td><td rowspan="2">本专业设备之间电气通路连接线、本专业设备可见轮廓线、图形符号轮廓线</td></tr>
<tr><td rowspan="2">中粗</td><td>0.7b</td></tr>
<tr><td>0.7b</td><td rowspan="2">本专业设备可见轮廓线、图形符号轮廓线、方框线、建筑物可见轮廓</td></tr>
<tr><td>中</td><td>0.5b</td></tr>
<tr><td>细</td><td>0.25b</td><td>非本专业设备可见轮廓线、建筑物可见轮廓线
尺寸、标高、角度等标注线及引出线</td></tr>
<tr><td rowspan="5">虚线</td><td>粗</td><td>b</td><td rowspan="2">本专业设备之间电气通路不可见连接线；线路改造中原有线路</td></tr>
<tr><td rowspan="2">中粗</td><td>0.7b</td></tr>
<tr><td>0.7b</td><td rowspan="2">本专业设备不可见轮廓线、地下电缆沟、排管区、隧道、屏蔽线、连锁线</td></tr>
<tr><td>中</td><td>0.5b</td></tr>
<tr><td>细</td><td>0.25b</td><td>非本专业设备不可见轮廓线及地下管沟、建筑物不可见轮廓线等</td></tr>
<tr><td rowspan="2">波浪线</td><td>粗</td><td>b</td><td rowspan="2">本专业软管、软护套保护的电气通路连接线、蛇形敷设线缆</td></tr>
<tr><td>中粗</td><td>0.7b</td></tr>
<tr><td colspan="2">单点长画线</td><td>0.25b</td><td>定位轴线、中心线、对称线
结构、功能、单元相同围框线</td></tr>
<tr><td colspan="2">双点长画线</td><td>0.25b</td><td>辅助围框线、假想或工艺设备轮廓线</td></tr>
<tr><td colspan="2">折断线</td><td>0.25b</td><td>断开界线</td></tr>
</table>

11.2.2 比 例

系统图、电路图一般不按比例绘制；电气总平面图、电气平面图的制图比例，宜与工程项目设计的主导专业一致，采用的比例宜符合表 11.2 的规定，并应优先采用常用比例。

表 11.2 比例表

序号	图名	常用比例	可用比例
1	电气总平面图、规划图	1：500、1：1 000、1：2 000	1：300、1：5 000
2	电气平面图	1：50、1：100、1：150	1：200
3	电气竖井、设备间、电信间、变配电室等平、剖面图	1：20、1：50、1：100	1：25、1：150
4	电气详图、电气大详图	10：1、5：1、2：1、1：1、1：2、1：5、1：10、1：20	4：1、1：25、1：50

11.2.3 参照代号

1. 电缆的标识

电缆的架构主要有线芯、绝缘层和保护层三个部分。电缆的结构、特点和用途可通过型号表示出来，其型号表示方法如表 11.3。

例如：VV-1000-3 × 70 + 1 × 35，表示聚氯乙烯绝缘、聚氯乙烯绝缘护套电力电缆，额定电压 1 000 V，3 根 70 mm^2 铜芯线和 1 根 35 mm 铜芯线。

表 11.3 电缆结构表

类别	绝缘种类	线芯材料	内护层	其他特征	外护层
电力电缆（不表示）	Z—纸绝缘	T—铜（不表示）	Q—铅套	D—不滴流	2 个数字，见表 11.4
K—控制（mm^2）电缆	X—橡胶绝缘		L—铝套	F—分相护套	
P—信号电缆	V—聚氯乙烯		H—橡套	P—屏蔽	
Y—移动式软电缆	Y—聚乙烯	L—铝	V—聚氯乙烯套	C—重型	
H—市内电话电缆	YJ—交联聚乙烯		Y—聚乙烯套		

表 11.4 外护层表

第一个数字		第二个数字	
代　号	铠装层类型	代　号	外被层类型
0	无	0	无
1		1	纤维绕包
2	双钢带	2	聚氯乙烯护套
3	细圆钢丝	3	聚乙烯护套
4	粗圆钢丝	4	

2. 配电线路的标注

配电线路的标注以表示线路的敷设方式（见表 11.5）及敷设部位（见表 11.6），采用英文

字母表示。配电线路的标注格式为：a b-c（d×e＋f×g）i-j h

其中 a——参照代号；

b——型号；

c——电缆根数；

d——相导体根数；

e——相导体截面（mm^2）；

f——N、PE 导体根数；

g——N、PE 导体截面（mm^2）；

i——敷设方式和管径（mm），见表 11.5；

j——敷设部位，见表 11.6；

h——安装高度（m）。

例如：WD01 YJV-5（3×150＋2×70）SC80-WS3.5，表示电缆参照代号为 WD01，电缆型号为 YJV，电缆根数为 5，电缆导体根数与截面为（3×150 mm^2＋2×70 mm^2），敷设方式为穿管直径 80 mm 的焊接钢管沿墙敷设，线缆敷设距地高度为 3.5 m。

表 11.5 线缆敷设方式标注的文字符号

序号	中文名称	标准文字符号
1	穿低压流体输送用焊接钢管（钢导管）敷设	SC
2	穿普通碳素钢电线套管敷设	MT
3	穿可挠金属电线保护套管敷设	CP
4	穿硬塑料导管敷设	PC
5	穿阻燃半硬塑料导管敷设	FPC
6	穿塑料波纹电线管敷设	KPC
7	电缆托盘敷设	CT
8	电缆梯架敷设	CL
9	金属槽盒敷设	MR
10	塑料槽盒敷设	PR
11	钢索敷设	M
12	直埋敷设	DB
13	电缆沟敷设	TC
14	电缆排管敷设	CE

表 11.6　线缆敷设部位标注的文字符号

序号	中文名称	标准文字符号
1	沿或跨梁（屋架）敷设	AB
2	沿或跨柱敷设	AC
3	沿吊顶或顶板面敷设	CE
4	吊顶内敷设	SCE
5	沿墙面敷设	WS
6	沿屋面敷设	RS
7	暗敷设在顶板内	CC
8	暗敷设在梁内	BC
9	暗敷设在柱内	CLC
10	暗敷设在墙内	WC
11	暗敷设在地板或地面下	FC

3. 照明灯具的标注

灯具的标注是在灯具旁按灯具标注规定标注灯具数量、型号、灯具中的光源数量和容量、悬挂高度及安装方式。灯具光源按发光原理分为热辐射源（如白炽灯和钨灯）和气体放电光源（荧光灯、高压汞灯等)。其中灯具安装式标注文字符号见表 11.7。

照明灯具的标注格式为：a-b（c×d×l）/e f

其中　a——数量；

b——型号；

c——每盏灯具的光源数量；

d——光源安装容量；

e——安装高度（单位：m),“---”表示吸顶安装；

f——安装方式，见表 11.7；

l——光源种类。

例如：6-YZ452×50/2.6C 表示 6 盏 YZ452 直管型荧光灯，每盏灯具中装设 2 只功率为 50W 的灯管，灯具的安装高度为 2.6 m，灯具采用吸顶式安装方式。在同一房间内的多盏相同型号、相同安装方式和相同安装高度的灯具，可以标注一处。

表 11.7　灯具安装方式标注文字符号

序号	名称	标准文字符号
1	线吊式	SW
2	链吊式	CS
3	管吊式	DS
4	壁装式	W

续表

序号	名称	标准文字符号
5	吸顶式	C
6	嵌入式	R
7	吊顶内安装	CR
8	墙壁内安装	WR
9	支架上安装	S
10	柱上安装	CL
11	座装	HM

4. 照明配电箱的标注

配电箱根据其主要用途，可分为动力配电箱和照明配电箱。按其安装方式，可分为挂墙明装、嵌墙暗装和落地安装。按其承受电压高低，可分为高压配电箱和低压配电箱。

配电箱的型号为：XX（R）M1-（ ）（ ）（ ）（ ）

其中 X——低压配电箱；

X（R）——形式特征（X——悬挂式，R——嵌墙）；

照明，1——序号；

第一个括号（ ）——出线主开关型号，若 A 可为 DZ10、DZ20，若 B 可为 DZ12，若 C 可为 DZ15、DZ47，若 D 可为 C45N；

第二个括号（ ）——进线主开关极数，若 0 可为无主极开关，若 1 可为单极开关，若 2 可为双极开关，若 3 可为三极开关；

第三个括号（ ）——出线回路数；

第四个括号（ ）——出线方式（M——单相照明，L——三相动力）。

例如：型号为 XRM1-A312M 的配电箱，表示该照明配电箱为嵌墙安装，箱内设一个型号为 DZ20 的三极进线主开关，单相照明出线开关 12 个。

电箱的尺寸查《建筑电气安装工程施工图集》。

5. 开关与插座

开关一般有板开关及床头开关等，按其控制方式，可分为单控开关和双控开关。

二孔插座专为外壳不需接地的移动电器供电源；三孔插座专为金属外壳需接地的移动电器供电源，它可有利防止电器外壳带电，避免触电危险。

11.3 常用照明线路分析

照明平面图中清楚地表现了灯具、开关、插座的具体位置和安装方式。目前工程广泛使用的是线管配线、塑料护套线配线，线管内不允许有接头，导线的分路接头只能在开关盒、灯头盒、接线盒中引出，这种接线法称为共头接线法。这种接线法比较可靠，但耗用导线多，变化复杂。当灯具和开关的位置改变，进线方向改变，并头的位置改变，都会使导线根数变化。所以要真正地看懂照明平面图，就必须了解导线根数变化的规律，掌握照明线路的基本环节。

为一个开关控制一盏灯，这是最简单最基本的照明布置图，采用线管配线。图 11.1（a）为照明平面图，至灯座导线和灯座与开关之间的导线都为两根，再结合图 11.1（c）实际接线图，到灯座的两根导线，一根为中性线 N，另一根为相线 L，开关到灯座之间一根为相线 L，一根为控制线（也称开关控制线）。图 11.1（b）和图 11.1（d）分别为系统图和原理图，简洁明了，用作分析。

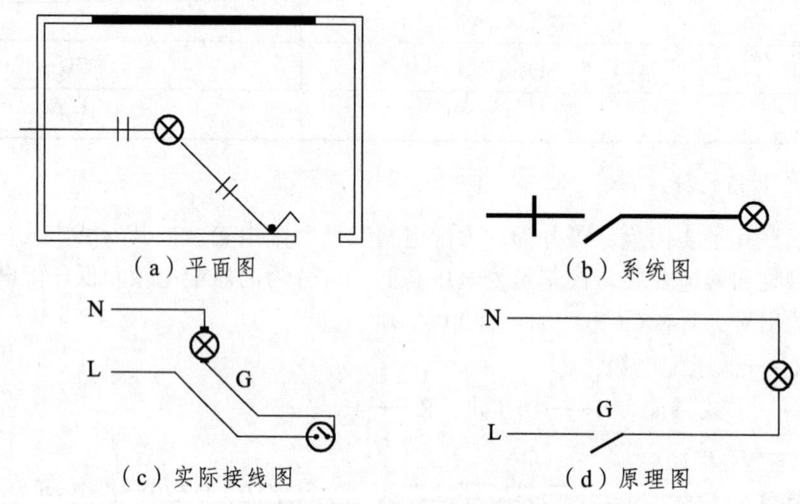

（a）平面图　（b）系统图　（c）实际接线图　（d）原理图

图 11.1　一个开关控制一个灯

图 11.2 为两个开关控制一盏灯，用两只双控开关在两处控制一盏灯，在原理图和实际接线图示开关位置时，明显看出灯不亮，但无论扳动哪个开关，灯都会亮。该设计通常用于楼梯灯，实现楼上楼下控制，走廊灯，实现走廊两端进行控制。图 11.2（a）为平面图，图 11.2（b）为原理图，11.2（c）为实际接线图。

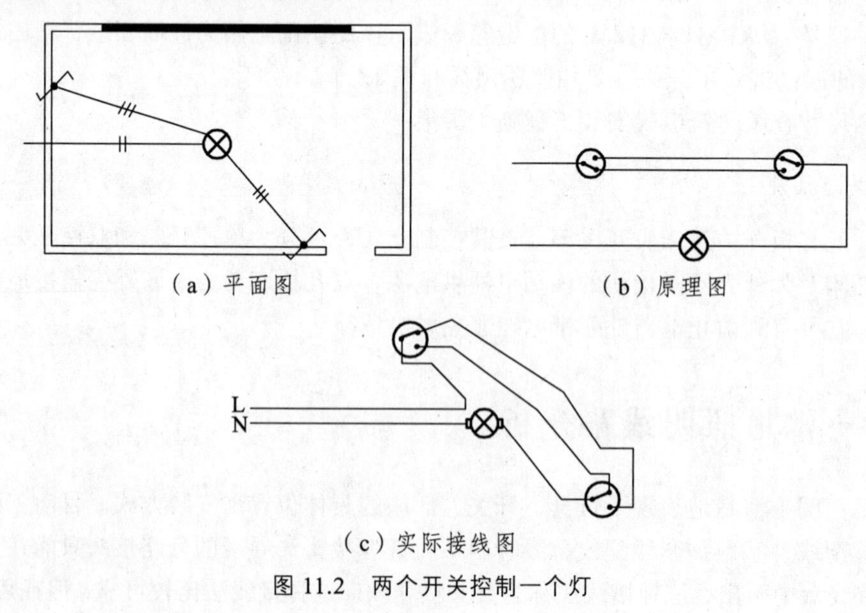

（a）平面图　（b）原理图　（c）实际接线图

图 11.2　两个开关控制一个灯

11.4 系统图和平面图

在建筑电气工程中，电气系统图和电气平面图十分重要，其绘制是电气工程制图的主要内容。在电气照明工程图中，有时图样标注和反映是不齐全的，看图时要熟悉有关的技术资料和施工验收规范。例如，在照明平面图中，开关的安装高度在图上没有标出，施工者可以依据施工及验收规范进行安装。一般开关安装高度距地 1.3 m，距门框 0.15 ~ 0.20 m。电气工程图的设计施工说明的写法参见本书 11.3 节。

1. 系统图

配电箱系统图的主要内容包括，电源进户线型号，各级照明供电回路及其相互连接形式，总照明配电箱及对应分照明配电箱，各供电回路的编号，导线型号、根数、截面积和线管直径及敷设导线长度。

图 11.3 为某学校宿舍楼一层至五层配电箱系统图，该照明工程采用三相五先制供电，电源进户线采用 YDF-YJV-0.6/1 kV-4 × 50 + 1 × 25-CT[其中 YDF 为电缆编号，YJV 为电缆型号、规格，电缆导体根数与截面为（4 × 50 mm^2 + 1 × 25 mm^2）]，沿电缆桥架敷设，通至配电箱，内有隔离开关（型号为 GL-300/3P），一层配电箱引出 28 条支路，WL1 ~ WL24 支路向照明配电箱 ALa 供电，线路为 BV-3 × 6-PC20-MR-WC，表示 3 根铜芯塑料绝缘线，每根截面积为 6 mm^2，穿直径为 20 mm^2 的塑料管沿金属线槽，沿墙敷设。WL25 支路向照明配电箱 ALb 供电，线路为 BV-3 × 10-PC32-MR-WC，表示 3 根铜芯塑料绝缘线，每根截面积为 10 mm^2，穿直径为 32 mm^2 的塑料管沿金属线槽，沿墙敷设。WL26 支路向弱电设备及电井插座供电，线路同 WL1 ~ WL24 支路，WL27 支路备用，WL28 预留 485 总线进行数据采集。

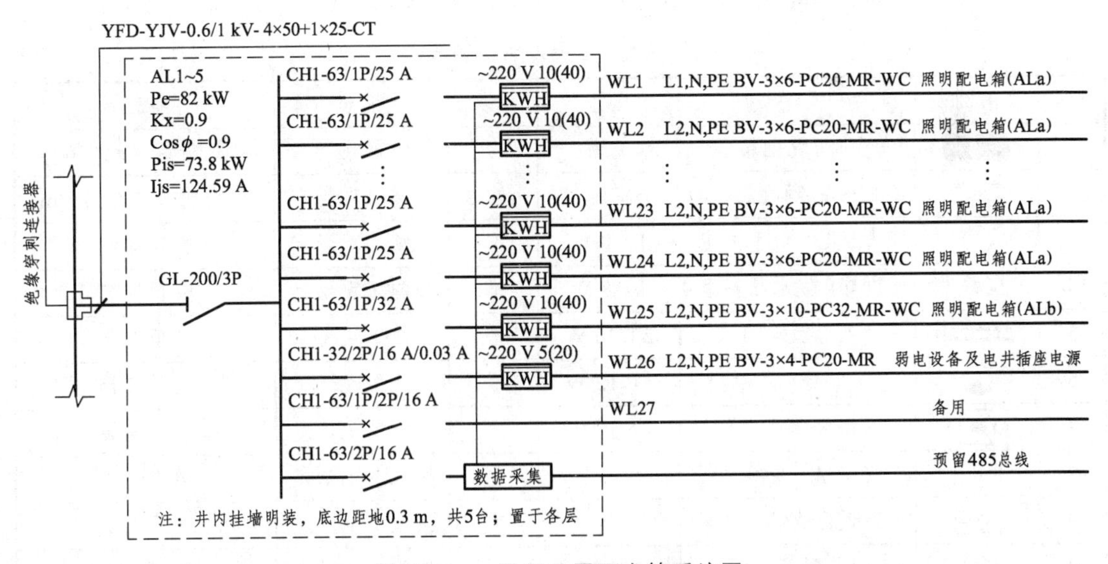

图 11.3 一层至五层配电箱系统图

图 11.4 为宿舍单间及管理房配电箱系统图。从图中可以看出有三条支路，WL1 支路为照明设备，线路为 BV-3 × 2.5-PC16-CC，表示 3 根铜芯塑料绝缘线，每根截面积为 2.5 mm^2，穿直径为 16 mm^2 的塑料管，暗敷设在屋面顶板内。WL2 支路为普通插座供电，线路为 BV-3 ×

4-PC20-F，表示 3 根铜芯塑料绝缘线，每根截面积为 4 mm^2，穿直径为 20 mm^2 的塑料管，沿地面下敷设。WL3 支路为空调插座供电，线路同 WL2 支路。

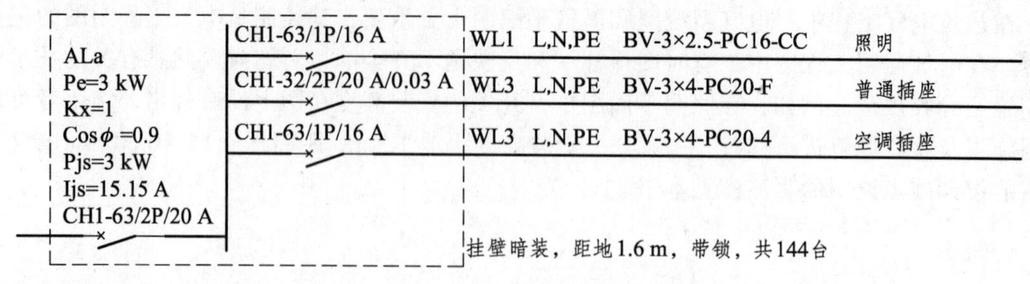

图 11.4 宿舍单间及管理房配电箱系统图

2. 平面图

通过系统图可以大概了解到该照明系统的组成和连接关系后，但对于设备的布置和线路走向及各支路的连接情况就需参照平面图了解。

建筑电气平面图识读的方法：首先，找到电源进户线的引入位置、型号规格、敷设方式；其次，找配电箱的布置位置（一般楼梯间或走廊内）和规格型号；然后，找供电线路中各条干线支线的位置走向和规格及敷设方式；最后，再找用电设备，如照明灯具、控制开关、电源插座等的数量、种类及安装位置和相互连接关系。

图 11.5（见附页）所示为一层照明灯具的布置，一层宿舍内及管理办公室均安装双管荧光灯，走廊及楼梯入口装有延时控制灯，具体照明设备图例请参考表 11.8。

图 11.6（见附页）所示为一层插座及强电干线平面图，每个宿舍进门处均有室内开关箱和插座，所有普通插座回路均为三线，图中图例符号请参照表 11.8。

表 11.8 主要设备材料表

序号	图例	名称	规格	单位	数量	备注
1		照明配电箱	定制	台	按施工现场定	挂壁暗装距地 1.6 m
2		带 EPS 的事故照明柜	定制	台	按施工现场定	井内明装距地 0.5 m
3		灯具（具体由甲方定）	1×8 W	套	按施工现场定	吸顶安装
4		吸顶灯（防水防潮型）	1×8 W	套	按施工现场定	吸顶安装
5		双管荧光灯	2×36 W	套	按施工现场定	吸顶安装
6		壁灯	1×12 W	套	按施工现场定	距地 2 m
7		两用应急照明灯	1×12 W	套	按施工现场定	吸顶安装
8	E	安全出口指示灯		套	按施工现场定	详见说明
9		疏散方向指示灯		套	按施工现场定	详见说明
10		单联开关	250 V 10 A	个	按施工现场定	距地 1.3 m
11		双联开关	250 V 10 A	个	按施工现场定	距地 1.3 m
12		延时声控开关	250 V 10 A	个	按施工现场定	灯具上安装
13		双联暗装插座	250 V 10 A	个	按施工现场定	距地 0.3 m

续表

序号	图例	名称	规格	单位	数量	备注
14	K	挂式空调插座	250 V 16 A	个	按施工现场定	距地 2 m
15	ADD	用户分线箱		台	按施工现场定	距地 0.3 m
16	TD	双孔信息插座		个	按施工现场定	距地 0.3 m
17	TV	电视插座	L32 A 75 M	个	按施工现场定	距地 0.3 m
18	H	半球式摄像机		个	按施工现场定	安装由电梯厂家定
19		同轴电缆	SYWV-75-5	m		按需
20		阻燃型信号电线	ZR-RVS-	m		按需
21		耐火型聚氯乙烯电线	NH-BV-0.45 /0.75 kV-	m		按需
22		钢管	SC	m		按需
23		塑料管	PC	m		按需
24		镀锌扁钢	-40×4	m		按需
25		镀锌圆钢	$\phi10$	m		按需

11.5 智能建筑工程

国家标准《建筑工程施工质量验收统一标准》(GB 50300—2001)第一次将人们一直习惯称为的“弱电工程”命名为“智能建筑工程”，并与“建筑电气工程”一样，作为建筑工程的一个独立的“分部工程”。

建筑工程是现代建筑不可缺少的电气工程。通常把传输信号，进行信息交换的“电”，称为弱电。现代建筑中都有较完善的弱电系统，主要包括：电视监视系统，电话系统，共用天线电视系统、广播音响系统，火灾自动报警系统及综合布线系统等。

智能建筑工程施工图的内容与建筑电气工程施工图基本相同，阅读方法也是一样的。熟悉智能建筑工程系统图要比电气照明系统、电气动力系统图更为重要，智能建筑工程各系统图所表示的内容比照明系统图更全面、更具体，基本反映了整个系统的组成及各设备之间的连接关系。

本节对前面章节所讲述的某学校宿舍楼弱电平面图设计方案实例进行说明。① 该图的智能化系统(计算机网络控制室、安全防范监控视频系统、通信网络系统、数字电视系统、有线广播及扩声系统)的深化设计由甲方委托二装完成。② 涉及的所有器件、设备均由承包商负责成套供货、安装、调试，并协助甲方通过当地安防办的验收。③ 深化设计由承包商负责，设计院负责审核及与其他系统的接口的协调事宜。④ 未尽事宜详《国家建筑标准设计》图集及现行有关施工验收规范。⑤ 施工单位必须按照工程设计图纸和施工技术标准施工，不得擅自修改工程设计。

见图 11.7（见附页）为一层弱电平面图。读图分析如下：

（1）本工程采用的语音、数据系统图采用光纤入户建设方式。

（2）光缆交接箱及其前端部分由公用电信网负责设计和施工。

（3）本工程各户语音、数据系统图进线采用皮线光缆，户内终端插座采用双口信息插座，信息插座与家具配线箱间的传输线采用超五类非屏蔽对绞线。

11.6 防雷工程

各类建筑物的防雷措施就是装设防雷装置。所谓防雷装置，就是用于减少雷电击于建筑物上或建筑物附近造成物质性损坏和人身伤亡的装置，由外部防雷装置和内部防雷装置组成。外部防雷装置由接闪器、引下线和接地装置组成；内部防雷装置由防雷等电位连接和与外部防雷装置的间隔距离组成。建筑物防雷工程施工图一般比较简单，包括屋顶防雷平面图和基础接地平面图。

图 11.8（见附页）为某学校宿舍的屋顶防雷平面图，读图分析如下：

（1）本建筑预计雷击次数为 0.0877 次/年，为人员密集场所，按第二类防雷设计。建筑的防雷装置满足防直击雷、防雷电感应及雷电波的侵入，并设置总等电位联结。

（2）接闪器。除图中已注明处外，在均表示采用 ϕ10 热镀锌圆钢，沿屋面构架、女儿墙明设接闪带，其中屋面等处的网格为暗敷接闪带，网格不大于明设处采用 25 mm × 4 mm 热镀锌扁钢做支持卡。暗敷网格要求其抹灰层敷设厚度平均不能大 20 mm，最深处不能大于 30 mm。

（3）本建筑物利用全部柱子及剪力墙内全部垂直结构钢筋（已远远超过 2 根不小于 ϕ16 钢筋）作防雷引下线。

（4）利用接闪带、引下线（包括引下线处的测试点）、接地装置的构件应确保连接成电气通路。为此，电气施工人员应在土建施工上述构件时，配合做好监测工作。

（5）构件内有箍筋连接的钢筋或成网状的钢筋，其箍筋与钢筋，钢筋与钢筋应采用土建施工的绑扎法、螺丝、对焊或搭焊连接。单根钢筋、圆钢或外引预埋连接板、线与构件内钢筋应采用焊接或采用螺栓紧固的卡夹器连接。构件之间必须连接成电气通路。

（6）凡突出屋面的金属物体及玻璃屋面的金属构架、金属屋面及其金属构架均与接闪带作可靠连接。其余突出屋面的金属物体按此与此接闪带作可靠连接。

（7）建筑物内、外竖直敷设的金属管道及金属物的顶端和底端应与防雷装置等电位连接，施工时视施工方便上端可与接闪器，下端可与接地电阻测试点或基础钢筋连通。

（8）各不等高楼层的接闪网均应相互连通，有防雷引下线处也可利用该防雷引下线连接。

（9）本工程防雷接地、保护接地、重复接地、弱电系统接地均共用接地装置。利用本建筑底板钢筋及基础钢筋可靠连接做自然接地极，接地电阻不大于 1 Ω，施工完后须实测，若实测接地电阻达不到要求，加打人工接地体。

（10）除利用结构钢筋外，其余防雷装置及接地装置用的接地线、铁件、接闪带等金属件均采用热镀锌材料，其连接方式应采用搭焊联接。搭接长度：圆钢不小于 6 倍直径，扁钢不小于 2 倍宽度。

（11）强弱电系统中设置的电涌保护器分别详见有关强弱电系统图。

（12）应密切配合施工，电气施工人员应随时注意钢筋施工情况，检查土建施工是否满足本图要求。

参考文献

[1] 中华人民共和国住房和城乡建设部. 房屋建筑制图统一标准：GB/T 50001—2017[S]. 北京：中国计划出版社，2018.

[2] 中华人民共和国住房和城乡建设部. 总图制图标准：GB/T 50103—2010[S]. 北京：中国计划出版社，2011.

[3] 中华人民共和国住房和城乡建设部. 建筑制图标准：GB/T 50104—2010[S]. 北京：中国计划出版社，2011.

[4] 中华人民共和国住房和城乡建设部. 建筑结构制图标准：GB/T 50105—2010[S]. 北京：中国计划出版社，2011.

[5] 中华人民共和国住房和城乡建设部. 建筑给水排水制图标准：GB/T 50106—2010[S]. 北京：中国计划出版社，2011.

[6] 中华人民共和国国家质量监督检验检疫总局. 消防技术文件用消防设备图形符号：GB/T 4327—2008[S]. 北京：中国标准出版社，2009.

[7] 中华人民共和国住房和城乡建设部. 暖通空调制图标准：GB/T 50114—2010[S]. 北京：中国建筑工业出版社，2011.

[8] 中华人民共和国住房和城乡建设部. 火灾自动报警系统设计规范：GB 50116—2013[S]. 北京：中国计划出版社，2013.

[9] 何铭新，李怀健. 土木工程制图[M]. 武汉：武汉理工大学出版社，2015.

[10] 丁宇明，黄水生，张竞. 土建工程制图[M]. 北京：高等教育出版社，2004.

[11] 廖玉凤. 建筑制图与识图[M]. 武汉：武汉理工大学出版社，2015.

[12] 韦节廷. 建筑设备工程[M]. 武汉：武汉工业大学出版社，2017.

[13] 唐海. 建筑电气设计与施工[M]. 北京：中国建筑工业出版社，2013.

[14] 朱建国，叶晓芹，甘民. 建筑工程制图（第三版）[M]. 重庆：重庆大学出版社，2012.

[15] 娄树立. 建筑工程制图[M]. 西安：西北工业大学出版社，2011.

[16] 江方记. 建筑工程制图与识图[M]. 重庆：重庆大学出版社，2015.

[17] 张岩. 建筑工程制图：3 版[M]. 北京：中国建筑工业出版社，2013.

[18] 于国清. 建筑设备工程 CAD 制图与识图：3 版[M]. 北京：机械工业出版社，2016.